SICHTBAR!

Oliver Pott
mit Jan Bargfrede

SICHTBAR!

Kunden gewinnen
in einer immer lauteren Welt

Campus Verlag
Frankfurt/New York

ISBN 978-3-593-51617-2 Print
ISBN 978-3-593-45168-8 E-Book (PDF)
ISBN 978-3-593-45167-1 E-Book (EPUB)

Umschlaggestaltung: total italic, Thierry Wijnberg, Amsterdam/Berlin
Umschlagmotiv: © iStock/Jobalou
Satz: Publikations Atelier, Dreieich
Gesetzt aus der Minion und der Barlow
Druck und Bindung: Beltz Grafische Betriebe GmbH, Bad Langensalza
Beltz Grafische Betriebe ist ein klimaneutrales Unternehmen (ID 15985-2104-1001).
Printed in Germany

www.campus.de

Inhalt

Wer nicht sichtbar ist, existiert nicht

Wir leben in einer Sichtbarkeitsökonomie: Wenn ein Produkt oder eine Dienstleistung nicht sichtbar ist, existiert es nicht am Markt. Unternehmen scheitern heute vor allem daran, dass sie ihrem Angebot keine geeignete Bühne bieten und damit unsichtbar für den Markt bleiben.

Früher waren große und teure Budgets für TV-Kampagnen und ganzseitige Zeitungsanzeigen nötig, um Sichtbarkeit herzustellen. Sichtbarkeit war teuer, laut und schrill, um Aufmerksamkeit zu erzeugen.

Die gute Nachricht lautet: Heute lässt sich hochwertige Sichtbarkeit planbar und mit geringstem Budget einkaufen. Diese besonders werthaltige Sichtbarkeit ist als Rohstoff verfügbar wie Mehl für den Bäcker.

Es ist smarte Sichtbarkeit, die oftmals leise, aber hoch relevant für die Kunden ist und daher die Basis für bessere Kunden und mehr Erfolg darstellt.

Unternehmen, die gegenüber ihrer Zielgruppe smarte Sichtbarkeit herstellen, gewinnen leichter Neukunden und erwirtschaften mehr Umsatz. Sie sind krisenfester und haben gegenüber Mitbewerbern unschlagbare Wettbewerbsvorteile. Sie können ihren Umsatz zudem skalieren und damit besonders schnell und nachhaltig wachsen. Und sie bauen nebenher eine eigene Marke, einen »Brand«, auf.

Die smarte Sichtbarkeit ist die Lösung für ein drängendes Problem vieler Unternehmen: Ein eigenes Produkt, in das viel Vertrauen und Hoffnung durch das Unternehmen gesetzt wird, findet nicht die Aufmerksamkeit seiner Kunden. Oder es stellt für Unternehmen oder Entrepreneure, die den Schritt in die eigene Produktherstellung erst noch planen, eine große Herausforderung dar, Sichtbarkeit für das eigene Produkt zu schaffen und Neukunden zu gewinnen.

Smarte Sichtbarkeit hat einen hohen Wert

Die Digitalisierung hat einen Perspektivwechsel eingeläutet: Es kommt nicht länger auf die Reichweite Ihrer Sichtbarkeit an, also die Menge der Augenpaare, die Sie sehen. Viel wichtiger ist eine qualitätsvolle, werthaltige Sichtbarkeit möglichst genau Ihrer Kundengruppe gegenüber.

Dabei ist es gleich, ob Sie als Arzt, Anwalt, Therapeut oder Coach Ihr Wissen anbieten oder ob Sie ein physisches Produkt vermarkten wollen.

Sie sind hoch spezialisierter Steuerberater oder Kniechirurg? Dann könnten Sie beispielsweise im Dschungelcamp auftreten und werden damit gegenüber Millionen von Zuschauern sichtbar. Das jedoch ist offenkundig keine gute, werthaltige Form der Sichtbarkeit – vermutlich sogar toxische Sichtbarkeit, die Ihrem Ruf eher schadet. Zu besseren Kunden und mehr Umsatz führt das nicht und auch in Ihre Marke zahlt ein solcher Auftritt nicht ein.

Sie können es aber auch machen wie E3/DC, eine Firma aus Osnabrück mit einem skurrilen Namen, die Stromspeicher für Privathäuser herstellt und von der Sie vermutlich noch nie etwas gehört haben. Den Chef der Firma, Dr. Andreas Piepenbrink, sieht man vermutlich eher nicht im Dschungelcamp. E3/DC ist nur einer engen Kundengruppe gegenüber überhaupt sichtbar, hat ein geringes Werbebudget und setzt dennoch 120 Millionen Euro pro Jahr um.[1]

Sie ist auf hochwertige, smarte Weise sichtbar und erfüllt prototypisch die drei Dimensionen smarter Sichtbarkeit:

1. E3/DC erzielt einen außergewöhnlich hohen Relevanzgrad gegenüber ihren Kunden.
2. Das Unternehmen genießt außerdem Autorität (und damit Deutungshoheit). Der Firmengründer Dr. Andreas Piepenbrink gilt als führender, häufig zitierter Experte im Markt der Energiespeicher.
3. E3/DC speichert die eigene Sichtbarkeit in einer authentischen, gut erzählten Geschichte. Dieses Storytelling zahlt nebenher in die eigene Marke ein – so sehr, dass die Marke zur »Marke des Jahrhunderts« gewählt wurde, obwohl sie erkennbar keine Marke für den Massenmarkt ist.[2]

Unternehmen, denen es gelingt, diese drei Dimensionen smarter Sichtbarkeit zu erobern, haben in ihrem Markt einen uneinholbaren, dauerhaften Vorsprung.

Wie Sie das für sich, Ihre Personenmarke und Ihr Unternehmen umsetzen können, ist wesentlicher Teil dieses Buchs.

Der erste Eindruck zählt – und lässt sich kaum mehr überschreiben

Am Anfang jedes Umsatzes steht die Sichtbarkeit für Ihre Person, Ihre Marke, Ihr Produkt oder Ihre Dienstleistung. Sie ist die erste Stufe des Marketings – sofern Marketing all das zusammenfasst, was Ihren Kunden zum Kauf motiviert. Ob auf einem Messestand, in einer Fachzeitschrift, im TV oder im Internet: Der allerfrüheste Kontaktpunkt zu Ihrem Kunden ist stets die Sichtbarkeit.

Es sind stets Menschen, die eine Kaufentscheidung fällen, und daher gilt: Der erste Eindruck zählt – und zugleich gibt es keine zweite Chance für einen guten ersten Eindruck! Die Marketingforschung hat längst erkannt, dass sich der erste Eindruck besonders stark auf Kundenseite verankert, und bezeichnet diesen magischen Moment erster Sichtbarkeit als »Primacy-Effekt«.[3]

Sie kennen das selbst: Sie urteilen innerhalb weniger Sekunden, ob Ihnen ein Mensch sympathisch oder unsympathisch ist. Diesem ersten Eindruck später entgegenzuwirken ist nur mit größtem Aufwand und viel Beziehungsarbeit möglich.

Das kann jedoch zu einem Beurteilungsfehler führen: Vielleicht hatte Ihr Gegenüber einfach nur einen schlechten Tag, Kopfschmerzen oder eine schlechte Nachricht zu verdauen? Solche Verzerrungen in der ersten frühen Sichtbarkeit sind als »Halo-Effekt« intensiv erforscht[4]: Ein attraktiver, höflich auftretender Schüler namens Alexander, der sich gut ausdrücken kann, bekommt beispielsweise bei gleicher Leistung eine bessere Note als ein übellauniger Kandidat mit dem Namen Kevin, der mit heftigem Dialekt spricht. Der Prüfer überträgt hier die sichtbaren Zeichen auf die eigentliche Leistung. Das ist selbstverständlich unzulässig.

Brillenträger gelten als besonders intelligent und belesen; auch das ein Fehlschluss. Französisches Parfum oder italienische Schuhe gelten automatisch als besonders exklusiv, selbst wenn sie in einer Großfabrik billig hergestellt werden.

Und Produkte, die in teuren, besonders luxuriösen Verpackungen angeboten werden, können höhere Preise durchsetzen. Der Kunde überträgt die erste Sichtbarkeit der teuren Verpackung im Regal automatisch auf das Produkt.

Ja, das ist unfair und – bei genauerem Hinsehen – unzulässig. Kunden aber urteilen genauso vereinfacht und reduzieren Sie und Ihre Produkte auf den ersten Eindruck Ihrer Sichtbarkeit.

Unternehmen, die ihren ersten Eindruck unter Kontrolle behalten und hochwertig aufbauen, können die erste und damit wichtigste Wahrnehmung beim Kunden direkt steuern. Das beste Instrument dazu ist die Sichtbarkeit, die in den am Beispiel E3/DC angerissenen drei Dimensionen gesteuert werden sollte. Auch das ist wesentlicher Inhalt dieses Buchs.

Ein Unternehmen, das smarte Sichtbarkeit erzielt und im ersten Eindruck makellos erscheint, hat einen großen Vorsprung im Verlauf des Verkaufsprozesses.

Achtung: Lassen Sie Ihre Sichtbarkeit nicht unbeaufsichtigt!

Machen Sie sich bewusst: Sie sind gegenüber Ihren Kunden im Markt auch dann sichtbar, wenn Sie sich mit diesem Thema noch überhaupt nicht auseinandergesetzt haben.

Unsichtbar jedenfalls sind Sie nie – nur haben Sie diese Sichtbarkeit nicht mehr unter Kontrolle.

Die großen Hotel-Bewertungsportale beispielsweise erfassen weltweit nahezu jedes Hotel und Gäste beurteilen es – ob der Betreiber es möchte oder nicht. Jameda listet Ärzte auf und Patienten schreiben ihre Kritiken, auch wenn ein Arzt gar kein Profil angelegt hat. Bei Amazon bewerten Kunden Ihr Produkt und diskutieren in Hobbyforen darüber.

Und wer Ihr Unternehmen googelt, findet Google-Sterneurteile in Kategorien von einem bis zu fünf Sternen. Ein Produkt, das von Ihren Kunden mit nur zwei Sternen bei Amazon oder Google bewertet wird, kann schon wenige Tage nach dem Start als Rohrkrepierer enden.

Bei Kununu beurteilen Arbeitnehmer ihren Arbeitgeber; sucht ein Stellenkandidat nach einem Unternehmen, wird dieses Portal aufgrund seiner hohen Suchmaschinenwirkung auf vorderen Plätzen erscheinen und den ersten Eindruck des neuen Arbeitgebers durch den Halo Effekt steuern.

All das ist ungelenkte Sichtbarkeit mit großer Wirkung auf Ihren Umsatz und vor dem Hintergrund des Fachkräftemangels auch auf die Personalqualität.

Fehlt Ihnen eine Strategie zur Lenkung, dann geben Sie die Sichtbarkeit und damit ein mächtiges Instrument aus der Hand – und die Steuerung übernimmt der Markt selbst. Das kann im Chaos münden und zu ernsthaften wirtschaftlichen Problemen führen. Im schlimmsten Fall entsteht eine Negativspirale durch Kundenmeinungen, der »Shitstorm«, den Sie nicht mehr einfangen können.

Das Handelsblatt urteilt über diese sehr gefährliche Form der Sichtbarkeit: »Die Katastrophe im Netz kann Geschäftsstrategien hinwegfegen und den Ruf von Top-Managern ruinieren.«[5]

Hauptziel smarter Sichtbarkeit ist, bessere Kunden zu gewinnen und mehr Umsatz zu erzielen. Aber es gibt einen versteckten, angenehmen Nebeneffekt, eine eingebaute »Versicherung« gewissermaßen:

Smarte Sichtbarkeit beugt schlechter Reputation vor, indem sie in guten Zeiten ein solides positives Image Ihrer Wahrnehmung aufbaut. Das schützt Sie und den Ruf Ihres Unternehmens in stürmischen Zeiten möglicher Krisen.

Wer sichtbar ist, gewinnt die besten Kunden und macht mehr Umsatz

Jeder Dienstleister oder Anbieter von Produkten möchte seinem Geschäftsmodell Kunden zuführen. Und genau dort beginnen die Probleme: Ein Produkt an Kunden zu verkaufen oder, noch schwieriger, ein Produkt überhaupt zu entwickeln, das an Kunden verkauft werden kann, und dann funktionierende Vertriebswege zu finden kostet Energie und bietet ein hohes Frustrationspotenzial. Es gibt hochwertige Formen der Sichtbarkeit und weniger leistungsfähige; aber schlimmer als schlecht sichtbar zu sein, ist, unsichtbar zu sein.

Nicht erleichternd wirkt zudem für Entrepreneure die Tatsache, dass die Produktentwicklung häufig nicht im sicheren Wissen geschehen kann, für das Produkt später auch einen lukrativen Absatz zu finden. Und schließlich tritt heute mehr denn je noch das Empfinden hinzu, dass das eigene Angebot durch das Ringen um die Aufmerksamkeit möglicher Kunden, insbesondere durch die Digitalisierung und die Zergliederung vieler Märkte, heute auf so viele Konkurrenten trifft, dass das eigene Stück vom Kuchen der Sichtbarkeit und damit vom Markt kaum zu erobern ist.

Den Konsumenten begegnen gleichzeitig so viele Informations- und Konsumangebote, dass auch hier die Sichtbarkeit des einzelnen Angebotes gegen null tendiert. Sichtbarkeit scheint schwer zu erreichen und allzu viele konkurrieren darum.

Ein Beispiel: Sie haben sich in Ihrem Beruf eine gute Expertise in einem ganz speziellen Bereich erarbeitet. Sie können Probleme für Kunden schnell und mit beeindruckenden Abkürzungen für diese lösen. In dieser Nische Ihres eigentlichen Aufgabenfeldes gehen Sie zu 100 Prozent auf; hier liegt Ihre Kernkompetenz. Nun überlegen Sie, das sichere

Angestelltenverhältnis zu verlassen oder sich noch einmal in diesem Bereich Ihrer Selbstständigkeit zu spezialisieren.

Und dann beschleicht Sie schnell das Gefühl, dass es doch nicht so einfach wird, neue Kunden zu erreichen, denn in Ihrer Branche sind schon viele Mitbewerber auf dem Markt, die Ähnliches tun. Sie haben auch das Gefühl, dass der Wettbewerb das nicht besser kann als Sie, vielleicht können Sie es sogar viel besser – aber das sieht keiner. Außerdem hat der Wettbewerb schon seine Marktanteile erobert, er ist sichtbar.

Schnell entsteht für Unternehmen das Gefühl, Sand in der Wüste zu verkaufen, keine Sichtbarkeit mehr erreichen zu können und einer Übermacht an Konkurrenz gegenüberzustehen – ganz gleich, ob sie das tatsächlich bessere Produkt oder die bessere Dienstleistung anbieten.

Es stellt sich ein Gefühl der Chancenlosigkeit ein. Wer etwas verkaufen möchte, will und muss dennoch seine eigene Sichtbarkeitsnische suchen, die ihm für seine Zwecke nutzbringend ist. Genau diesen Zielkonflikt löst die smarte Sichtbarkeit. Denn reine Sichtbarkeit zu bekommen ist gar nicht das eigentliche Problem.

Reine Sichtbarkeit ist wertlos

Bloße Sichtbarkeit ist häufig wertlos. Das gilt auch im Digitalen.

Arianna Renée beispielsweise ist sehr gut sichtbar und hat sich ein großes Stück des Kuchens in ihrem Bereich gesichert. Als Instagrammerin @Arii hat sie auf diesem Kanal über 2,6 Millionen Follower. All diese Menschen folgen ihr, weil sie von ihr kurzweilige Unterhaltung, Ablenkung oder Informationen erwarten und sehen wollen. Da wäre es intuitiv folgerichtig, dass es @Arii leicht gelingen müsste, auch Informationen über Produkte an ihre Follower weiterzugeben, ihre Orientierungsfunktion diesen gegenüber zu nutzen und sie zu einem Kauf zu animieren. Doch Renée hat auch Berühmtheit dafür erlangt, eben genau an diesem Punkt die PS ihrer Prominenz und Sichtbarkeit nicht auf die Straße gebracht zu haben.

Sicherlich mit der Absicht, ihre Sichtbarkeit gegenüber ihrer Zielgruppe zu kommerzialisieren, hat sie den Versuch gestartet, selbst produzierte T-Shirts einer extra zu diesem Zweck geschaffenen Marke zu verkaufen. Damit die Firma, welche die Shirts herstellen sollte, mit der Produktion beginnen konnte, stellte diese eine scheinbar unbedeutende Bedingung: Renée sollte zunächst einmal 36 T-Shirts verkaufen. Damit würden die Anfangskosten der Produktion gedeckt und der Internet-Star könnte die realistische Chance der Marke beweisen. Bei über zwei Millionen Followern klang das auch für Arianna Renée nach einer machbaren Aufgabe. Doch es geschah das Unerwartete: Es gelang ihr eben nicht, 36 T-Shirts zu verkaufen. Die Produktion der Shirts wurde nie gestartet und Renée erklärte später reumütig, dass sie daraus etwas gelernt habe: Es sei für sie ein Weckruf, noch härter zu arbeiten.[1]

Damit ist sie zwar sichtbar – aber wertlos sichtbar.

Die Gründe des Scheiterns von Ariane Renée lassen sich jedoch beschreiben, ja sogar positiv wenden und liegen zu einem guten Teil in der Inflation der Sichtbarkeit innerhalb des Mediums: Instagram, wie viele andere erfolgreiche Kanäle mit hohen Wachstumsraten und hoher werbender Präsenz von Unternehmen, inflationiert Sichtbarkeit.

War das Internet in seinen Anfangsjahren, nachdem es die ersten Forschungslabore verlassen hatte, lange ein unidirektionales Medium wie die sogenannten »alten Medien« (Zeitung, Bücher, Fernsehen, Kino und Radio), bei dem stets institutionalisierte Sender Informationen an viele Empfänger überbrachten, so wandelte sich das Internet über die Jahre zu einem neuen Modell, das eine Säule des Erfolgs des heutigen Internets wurde: Das Internet machte die vormaligen Empfänger auch zu Sendern und jeder konnte seine Informationen über das Web verbreiten. Jeder sendet seitdem.

Angefangen mit Blogs und den wachsenden Möglichkeiten, eigene Inhalte mit den ersten Website-Programmierungen auch einer breiteren Öffentlichkeit zur Verfügung zu stellen, wurde das Internet immer kommunikativer. Facebook, Instagram, YouTube beziehungsweise damals vor allem diverse Vorgängersysteme ermöglichten es plötzlich nahezu jedem, eigenen Themen und der eigenen Person noch mehr und noch leichter Sichtbarkeit zu verschaffen. Allein der Name eines der Vorgängernetzwerke von Facebook, »MySpace«, zeigt recht gut, worum es plötzlich ging: die eigene Parzelle in der breiten Sichtbarkeit.

Eine der direkten Folgen dieser recht jungen Möglichkeiten liegt in den heute etwa 1,2 Milliarden aktiven Nutzern von Instagram, die dort

Sichtbarkeit für eigene Inhalte herstellen. Jeder dieser Nutzer verbringt dort fast eine Stunde täglich und schaut sich Inhalte an, die sich durch den Feed, Storys und IGTV, die »Entdecken«-Seite und Hashtags sehr schnell zu einer Masse an Informationen und Inhalten aufsummieren – zu immerhin 1,2 Milliarden Stunden Senden und Empfangen und Ringen um Sichtbarkeit und Aufmerksamkeit nur bei Instagram.

Zusätzlich werden über eine Milliarde Stunden YouTube-Videos täglich geschaut[2], geschätzte 5,8 Milliarden Google Suchanfragen gestartet[3] und 1,8 Milliarden Menschen nutzen täglich Facebook.[4]

Kurz gesagt: Es wird unglaublich viel gesendet und viele Kanäle setzen dabei auf die Kennzahl »Views«, auf Sichtbarkeit – und übrigens zählen auch alle Kanäle die Views und zeigen den Produzenten von sichtbaren Inhalten diese Kennzahlen stets sehr präsent, für jeden einzelnen Beitrag aufgeschlüsselt, um die Nutzer zu motivieren, noch mehr Views und damit Reichweite herzustellen. Das verdeutlicht, worum es geht: Sichtbarkeit. Und alle, die das Medium nutzen, werden zu einer Art Abhängigkeit von Views, Followerzahlen und Reichweite erzogen:

»Diese Nutzerin hat viele Follower, sie muss folgerichtig ein sehr erfolgreiches Business betreiben. Jener Nutzer erreicht mit seinen Videos 100 000 Klicks. Er macht sicherlich viel Geld mit seiner Reichweite.«

Sichtbarkeit unterliegt unter ökonomischen Gesichtspunkten einer starken Inflation. So wie Währungen manchmal ein Problem damit haben, wenn die ausgebenden Banken immer mehr Geld drucken, ohne einen Wert zu hinterlegen, so bekommt auch Sichtbarkeit Schwierigkeiten, wenn sie allzu viel vorhanden ist. Für Geld gilt: Es ist nicht mehr physisch hinterlegt (mit Goldreserven im Gegenwert der Scheine und Münzen beispielsweise). Und so ist vielleicht auch die riesige und wachsende Menge an Sichtbarkeit nicht mehr mit genügend Aufmerksamkeit möglicher Zuschauer hinterlegt.

Insbesondere im Bereich von Social Media werden Sichtbarkeit und Geschäftserfolg häufig von außen betrachtet synonym verstanden, einfach weil die Nutzer durch das Medium zu einer erhöhten Aufmerksamkeit für Follower und Klicks erzogen werden – und weil der wirkliche Zusammenhang gar nicht nachvollzogen werden kann. Der Nutzer hat keinen Zugang zur betriebswirtschaftlichen Auswertung des Return on Investment für die Follower der Kanäle, denen er folgt. Da ist es durchaus verlockend, zu denken, dass jemand, der viele Follower hat, wohl auch einen hohen Geschäftserfolg vorweisen kann. Allerdings ist diese Ableitung rein aus der Betrachtung beispielsweise des Instagram-Accounts eines großen Unternehmens oder erfolgreichen Wissensanbieters nicht mehr als Kaffeesatzleserei.

Die Inflation der Sichtbarkeit

Sichtbarkeit ist also inflationär verfügbar; sie ist nicht nur bei Instagram, sondern auch in anderen medialen Kanälen und Kontexten heute immer leichter und in immer größerem Maße zu bekommen. Wenn wir von einer Sichtbarkeitsökonomie sprechen, dann ist es einer der einfachsten ökonomischen Zusammenhänge, der wohl auch für Arianna Renée zum Problem wurde: das Verhältnis von Angebot und Wert als Folge der Nachfrage. Je leichter und in größerer Menge eine Ware wie Sichtbarkeit zu bekommen ist, desto niedriger wird tendenziell ihr Wert, wenn es zudem noch viele Anbieter gibt; und eben dieser Zusammenhang nennt sich Inflation.

Wo reichlich Angebot ist, da hat das auch einen direkten Einfluss auf die Nachfrage. Für den mobilen Facebook-Feed kann zum Beispiel eine durchschnittliche Aufmerksamkeit pro Posting der Nutzer von 1,7 Sekunden aufgezeigt werden. Das bedeutet, dass ein Produktangebot, wie beispielsweise das T-Shirt von Arianna Renée, genau diese Aufmerksamkeit von jedem einzelnen ihrer Follower bekommt.[5] Das reicht meist nicht aus, um einen Kaufimpuls beim Betrachter zu setzen.

Dass Sichtbarkeit heute leicht zu bekommen ist, ist zunächst aber ein Vorteil. Der leichte Zugang macht die Beschaffung des Rohstoffes Sichtbarkeit für Unternehmen angenehmer, planbarer und damit auch wirtschaftlicher. Die Aufmerksamkeit von Millionen Menschen erreichten vor 30 Jahren allenfalls Bild-Redakteure, TV-Showmaster und Bestseller-Autoren. Heute lässt sich Sichtbarkeit planbar bei Instagram, Google und Facebook einkaufen.

Allerdings lässt sich durch die Verwendung des Rohstoffes Sichtbarkeit nun viel schwerer ein direkter Gewinn erzielen, was offensichtlich

Teil des Problems von Arianna Renée war. Sinkende Preise sind für Konsumenten oder Käufer angenehmer als für Verkäufer und Lieferanten.

Eine Weiterverarbeitung von Gold als teurem Rohstoff beispielsweise zu Schmuckstücken lässt einen hohen Wert auch in der weiteren Vermarktung der entstehenden Produkte zu, jedoch muss Gold auch teuer eingekauft werden. Das ist einer der Hauptgründe für den hohen Preis von weiterverarbeitetem Gold; selbst das einfachste und schlichteste verarbeitete Schmuckstück hat immer noch seinen Goldwert im Wiederverkauf, nur weil Gold als Rohstoff selten und entsprechend werthaltig ist.

Wenn aber beispielsweise ab morgen eine Maschine zu einem günstigen Preis verkauft wird, mit der jeder Haushalt aus Trinkwasser einige Kilo Gold pro Tag gewinnen könnte, dann würde das alles Gold entwerten. Weder das Gold noch im Übrigen die Maschine, die es filtert, wären nach kurzer Zeit überhaupt noch etwas wert, wenn der Rohstoff Gold erst einmal die Märkte überschwemmt hätte. Und in gleichem Maße haben sich Sichtbarkeit und ihre Filtermaschinen durch das Internet devaluiert. Als unmittelbare Folge kann auch in der Nutzung des Rohstoffes Sichtbarkeit dann kein unmittelbarer Wert mehr erzielt werden, wenn diese nicht veredelt wird.

Salz hat eine lehrreiche Genese in genau dieser Art erfahren. Wurde Salz noch bis ins Mittelalter mit Gold aufgewogen, weil es schwer zu bekommen war, so wurde mit der industriellen Förderung der Neuzeit dessen Preis immer niedriger. Heute werden Millionen Tonnen Salz jährlich gefördert und der Salzpreis ist extrem gesunken. Hersteller, die dennoch mit Salz Geld verdienen wollen, werden dadurch vor ein klares Problem gestellt.

Ein Beispiel jedoch, wie sich bei inflationärem Gut dennoch ein guter Gewinn erzielen lässt, ist »Himalaya-Salz«. Dieses soll aus dem Himalaya stammen und eine besondere Zusammensetzung haben; mitunter wird sogar eine besondere Form des Salzabbaus beschrieben. Die Hersteller dieses Salzes überakzentuieren einige Eigenschaften des Produkts, geben ihrem Salz einen eigenen Namen und erzählen eine Geschichte dazu. Dadurch schaffen sie es, aus dem inflationierten Gut Salz ein hochwertigeres, differenzierteres Produkt herauszuarbeiten und zu einem deutlich höheren Preis zu verkaufen.

Auch dem Gewürzhersteller Ankerkraut gelingt eine solche Aufwertung. Zum Zeitpunkt der Drucklegung dieses Buchs kostete der »Fairglobe Biopfeffer« bei Lidl 1,99 Euro pro 100g. Der »Hamburger Kapitänspfeffer« von Ankerkraut kostet 8,56 Euro pro 100g und damit mehr als viermal so viel – und ist doch auch bloß Pfeffer.

Ankerkraut erzählt seinen Kunden eine gute Geschichte: Schon im Produktnamen sind Anklänge der weiten, mondänen, maritimen Welt eingearbeitet. Dass Produkte eine gute Geschichte benötigen, ist heute wesentlicher Bestandteil hochwertiger Sichtbarkeit, dem wir uns ausführlich widmen werden.

Hamburger Kapitänspfeffer erzählt schon im Produktnamen eine Geschichte – und kostet 8,56 Euro pro 100 Gramm.

Quelle: Ankerkraut.de

Ganz ähnlich wie beim Salz drängt der rapide sinkende Wert von Sichtbarkeit heute viele Anbieter in die Enge, wenn er sich auf die reine Produktfunktion (hier: Salz oder Pfeffer) reduziert.

Die große Sichtbarkeit, die einem erfolgreichen Instagrammer zur Verfügung steht, steht auch allen anderen mindestens potenziell zur Verfügung und viele machen ebenfalls reichlichen Gebrauch von dieser Möglichkeit. Hinzu kommt, dass eben nicht mehr eine Einzelperson oder eine Institution Inhalte produziert und der Rest konsumiert.

Jeder Konsument ist heute Prosument, also eine Mischform aus Produzent und Konsument, aus Sender und Empfänger. Jeder Nutzer ist selbst Sender und empfängt von vielen anderen Sendern. Jede einzelne gesendete Botschaft wird dabei in ein großes Rauschen aus Abermillionen Botschaften aufgenommen und droht darin zu verschwinden.

Arianna Renée sollte sich genau überlegen, in welche Richtung sie »noch härter arbeiten« will. Denn die Beschaffung weiterer wertloser Sichtbarkeit wird ihr kaum nutzen.

»Laute« Sichtbarkeit entwertet Ihre Wahrnehmung am Markt

Übrigens kennen auch die »alten Medien« diese Phänomene. Wenn in einer der beliebten Abendsendungen ein Produkt vorgestellt wurde, erreichte sie Millionen an Zuschauern. Schließlich wurde kaum ein anderes Produkt in Konkurrenz gezeigt und es genoss außerordentliche Sichtbarkeit.

Mit dem Aufkommen der Privatsender, die zudem deutlich lockerere Werberegelungen hatten, wurde die Sichtbarkeit für Fernsehwerbung inflationär. Fernsehwerbespots und einzelne Produkte trafen vermehrt auf Konkurrenz im gleichen Kanal. Waschmittel zum Beispiel buhlten plötzlich im TV um die Sichtbarkeit gegenüber ihren Kunden, nicht erst am Ladenregal. Davor galt: Der Kunde entschied sich erst am Warenregal für ein Produkt – mit dem Werbefernsehen war ein großer Teil der Kaufentscheidung schon mit der Sichtbarkeit im TV getroffen. Damit wird Sichtbarkeit heute mehr denn je zum allerersten und auch zum wichtigsten Baustein des Marketings.

Die Werbung wurde erfindungsreicher, bunter und letztlich eindringlicher. Ein Waschmittel, in der Werbung vorher brav gelobt wegen seiner »guten Qualität«, versprach plötzlich das »weißeste Weiß«. Und nur einige Jahre später wurde der Fernsehzuschauer von der Fernsehwerbung niedergebrüllt: »Geiz ist geil!« oder »Ich bin doch nicht blöd!«. Das ist laute Sichtbarkeit und das Gegenteil von smarter Sichtbarkeit.

Und obwohl die Eskalation hier immer weitergetrieben wurde, scheint es heute so, als würde sich dieses Konzept langsam totlaufen.

Zum einen ist diese laute Form der Werbung im TV in den Hintergrund getreten. Zudem hat Fernsehwerbung, wie auch Werbung im Radio, in Zeitschriften und Kinos und generell in den alten Medien, die besten Jahre anscheinend hinter sich. Die Werbeeinnahmen hier sind seit Jahren rückläufig, ein Trend, der sich mit dem Aufkommen des Social Web überschneidet.

Reine Sichtbarkeit hat den Höhepunkt ihrer Werthaltigkeit als Basis für gute Geschäftsmodelle heute längst überschritten. Die Idee, mit viel Sichtbarkeit auch gleichzeitig viel Gewinn erwirtschaften zu können, erweist sich immer mehr als Trugschluss. Und selbst verzweifelte Versuche, dann eben noch mehr Sichtbarkeit zu erreichen oder lauter zu werden, scheitern.

Auch aus dem Privaten kennt man das: Auf mancher Feier gibt es einen Schreihals, der laut und gestikulierend Geschichten erzählt. Er ringt förmlich um Aufmerksamkeit – und es wird zunehmend anstrengender und unbefriedigender, ihm zuzuhören.

Gleichzeitig gibt es aber charismatische Menschen, denen man gerne zuhört, auch wenn sie gerade leise sind. Sie haben relevante Themen, man fühlt sich mit ihnen auf einer Wellenlänge und man könnte förmlich eine Stecknadel fallen hören, weil das Publikum an ihren Lippen hängt. Um diese Person scharen sich dann plötzlich andere, die zuhören wollen, obwohl sie eben nicht laut ist. Solche Personen erreichen eine interessante Form von Sichtbarkeit und insbesondere entwickeln sie eine Verbindung zu anderen Menschen, die sich bemühen, ihre Inhalte aufzunehmen. Plötzlich zwingt ein Sender seine Sichtbarkeit nicht anderen auf, sondern mögliche Empfänger suchen diese.

Eine solche Form der Sichtbarkeit, leiser womöglich und nicht einfach durch Masse und Lautstärke anderen aufgezwungen, ist erstrebenswert. Wir bezeichnen diese Sichtbarkeit, die gesucht wird und nicht aufdringlich ist und vom Charisma und der Verbindung zu den Sendern lebt, als smarte Sichtbarkeit. Diese ist der vermutlich klügere Weg für die allermeisten Unternehmen, ihre Kunden zu erreichen und Sichtbarkeit zu bekommen, die auf allen Ebenen heraussticht. Und sie bekommt wieder einen Wert.

Die Zeit der Sichtbarkeitsimperien ist zu Ende

Vor einiger Zeit noch konzentrierte sich Sichtbarkeit auf einige wenige Leuchttürme großer Strahlkraft.

In seinem Buch *White*[6] beschreibt der US-Autor Bret Easton Ellis unseren Zeitgeist als eine Ära, in der die großen Sichtbarkeitsimperien untergehen. Früher zum Beispiel gab noch es große Rockbands, deren neue Alben sehnsüchtig von den Fans erwartet wurden und die größte mediale Aufmerksamkeit und damit Sichtbarkeit bekamen. Sie wurden in die großen Talkshows anlässlich eines neues Musikalbums eingeladen und erhielten größte Sichtbarkeit im deutschsprachigen Raum, beispielsweise durch einen Auftritt bei *Wetten, dass ...?*, das als deutsche TV-Institution ebenso ein solches Imperium nach der Ellis'schen Definition sein dürfte.

Auch Kinofilme zählten früher dazu: Ein neuer *James Bond* beispielsweise wird auch heute noch öffentlich zelebriert. Ebenso sind im Belletristikmarkt solche Imperien noch erkennbar; so erhält ein neuer Roman des französischen Schriftstellers Michel Houellebecq noch immer große mediale Aufmerksamkeit und wird in den Feuilletons aller großen Zeitungen diskutiert. Die sechs letzten seiner Bücher landeten umgehend auf den Bestseller-Listen.

Diese »Imperien« leben heute noch von ihrem Momentum, das sie aus ihrer eigenen Geschichte und starken Marke noch immer mit sich tragen. Abbas neues Album *Voyage* beispielsweise hat nur deshalb größte mediale Aufmerksamkeit erhalten, weil Abba noch immer vom Nimbus des eigenen Imperiums zehrt – und das, obwohl sich die Band schon 1982, also vor über 40 Jahren, aufgelöst hat und seitdem kaum mehr mit neuen Projekten sichtbar war.

Auch das Album *Let it be* der Beatles liegt schon 50 Jahre zurück und bekam anlässlich dieses Jubiläums erneut größte mediale Aufmerksamkeit. Paul McCartney berichtete in einer mehrteiligen Disney-Serie über die Entstehungsgeschichte und veröffentlichte eine Biografie seiner eigenen Lieblingslieder. Das Album erschien außerdem in einer Neuedition und wurde massiv vermarket. All diese Aufmerksamkeit erhielt das Album, obwohl es bereits 50 Jahre alt ist. Damit ist *Let it be* ein Album, das seine Sichtbarkeit über viele Jahre bewahrt hat und am Kristallisationskeim des Jubiläums wieder auferstehen lässt, als sei sie nie verblasst.

Dass sich Sichtbarkeit über eine solch lange Zeit in Geschichten speichern lässt, belegen spätere Abschnitte dieses Buchs.

Auch James Bond wird schon deshalb innig erwartet, weil die Filmserie eine Quasi-Institution geworden ist. Und Michel Houellebecq ist seit Jahrzehnten hoch gehandelter Kandidat für einen Literatur-Nobelpreis. In seinem letzten Roman »Vernichtung« gab er bekannt, dass dieses Buch sein letztes sein werde – auch das hat für große Aufmerksamkeit und damit Sichtbarkeit geführt und dürfte den Buchverkäufen förderlich gewesen sein.

Diese Monumente der Sichtbarkeit jedoch sind selten und heute auserzählt: Erinnern Sie sich an ähnlich große Inszenierungen, wenn ein neuer Kinofilm heute auf den Markt kommt? Ja, es gibt sie noch immer, die lang erwarteten Kinofilme, beispielsweise *Matrix 4 Resurrections* – aber sie sind selten geworden; und wenn sie erwartet werden, dann oft aus der Historie heraus. So auch bei Matrix, dessen erste epische und genrebestimmende Verfilmung 1999 und damit noch im letzten Jahrtausend erschien. Erst auf dieser Basis der gespeicherten jahrzehntealten Sichtbarkeit erhielt das Film-Sequel derart viel Aufmerksamkeit.

Die allermeisten neuen Kinofilme aber finden kaum mehr in der breiten Wahrnehmung statt, selbst wenn es besonders teure Blockbuster-Filme mit namhaften Schauspielern sind.

Wenn Helene Fischer ihr neues Album herausbringt, wird auch dieses groß und aufwendig inszeniert; dem gegenüber steht aber eine Vielzahl unbekannter Schlagersänger, die kaum ihr Lohn und Brot verdienen. Und auch *Wetten, dass …?* knüpfte an die früheren Erfolge an; das Revival aus 2021 war ein großer Erfolg, auch weil die Sendung eine große, lange Geschichte aufweist und als das »Lagerfeuer« der Nation wahrgenommen wird.

Frühere Sichtbarkeitsimperien wie *Wetten, dass …* oder *Die Schwarzwaldklinik* konnten sich über außergewöhnlich lange Zeiten halten und erreichten in den 80er-Jahren bisweilen 20 Millionen Zuschauer. Andere regelmäßige Sendungen der 60er- und 70er-Jahre konnten damals Jahrzehnte überdauern, ohne an Attraktivität einzubüßen: *Einer wird gewinnen*, eine der populärsten TV-Shows im deutschsprachigen Raum überhaupt, wurde über 20 Jahre lang ausgestrahlt und erzielte in der Spitze eine heute undenkbare Einschaltquote von 90 Prozent.[7]

Damit konzentrierte es auf eine heute unvorstellbare Weise die Sichtbarkeit. Seit den frühen Zeiten der massiven Sichtbarkeit leiden die Einschaltquoten an massivem Schwund; ein Boden ist nicht erkennbar.

Auch im Musikbereich ist eine solche Sichtbarkeitserosion zu erkennen und als Ursache dafür auszumachen, dass Künstler heute kaum mehr von ihren Musikeinnahmen leben können. Noch vor einigen Jahren hat ein Auftritt eines Musikers in einer großen deutschen TV-Show für breite, millionenweite Sichtbarkeit gesorgt, die sich problemlos in direkte Plattenverkäufe übersetzen ließ. Sichtbarkeit war direkt mit Umsatz verbunden; daraus entstand dann mit der Zeit ein treues Stammpublikum für den Sänger oder die Sängerin. Für die Sichtbarkeit sorgten daher aus Eigeninteresse die »Major Labels«, die großen Musikfirmen also.

»Erst sichtbar werden, dann Geld verdienen«, so die Faustformel.

Heute verhält es sich umgekehrt: Nur wer längst sichtbar ist, kann auf diesem Erfolg aufbauen, wird in große TV-Sendungen eingeladen – und kann dann Geld verdienen.

»Um von einem Plattenvertrag mit einem Major-Label wirklich profitieren zu können, benötigt eine Band oder ein Solo-Künstler eine bereits existierende Fanbase«, schildert Hubert Wandjo, Leiter des Bereichs Musik- und Kreativwirtschaft an der Popakademie Mannheim.[8] Er empfiehlt heute jungen Künstlern, die bislang noch keine eigene Sichtbarkeit erzeugen konnten, besser ein eigenes Label aufzubauen und damit dem »Do it yourself«-Ansatz zu folgen.

Zu erkennen ist der Grundgedanke: Früher war das Produkt selbst noch ausreichend aufmerksamkeitsstark und es gab attraktive öffentliche Kanäle, ein Produkt einem großen Publikum vorzustellen und damit Sichtbarkeit herzustellen. Das Produkt verkaufte sich danach mehr oder weniger automatisch und ohne großes Zutun. Heute muss die Sichtbarkeit gegenüber einer Zielgruppe zunächst aufgebaut werden, erst danach kann sie zum Umsatz veredelt werden.

Sichtbarkeit verschwindet nicht; sie splittet sich auf

Was ist mit dem Publikum passiert? Man könnte vermuten, dass die Sichtbarkeit der Zuschauer verschwunden und verblasst ist. Das aber ist ein Trugschluss.

Die Gründe der Sichtbarkeitserosion sind unterschiedlich, fußen aber vor allem auf der Zerfaserung der ehemals großen Namen, Produkte und Institutionen in viele kleinere Elemente. Der Zugang zu der damit verbundenen Nischen-Sichtbarkeit ist für jeden Menschen zugänglich, da es keine hohen Zugangshürden mehr gibt. Damit wird Sichtbarkeit einfacher verfügbar und demokratischer – das ist die erste sehr gute Nachricht für Sie, denn Sie benötigen heute kein Imperium mehr, um auf Ihre Sache aufmerksam zu machen.

Früher konnte ein Kinofilm nur durch ein Megastudio wie Warner Brothers, Universal oder Disney produziert werden, unter anderem, weil die nötige Produktionstechnik unerschwinglich teuer war und die Kanäle zum Konsumenten ebenso bewacht und teuer waren: Sendezeiten bei den großen TV-Sendern zum Beispiel für Werbespots oder der immense Aufwand, einen Film in die Kinos zu bringen. Dazu kam, dass die großen Hollywood-Stars selbst die Sichtbarkeit auf sich konzentrierten und, da sie mit ihrer Strahlkraft jeden Film aufladen konnten, exorbitante Gagen verlangten. Nur die großen Filmkonzerne konnten sich daher Blockbuster-Produktionen leisten.

Heute lässt sich ein einfacher Film selbst mit einer iPhone-Kamera filmen und auch direkt schneiden; die Qualität des Endprodukts ist sicher nicht mit einer Kinoproduktion zu vergleichen, gewinnt aber den Preis-Ergebnis-Vergleich um Längen. Spätere Teile dieses Buchs werden insbesondere zeigen, dass die rein technische Qualität heute gar kein Erfolgsfaktor mehr ist, wenn die inhaltliche Qualität hoch genug ist und der Zuschauer intensiv an die neuen Sichtbarkeitskanäle angebunden wird. Das einfach produzierte Videostück kann außerdem direkt und ohne Umwege Millionen an Zuschauern zugänglich gemacht werden, ohne dass dieser Zugang bewacht wäre. Es ist tagesaktuell, direkt und schnell.

YouTube, Instagram, Facebook und TikTok sind heute reichweitenstärker als selbst große Fernsehsender und sie werden nicht wie bei TV-Kanälen und in Kinos durch teure Zugangshürden geschützt.

Warum aber fand diese Zerfaserung überhaupt statt und warum befinden wir uns heute in einem Zeitgeist, der Sender und Empfänger miteinander zum »Prosumenten« verschmilzt? Die Gründe fußen im Wesentlichen auf der Long-Tail-Theorie, die sich mit diesem Thema seit Beginn des Internets auseinandersetzt.[9]

Der Ansatz liegt darin, dass die großen Stars, Shows und Produkte akzeptiert wurden, weil es keine Alternative zu ihnen gab. Ein Beispiel: Bis in die Mitte der 1980er-Jahre – und damit weit vor dem Aufkommen des kommerziellen Internets – gab es in jedem deutschen Bundesland drei Sender: ARD, ZDF und das jeweilige Regionalprogramm, das »Dritte«. Die Zuschauer konnten sich nur für eines dieser Programme zeitgleich entscheiden und mangels Alternative wurden Sendungen wie *Ein Kessel Buntes* oder *Wetten, dass …?* populär. Sie deckten ein möglichst breites Publikum ab und diese Shows waren anschlussfähig für das 10-jährige Schulkind ebenso wie für die 75-jährige Best-Agerin.

Sie waren zugleich ein Kompromiss: Spezifische Interessen oder Spartenthemen waren darin nicht vorgesehen und auch aufgrund des breiten Zuschauerzuschnitts gar nicht möglich; sie wurden entweder auf spätere Sendezeiten ausgelagert oder später dann in Nischenkanäle. Das Medium Fernsehen hatte damit in großen Teilen ein Relevanzproblem: War ein Sendestück einer Samstagabendshow uninteressant, zum Beispiel eine Wette bei *Wetten, dass …?* oder der Auftritt eines bestimmten Künstlers, musste der Zuschauer diesen Teil in dem Wissen erdulden, dass ein paar Minuten später vielleicht ein anderer Schwerpunkt gesetzt wurde, der ihn dann mehr interessierte.

Das änderte sich mit dem Aufkommen des Privatfernsehens. Doppelt so viele Kanäle bedeutete eben auch eine höhere Sendevielfalt; die Zahl der Zuschauer verteilte sich nun auf die doppelte Kanalzahl. Damit sanken die Einschaltquoten für jeden einzelnen Sender und die Sichtbarkeit jedes einzelnen Kanals. Der Zuschauer hatte nun erstmals ein größeres Alternativangebot; spätestens mit den Kabel- und Satellitenanschlüssen standen nunmehr Hunderte von Spartenprogrammen zur Verfügung. Mit jedem neuen Nischensender reduzierte sich die Reichweite; zugleich aber stieg der Relevanzgrad jedes Senders.

Das Internet, beispielsweise YouTube, änderte dann die gesamte Landschaft des Bewegtbildes, vor allem aus den folgenden Gründen:

- Die Zahl der Kanäle war nun nahezu unendlich; damit waren die YouTube-Kanäle hoch relevant. Wer sich für Polosport interessierte oder für die Orchideenzucht, fand in den klassischen Kanälen nahezu kein relevantes Angebot. Mit YouTube kann sich jeder Zuschauer sein eigenes Programm der unterschiedlichsten inhaltlichen Angebote zusammenstellen.
- Das Bewegtbild löste sich von der Sende-Synchronität: Lief im Fernsehen eine Sendung zu einer unpassenden Zeit, zum Beispiel während der Arbeitszeit, oder überschnitten sich zwei Programme, mussten sich die Zuschauer für eine Alternative entscheiden. Asynchrone Sendeformen wie der YouTube-Kanal haben diesen erheblichen Nachteil nicht.
- Die Sichtbarkeit wurde zeitgleich mobil: Konnte ein TV-Sender bislang nur im heimischen Wohn- oder Schlafzimmer empfangen werden, so können YouTube-Kanäle, ein Smartphone vorausgesetzt, überall empfangen werden.
- Internet-Sichtbarkeit bindet den Zuschauer sehr viel interaktiver ein: Er kann unter einem Beitrag kommentieren, er kann Fragen stellen oder ein Video an Freunde weiterleiten, bei denen er ein Interesse vermutet.
- Zugleich – und dieser Vorteil wird manchmal übersehen oder doch zumindest unterbewertet – straffte sich durch die Konvergenz des E-Commerce mit dem Sichtbarkeitskanal die Kaufkette. Damit wurde die Sichtbarkeit erstmals direkt messbar mit dem Umsatz verklammert: Zuvor ließ sich über die Einschaltquote lediglich die Reichweite der für ein Produkt in einem Werbespot erzeugten Sichtbarkeit messen. Beim Kauf wurde dem Kunden ein Medienbruch zugemutet; er musste ein Produkt später in einem Ladengeschäft kaufen, seltener (aber besser) ließ sich ein Produkt direkt per Telefon bestellen. Anders im Internet: Während eines Videobeitrags können direkte Kauflinks eingeblendet werden und der Kauf wird am gleichen Gerät, auf dem das Video läuft, sofort durchgeführt; der Kaufimpuls, der aus der Sichtbarkeit heraus entsteht, lässt sich also umgehend in Umsatz ummünzen.

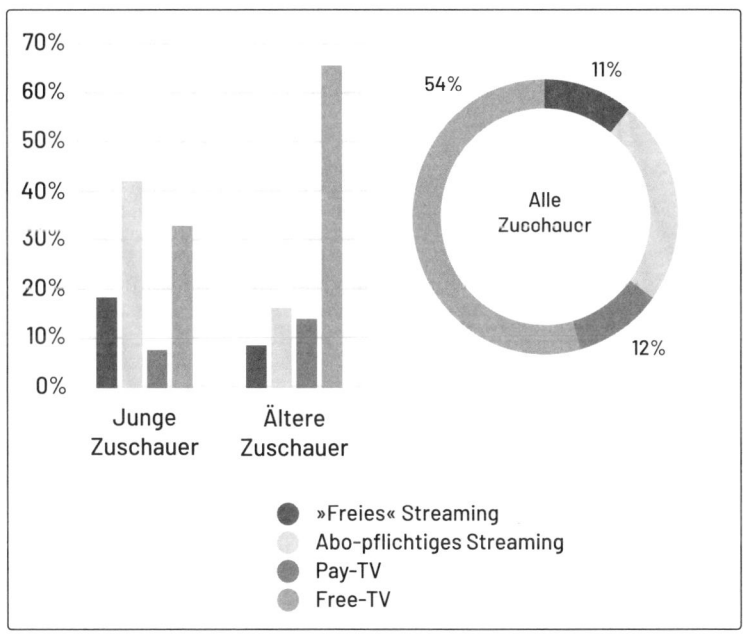

Verteilung der Sehzeit in Deutschland: Klassisches lineares Fernsehen verliert zunehmend die Zuschauer, vor allem jüngere Zuschauer (16–29 Jahre). Für sie sind die Sendestrecken vor allem eins: nicht mehr relevant.

Quelle: Eigene Darstellung nach einer Statistik von Roland Berger[10]

Das Beispiel des Fernsehens ist offensichtlich; aber der Long-Tail-Ansatz der Zerfaserung früherer Imperien lässt sich darüber hinaus in nahezu jedem Sichtbarkeitsbereich des öffentlichen Lebens erkennen.

Wo früher beispielsweise – bedingt durch die begrenzte Zahl an Regalmetern – nur wenige Interpreten und Künstler in den Regalen der Musikhandlungen standen, kann sich dank Spotify eine unbegrenzte Zahl an ambitionierten Künstlern ein Publikum erschließen.

Auch hier ist das Muster erkennbar: Der bisherige Superstar musste für eine große Zahl an Zuhörern anschlussfähig und attraktiv sein, sonst wurde er erst gar nicht unter Vertrag bei einem Major Label genommen und sein Schaffen blieb damit weitgehend unsichtbar. Das Problem des Superstars: Auch bei ihm musste der Zuhörer Kompromisse schließen. Erst als mit Spotify eine nahezu unendliche Zahl neuer Künstler aufkam, musste ein Fan endlich keine Kompromisse mehr eingehen – er fand exakt seinen Geschmack, selbst wenn ein Song vielleicht nur ein paar Hundert Hörer fand.

Der Kuchen wird nunmehr also in viel mehr Stücke geteilt. Erschienen beispielsweise im gesamten Jahr 1984 noch insgesamt 55 000 neue Songs, wird heute dieselbe Zahl Songs pro Tag im Internet veröffentlicht.[11] Durch diese hochgradige Zerfaserung bleibt ein überaus großer Teil dieser Lieder unsichtbar; so ist es außerdem nachvollziehbar, dass sich daraus kaum ein sinnvolles ökonomisches Konzept für den Großteil der Künstler ableiten lässt.

Auch der große Kino-Blockbuster hat erheblich Konkurrenz bekommen. Er war einst Garant allergrößter Sichtbarkeit und hatte seine Hollywood-Superstars. Es gibt sie auch heute noch und ein neuer Film von Quentin Tarantino erhält noch immer breite mediale Aufmerksamkeit. Zugleich aber gibt es Konkurrenz durch zahlreiche, teils sehr hochwertig und aufwendig produzierte Serien der Streaminganbieter wie Netflix, Amazon Prime, Disney oder Sky.

Sie sind damals gestartet als reine Sichtbarkeitskanäle für bestehende Kinoproduktionen, haben sich aber zu Contentproduktions-Unternehmen und Filmstudios weiterentwickelt. Deren Serienvielfalt ist mittlerweile unüberschaubar, gleichzeitig sind die Schauspieler oft nur den Fans bekannt und verschwinden mit dem Serienende wieder in die völlige Unsichtbarkeit. Die Produktion einer neuen Serie ist damit viel preiswerter als die eines Hollywood-Kinofilms, weil die Produktionstechnik heute günstiger ist und die Serien-Schauspieler sehr viel weniger Geld verlangen können.

Der Erfolgsfaktor der Serien aus Kundensicht ist der höhere Relevanzgrad: Während ein großer Kino-Spielfilm über eine große Zuschauerzahl anschlussfähig bleiben muss und ein James Bond damit zugleich den manchmal konstruiert wirkenden Spagat zwischen Liebes- und Actionfilm schaffen muss, kann sich eine Spartenserie auf ein einziges Genre konzentrieren und die Zuschauerbedürfnisse daher sehr viel besser befriedigen.

Aber auch in der Welt physischer Waren ist der Sichtbarkeitsniedergang einst großer Produktimperien erkennbar. Das *Dr. Oetker-Backbuch* beispielsweise war über Jahrzehnte eine Institution mit hundertjähriger Geschichte – einschließlich eines eigenen Schulkochbuchs, das seit 1911 über 19 Millionen Mal verkauft wurde und nach Angaben des Verlags das erfolgreichste Backbuch der Welt ist.[12] Das Buch zeigt Rezepte auf knapp 600 Seiten zum Nachkochen.

Dieses Monument des Dr. Oetker-Konzerns, das positionsgenaue Sichtbarkeit in so ziemlich jeder deutschen Küche sicherstellte, hat heute erheblich Konkurrenz bekommen: Insbesondere durch den Online-Buchhandel können nun Nischenrezeptbücher auch in kleineren Auflagen veröffentlicht werden; selbst Mikro Nischenrezeptbücher sind durch das Self-Publishing von Anbietern wie Bod oder Epubli möglich. Hier wird erst dann ein Buch gedruckt, wenn ein Kunde es bestellt.

Rezepte werden aber längt nicht mehr nur in Buchform sichtbar: Eine große Zahl an Rezepten sind in YouTube-Channels, Kochsendungen und als Rezept-Apps verfügbar. Und wer einen Zitronenkuchen backen möchte, ergoogelt sich das Rezept vielleicht, statt im Dr. Oetker-Backbuch nachzuschlagen. Die Sichtbarkeit des einstigen Oetker-Buch-Imperiums ist damit zergliedert in zahlreiche Kanäle.

Diese dort dann verfügbaren, teils außergewöhnlichen Rezepte sind vor allem gegenüber der Zielgruppe hoch relevant: Wer beispielsweise vegane glutenfreie Rezeptangebote suchte, war mit einem klassischen Kochbuch nicht allzu treffsicher bedient; damit aber war ein solcher Klassiker deutlich weniger anschlussfähig für die Kundschaft als spezielle Spartenangebote.

In der Summe konsumieren die Kunden nicht unbedingt weniger Rezepte, nur ist der Markt nunmehr zersplittert in sehr viel mehr Rezeptkanäle.

Der Kundenanspruch steigt

Der Kunde bekommt durch den Long-Tail-Mechanismus also ein passgenaueres, relevanteres und anschlussfähigeres Produkt, das durch ein früheres Blockbuster-Angebot nicht erreicht wird: Es hat damit für ihn eine höhere, kompromisslose Qualität.

Damit steigt die Anspruchshaltung des Kunden gegenüber dem Produktinhalt, aber zugleich auch auf anderen Ebenen des Produkterlebnisses. Der anspruchsvolle Konsument möchte heute Teil ganzer inszenierter Produktwelten sein: Ein einfacher Filterkaffee genügt heute längst nicht mehr, da er wählen kann zwischen einer großen Zahl an Kaffeespezialitäten, die er als Kapseln zu Hause selbst zubereiten kann. Oder er wählt die sorgsam und extrem aufwendig inszenierte Welt des Starbucks-Coffee, bei dem er nicht nur einen frisch zubereiteten Chai-Latte-Kaffee mit eigenem Namen auf dem Becher bekommt, sondern eine Wohlfühl-Welt dazu. Das schafft ein Filterkaffee kaum; in der Folge kann Starbucks erhebliche Preise verlangen. Spätere Teile dieses Buchs beschäftigen sich intensiv mit der daraus resultierenden Marktchance der Sichtbarkeitsveredelung durch Storytelling.

Seine Rolle als reiner Empfänger einer werbenden Sichtbarkeit lehnt der stark umworbene Kunde mittlerweile ab; er hat gelernt, einen ganz persönlichen, mit eigenem Namen beschrifteten Kaffee erwarten zu können.

Der Kunde hat diese Anspruchshaltung aus der Online-Welt kennengelernt: Er übt sich unbewusst darin, dass Sichtbarkeit zweidimensional funktioniert und er unter einem Post kommentieren, liken und bewerten kann. Er wird zum Protagonisten des Produktuniversums, dem Gehör gewährt wird. Bei Amazon beispielsweise genügt es längt nicht mehr, ein Produkt einfach nur anzubieten, denn der Kunde wird seine eigene Meinung dazu nicht nur in einer Produktbewertung verfassen, sondern diese vermutlich auch mit seinen Freunden teilen, ob der Hersteller das nun möchte oder nicht. Ebenso kann er seinen Unmut in Firmen-Supportforen vor den Augen aller sichtbar machen oder Gleiches im Instagram- oder Facebook-Auftritt des Unternehmens tun.

Seine Lieblings-Netflix-Serie kann er mit Sternen direkt in der App bewerten und einen Kommentar hinterlassen. Dieses zeitnah und direkt wirkende Kundenzeugnis führt dazu, dass Streaming-Anbieter keine kompletten Staffeln einer Serie mehr produzieren, sondern zunächst eine Pilotfolge herstellen und senden. Fällt diese durch die messbaren Kriterien des Anbieters durch (beispielsweise durchschnittliche Zuschauerbindung, gemessen an der Sehzeit oder einem vorzeitigen Filmabbruch; Kommentare, Sternbewertungen), wird die Serie nicht nur nicht fortgesetzt, sondern über die Pilotfolge hinaus gar nicht erst produziert.

Klassisches Kino und auch das lineare TV sind hier im Hintertreffen: Man muss zunächst einen teuren Spielfilm vollständig produzieren und darauf hoffen, dass er beim Zuschauer auch landet. Erst dann kann man am Box-Office-Umsatz im Kino und damit viel zu spät erkennen, ob ein Film sich auch rechnet. Der lineare Kanal alter Medien ist auf eine Eindimensionalität in der Kommunikation zum Kunden zurückgeworfen; er kann daher frühe Indikatoren wie vorzeitigen Sehabbruch gar nicht oder nur höchst unvollständig erfassen.

Der große, unnahbare Filmstar, den das Publikum höchstens auf dem roten Teppich eines Filmfestivals bestaunen konnte, hat also weitgehend ausgedient. Allenfalls Serienfans fühlen sich mit ihren Sparten-Stars verbunden. Ähnliches geschieht im Musikbusiness. Der mit mehreren Platin-Alben ausgezeichnete Superstar Jennifer Paige (»Crush«) berichtete in einem sehr persönlichen Artikel von ihrem Niedergang vom gefeierten internationalen Superstar zur Indie-Künstlerin, die das Geld für ihr neustes Album über eine Crowdfunding-Kampagne zusammenkratzen musste. Sie sagt: »Ich bin in der Musikindustrie großgeworden zu einer Zeit, als der Reiz des Künstlers noch in seinem Mysterium bestand.«[13]

Die neue Künstlergeneration ist entweder allenfalls einem Spartenpublikum bekannt oder, sofern es noch Superstars unter ihnen gibt, zeigt sich deutlich offener den Fans gegenüber und erschließt sich darin auch neue Umsatzquellen. Die Tagesschau berichtete beispielsweise vom Milliardenbusiness K-Pop:

»Es gibt viele Möglichkeiten, den Idols – so heißen die K-Pop-Stars – über Livestreams, TV-Auftritte und Interviews nahe zu kommen«, erklärt K-Pop-Fan Ndugwa. In kostenpflichtigen Apps werden »Behind The Scenes«-Videos hochgeladen, Fans können sich zum digitalen Mittagessen mit ihren Idolen verabreden oder ihnen Fragen über ihr Privatleben stellen. »Die digitale Vernetzung mit den Fans und der partizipative Charakter sind extrem wichtig für den Erfolg der K-Pop-Gruppen. Es wird eine Pseudo-Intimität geschaffen«, betont der Musikwissenschaftler Fuhr. »Es gibt sogar spezielle Audioaufnahmen, bei denen Bandmitglieder flüstern, um ihren Fans auch beim Einschlafen zu helfen«, sagt Ndugwa. Der Markt sei enorm groß.[14]

Flat-Fee-Kultur: Reine Inhalte sind entwertet

Diese Zergliederung der Sichtbarkeit hat erhebliche Konsequenzen für diejenigen, die in der Vergangenheit mit Inhalten Geld verdient haben. Es entsteht eine Flat-Fee-Kultur, bei der Inhalte für geringste Gebühren ausgespielt werden.

Ein Spotify-Abonnement beispielsweise ist für eine geringe monatliche Gebühr erhältlich; ein Netflix-Abonnement mit Hunderten hochwertiger Serien kostet in etwa so viel wie ein, vielleicht zwei Kinobesuche. Hochwertige, vormals teure Video-Coachingkurse sind heute frei auf YouTube verfügbar. Und auch das Softwaresegment hat die Inflation ereilt: Vor einigen Jahren ließen sich für hochwertige Grafik- oder Buchhaltungsanwendungen hohe Kaufsummen erzielen. Heute sind – oft disruptive und leicht bedienbare – Apps junger Startups für Kleinbeträge erhältlich.

Diese Inflation der Inhalte kann jedoch auch eine Chance für die Kanäle eigener Sichtbarkeit sein, wie dieses Buch zeigen wird.

»Snack-Content«: Aufmerksamkeitsspannen wie Goldfische

Diese Inflationierung selbst guter, hochwertiger Inhalte hat das Publikum anspruchsvoller und auch ungeduldiger werden lassen. Wer früher 400 Euro für ein komplexeres Grafikprogramm ausgegeben hat, ist geduldiger im etwas mühsameren Erlernen neuer Funktionen als bei einer App: Lässt sich die ja zuvor als Testversion kostenlos heruntergeladene Grafik-App nicht intuitiv und sofort nutzen, löscht sie der Anwender – ihm stehen schließlich gleich mehrere App-Alternativen zur Verfügung.

Auch Spotify-Songs werden immer kürzer und prägnanter: Während sich ein Käufer eines Musikstücks beispielsweise auf einem Album diesem mit mehr Geduld zuwendet, schon deshalb, weil er es gekauft hat und nun einen Nutzen erwartet, ist durch die Spotify-Musik-Flatrate der nächste Song nur einen Klick entfernt, wenn er nicht sofort gefällt; oder es sind nur sehr kurze, wenige Sekunden dauernde

Sequenzen aus einem Lied, das immer wieder angehört wird, weil die Aufmerksamkeitsspanne nicht mehr hergibt.

Die ZEIT schreibt über diesen Trend mit sarkastischem Unterton: »Heute leiden Mütter und Väter mehr denn je: Sie dürfen sich die immer gleichen fünfzehn Sekunden eines Liedes anhören, wenn ihre Kinder neben ihnen auf dem Smartphone bei TikTok unterwegs sind. Denn dort werden Clip für Clip, Challengeteilnahme für Challengeteilnahme, immer die gleichen Songfragmente durchgenudelt. Das zerrt nicht nur an den Nerven der erziehungsberechtigten Elterngeneration, es verändert auch, wie Popmusik entsteht – und was wie zum Hit wird.«[15]

Auch hier sind die Inhalte inflationär verfügbar und daher entwertet, sodass Künstler kaum mehr nennenswerte Erträge aus den Lizenzeinnahmen erwarten. Die Sichtbarkeit wird hier extrem fragmentiert und ist außerdem dem Zusammenhang entrissen. Das obige Zitat zeigt auch, dass nur in diesen 15 Sekunden kürzester Aufmerksamkeit entschieden wird, was zum Hit wird – das hat erhebliche Konsequenzen auch für Ihre eigene Sichtbarkeitskampagne, die diesen Punkt strategisch planen und berücksichtigen muss.

Ähnliches gilt für Readly, das eine große Zahl an Zeitschriften, sogar international, für eine Flat-Fee anbietet, oder Amazon Kindle Unlimited, bei dem Bücher gegen eine monatliche Rate heruntergeladen und gelesen werden können.

Diese Inflation der Inhalte wird verschärft durch eine Inflation der Bildschirme, die dem Nutzer zur Verfügung stehen. Stand früher ein einzelner Fernseher im Wohnzimmer, so gibt es eine große Zahl weiterer Screens in den Haushalten: Smartphones, Bookreader wie das Amazon Kindle, iPads, Notebooks. Heute ist es mehr als verbreitet, neben dem Betrachten einer TV-Show oder einer Netflix-Serie zeitgleich einen zweiten Bildschirm zu nutzen und darüber weiterführende Informationen zu recherchieren oder WhatsApp-Nachrichten auszutauschen (»Multi-Screen«). Dadurch reduziert sich die Aufmerksamkeit auf einen Inhalt deutlich; manchmal wird eine Streaming-Serie nur noch nebenher betrachtet. Die hohe Bilddichte und Schnittgeschwindigkeit einzelner Sequenzen ist auch der daraus sich ergebenden reduzierten Aufmerksamkeitsspanne geschuldet.

Ein Forscherteam um das Max-Planck-Institut für Bildungsforschung hat sich diesem Thema gewidmet und die Reduktion der Aufmerksamkeitsspanne untersucht. Kern der Forschung war die Frage, wie lange ein Blockbuster-Kinofilm oder Buch-Bestseller, ein Social-Media-Thema oder andere Inhalte im Fokus der öffentlichen Aufmerksamkeit und damit der breiten Sichtbarkeit standen. Dazu wurden Daten der Kinobesuche aus den letzten 40 Jahren und Buch-Verkaufszahlen der letzten 100 Jahre zusammengetragen.

Das Ergebnis: Die durchschnittliche Aufmerksamkeitsspanne hat sich nachweislich erheblich reduziert. Das Beispiel Twitter-Hashtag, in dem ein im breiten Aufmerksamkeitsfokus stehendes Thema oder Ereignis im Vordergrund steht, ist exemplarisch für den Trend: 2013 war ein aktueller Twitter-Hashtag noch 17,5 Stunden in den Top 50 und damit massiv sichtbar; nur drei Jahre später war dieser Wert auf 11,9 Stunden zusammengeschrumpft.

Auch bei Hollywood-Blockbustern und Buch-Bestsellern und damit ehemaligen weltweiten, ausdauernden Sichtbarkeitsmonumenten zeigten sich ähnliche Effekte.

»Unsere Daten zeigen, dass die Dauer, in der die Öffentlichkeit Interesse an einzelnen Themen und Inhalten zeigt, immer kürzer wird. Gleichzeitig springt das Interesse immer schneller von einem Thema zum nächsten«, berichtet Philipp Lorenz-Spreen, Studienautor am Max-Planck-Institut.[16]

Heutige Inhalte werden daher als »Snack-Content« bezeichnet; sie müssen ebenso leicht konsumierbar sein und leider auch wenig nachhaltig sattmachen – etwa wie ein Schokoriegel.

Zu einem erschreckenden Ergebnis gelangt auch eine viel beachtete Studie unter Federführung Microsofts, die es in die Schlagzeilen auch von Massenmedien unter Überschriften wie »Aufmerksam wie ein Goldfisch« geschafft hat. Die Kernaussage: Die Online-Aufmerksamkeit des durchschnittlichen menschlichen Betrachters liegt mittlerweile unter der eines Goldfischs.

Aber auch die Datenträger – die Medien also, auf denen die Inhalte zum Konsumenten gelangen – bestimmen erheblich die Aufmerksamkeitsspanne für den Einzeltitel. Die CD beispielsweise umfasst Musikstücke in einer Länge von 78 Minuten – und definierte damit auch die

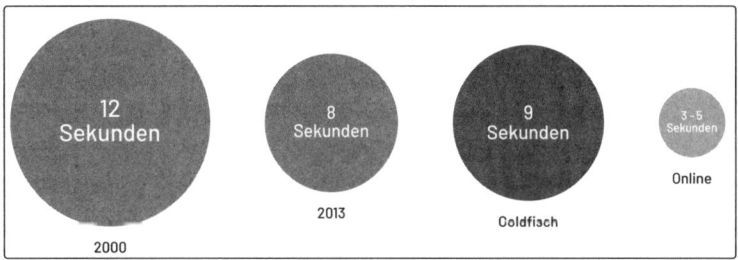

Die Ergebnisse des Microsoft-Forschungspapiers: Die ersten beiden Kreise zeigen die durchschnittliche menschliche Aufmerksamkeitsspanne der Jahre 2000 und 2013. Ein Goldfisch hat 9 Sekunden. Online beträgt die menschliche Aufmerksamkeitsspanne nur noch 3 bis 5 Sekunden.

Quelle: Eigene Darstellung nach Daten von Microsoft Research Report[17]

Länge der einzelnen Songs. Radiostationen senden bevorzugt 3-Minuten-Stücke, um ausreichend Werbung schalten zu können; auch daher ist das eine typische Dauer eines Musikstücks.

Und heute? Da definiert vor allem Spotify den Musikmarkt aufgrund seiner dominanten Stellung. Der Konzern schüttet Lizenzeinnahmen immer dann aus, wenn ein Song mindestens 30 Sekunden gespielt wird; was darüber hinausgeht, wird nicht mit höheren Ausschüttungen an den Künstler vergütet. Aus Business-Sicht macht es daher Sinn, möglichst viele, dafür kurze Songs zu produzieren. Spielzeiten von nur noch 1 Minute für ein Musikstück könnten daher in den nächsten zehn Jahren die Regel sein, berichten Marktprofis.[18]

Auch im Filmbereich ist dieser Trend erkennbar: Dauert im klassischen Kino ein Film noch 90 Minuten, so sind die heute produzierten Streaming-Serien in kurze, 20- bis 40-minütige Episoden untergliedert.

Das hat unmittelbare und erhebliche Konsequenzen für Ihre eigene digitale Sichtbarkeit: Sie muss direkt auf den Punkt kommen; erzeugt sie nicht umgehend – und zwar in den ersten konkret 5 Sekunden der Online-Aufmerksamkeitsspanne – ausreichend Momentum, die den Zuschauer zum Weiterschauen animiert, so ist auch die beste Sichtbarkeitskampagne zum Scheitern verurteilt.

Die gute Nachricht lautet: Wer sich strategisch mit seiner Sichtbarkeit auseinandersetzt und insbesondere relevante Inhalte ausspielt, kann mit sehr hohen Aufmerksamkeitsspannen rechnen. Das Buch zeigt in späteren Kapiteln Beispiele für YouTube-Videos, denen die Zuschauer gut und gerne eine ganze Stunde zusehen und die dazu innig vom Publikum erwartet werden und schon in den ersten paar Minuten nach ihrer Veröffentlichung intensiv Aufmerksamkeit erfahren.

Schaffen Sie Sichtbarkeit für das, was gesucht wird – und sorgen Sie dafür, gefunden zu werden

Obwohl Sichtbarkeit in ihrer reinen Form als Breitensichtbarkeit an Wert verliert, geht es nicht ohne sie. Sichtbarkeit ist immer noch der einzige Weg, den eigenen Produkten oder Inhalten Zugang zu möglichen Konsumenten zu verschaffen und sich damit letztlich als Businessmodell zu eignen. Aber als inflationär vorkommender Rohstoff mit kurzer Aufmerksamkeitsspanne des Betrachters muss Sichtbarkeit veredelt werden.

Nur Sichtbarkeit eröffnet nämlich Marktchancen. Um zu verstehen, wie aus Sichtbarkeit ein Businessmodell wird, lohnt es sich, genau diesen Zusammenhang näher zu betrachten. Wenn es Formen für Sichtbarkeit gibt, die keine Chancen am Markt generieren, oder Unternehmen selbst ein Gefühl der Chancenlosigkeit verspüren, Sichtbarkeit in ein Geschäftsmodell zu wandeln, dann richtet sich automatisch der Blick auf Marktchancen und die Frage, wie diese trotzdem geschaffen werden.

Die Wirtschaftswissenschaft beschreibt das Konzept der »Marktchance« folgendermaßen:[19]

Eine Marktchance entsteht in der Schnittmenge zwischen den Fähigkeiten eines Unternehmens, die dann in eine Dienstleistung oder ein Produkt umgesetzt werden, und den Bedürfnissen der Kunden, die diese am Markt zu bedienen versuchen. Unternehmen, die also Produkte anbieten, die auf Kundenbedürfnisse treffen, haben eine Chance am Markt.

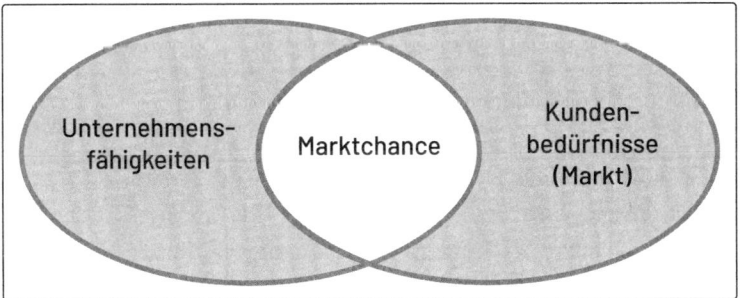

Zwischen Unternehmensfähigkeiten und den Kundenbedürfnissen entsteht die Marktchance

Quelle: Eigene Darstellung

Jedoch ist das im Hinblick auf unternehmerischen Erfolg höchstens die halbe Wahrheit, denn bis hierher ist es nicht mehr als eine vage Chance. Und wie beim Fußball gilt: Es gewinnt nicht die Mannschaft, die sich mehr Chancen erarbeitet, sondern jene, die mehr Tore schießt.

An der Schnittstelle zwischen den Fähigkeiten und Produkten eines Unternehmens und den Kundenbedürfnissen entsteht dem Modell zufolge direkt die Marktchance. Je besser sich beide überschneiden, desto besser demnach die Chance. Theoretisch müssten also lediglich beide Seiten betrachtet werden und möglichst in Deckung gebracht werden, schon hätte ein Unternehmen hervorragende Marktchancen. Das ist so wahr, wie es zu einfach ist.

Trotzdem bietet das Modell eine hervorragende Basis zur Lösung der Herausforderung einer zu erreichenden Marktchance: Ein Unternehmen sollte Augenmerk darauf haben, etwas zu produzieren, das gesucht wird. Nur sollte es sich zeitlich auch darum kümmern, gefunden zu werden. Und das bereits bei der Erstellung der Produkte aus den Unternehmensfähigkeiten und direkt beim Blick auf die spätere Schnittmenge mit den Kundenbedürfnissen.

Unternehmensfähigkeiten

Ein Blick zunächst auf die einzelnen Elemente, bevor es darum gehen soll, warum und wie smarte Sichtbarkeit in diesem Modell zwingend hinzukommen muss. Unternehmen bieten Produkte als Übersetzung ihrer Unternehmensfähigkeiten. Jedes Produkt besitzt dabei Eigenschaften, die in der Konsequenz am Markt seine Marktchancen mitbestimmen. Das sind in vereinfachender Auswahl:

- Die **Qualität**, häufig definiert als die Erfüllung der Erwartung des Kunden. Damit bezeichnet diese aber bereits eine wichtige Brücke zum Kunden. Ein Produkt kann ein Problem in ausgezeichneter Weise lösen; wenn der Kunde dieses Problem nicht hat, dann wird er nicht kaufen.
- Folglich: die **Problemlösungskompetenz**. Ein Kunde wird ein Produkt oder eine Dienstleistung selbstverständlich nur dann bezahlen, wenn er davon ausgeht, dass sie sein Problem löst. Die Größe des Problems und die Einzigartigkeit der Lösung spielen dabei eine wichtige Rolle, ebenso wie das Potenzial der Lösung, dem Kunden eine Abkürzung zur Lösung zu bieten.
- Die **Herstellungsgüte** des Produkts oder technische Qualität. Ein Füllfederhalter der Firma Montblanc etwa wird unter anderem wegen der Qualität der Verarbeitung gekauft und geschätzt, ein Mercedes wird im Marketing beschrieben als »Das Beste oder nichts«.
- Die **Verfügbarkeit**. Kann das Produkt überhaupt den Kunden zur Verfügung gestellt werden und kann es so vielen Kunden zur Verfügung gestellt werden, wie danach verlangen?
- Die **Integralqualität**, also vereinfachend die Frage, ob der Kunde das Produkt für sich nutzen kann. Einen Akku für eine Maschine etwa, die der Kunde nicht hat, wird dieser kaum kaufen, selbst bei besten Leistungsdaten.[20]

Das Produkt selbst, all seine Leistungsdaten und die Qualität seiner Problemlösung für den Kunden existieren im Markt aber nicht, solange das Produkt nicht sichtbar gegenüber seinen potenziellen Kunden ist!

Diese Eigenschaften liegen nur im Produkt eingeschrieben, sind aber ohne die Interaktion mit dem Kunden wertlos und unsichtbar.

Die Unternehmensfähigkeiten sind gewissermaßen die Tüftlerseite. Produkte, die sehr auf die technologische und technische Performance eines Produktes abzielen und dabei zunächst einmal in ihrer Entwicklung wenig auf den Markt schauen, nennt man ingenieursgetriebene Produkte. Auch darin liegt eine Falle für eine gefährlich wenig kundenzentriert gedachte Sichtbarkeit. Denn diese Art, Produkte zu entwickeln, hat eine Verlockung, die sich in vielen Bereichen als nicht mehr zeitgemäß zeigt.

Die deutsche Wirtschaft beruht nicht zuletzt auch auf der Anerkennung ihrer stark ingenieursgetriebenen Produkte von außen. Der deutsche Maschinenbau, Aushängeschild der Wirtschaft, ist beispielsweise weltweit dafür bekannt, dass er höchste Präzision und Leistungsfähigkeit vereint. Doch zeigt sich ein zeitgeistig geprägter Wandel hin zum weniger perfekten, dafür aber schnell auf den Markt gebrachten Produkt. Denn die heutige Wirtschaft ist immer mehr eine Wirtschaft, die mit Informationen, Daten und der Strukturierung und Bündelung von Daten arbeitet – die erfolgreichsten und wertvollsten Unternehmen der Welt ziehen häufig ihren wirklichen Wert daraus. Das gilt für Apple ebenso wie für Google und auch für Firmen wie Tesla. Gerade der letztgenannte Autobauer verblüfft immer wieder mit grotesk anmutenden Börsenwerten, die sich kaum alleinig aus einer überlegenen Präzision und technologischen Überlegenheit der Produkte erklären lassen. Tesla und Google beispielsweise bringen Produkte schnell, fehlertolerant und lernwillig und mit Fokus auf die Kundenbedürfnisse in den Markt.

Weil aber eine Wirtschaft, die wesentlich und wertbildend mit Informationen und Aufmerksamkeit statt mit Stahl und Bruttoregistertonnen an Gütern handelt, aus ihren Rohstoffen viel schneller Werte bilden kann, ist das ständige Drehen an der Qualitätsschraube heute kaum mehr gefragt. Ihre Produkte reisen in Lichtgeschwindigkeit um den Globus; und weil in einer Zeit, in der jeder zum Sender geworden ist, eben auch andere Qualitätsstandards akzeptiert werden, kann in viel kürzeren Produktionszyklen gedacht werden. Vereinfacht gesagt ist bei einer Maschine, die hochgenaue Stahlformung beherrscht,

Präzision noch ein auszeichnendes Qualitätsmerkmal, bei einer Smartphone-App genügt ein geringerer Qualitätsstandard, weil der Anbieter über Updates nacharbeiten kann.

Kundenbedürfnisse

Auf der anderen Seite der einfachen Gleichung zur Beschreibung der Marktchancen finden sich die Kundenbedürfnisse. Diese kann man am besten verstehen, wenn man sie als einen Zustand des Mangels beschreibt. Kunden haben ein Problem; das kann negativ eingefärbt sein, wie etwa Kopfschmerzen oder die Notwendigkeit, einen Kredit aufzunehmen. Es kann aber auch positiv eingefärbt sein, wie der Wunsch des Kunden nach Persönlichkeitsentwicklung oder einem schönen Geschenk für einen Kindergeburtstag.

Immer jedoch fehlt in diesem System: Im bestehenden Lösungsvakuum entsteht das Bedürfnis des Kunden aus einem Wunsch nach Lösungen.

Je größer der »Minus-Zustand« des Kunden ist, je größer also sein Problem, und je mehr sich das Angebot des Unternehmens in einem »Plus-Zustand« befindet, desto leichter werden die Produkte und Angebote ihren Weg zum Kunden finden – das wäre der gewünschte Markterfolg! Und der »Plus-Zustand« des Angebotes ist definiert durch die eben aufgelisteten Produkteigenschaften. Passen sie besonders gut zu den Kundenbedürfnissen, ist dort das »Minus« möglichst groß, dann wird der Verkauf leichter.

Analog zu den Angeboten des Unternehmens muss aber auch hier festgestellt werden: Für sich allein genommen sind die Kundenbedürfnisse kein wichtiger Faktor für ein Business. Abermals muss smarte Sichtbarkeit hinzukommen, weil Kunden Angebote von Unternehmen sehen können müssen und weil sie das Gefühl haben wollen, dass ihre individuellen Bedürfnisse sich in diesen Produkten niederschlagen.

Spannend ist dabei, dass die Kundenbedürfnisse für sich genommen ebenso wenig Chancen am Markt generieren wie reine Unternehmensfähigkeiten, sondern ebenfalls transformiert werden müssen, nämlich in Kundenerwartungen.

Während Kundenbedürfnisse zunächst ungerichtet sind und nur den Mangel des Kunden beschreiben, sind Kundenerwartungen die Fortschreibung und erste Stufe der Lenkung dieser Bedürfnisse. Hinter der Kundenerwartung steckt der Glaube der Kunden, dass ihr Problem gelöst werden kann. Stellen Sie sich das ruhig vor wie die Geschichte des Schiffbrüchigen auf der einsamen Insel: Er wird einen gewissen Mangel verspüren, wahrscheinlich sogar mehrere: nach Wasser und Nahrung, nach Gesellschaft und sicher auch nach baldiger Rettung. Seine Bedürfnisse sind erkennbar und sie sind sehr ausgeprägt. Aber erst wenn ein Schiff an der Insel vorbeifährt, dann werden diese Bedürfnisse gerichtet.

Womöglich stellen Sie sich den Gestrandeten aufgeregt in Richtung des Schiffes winkend vor. Plötzlich hat er die Erwartung, dass das Schiff seine Bedürfnisse alsbald bedienen möge – durch Rettung und Versorgung. Hatte er zuvor noch lediglich ein Bedürfnis, so hat er nun eine genaue Vorstellung davon, wie dieses befriedigt werden könnte.

Mehr noch, der Gestrandete versucht nun seinerseits, Sichtbarkeit gegenüber dem rettenden Schiff herzustellen, durch Winken oder durch Rauchzeichen; und im Zweifel wird er sogar versuchen, zum Schiff zu schwimmen, nur um sein Problem zu lösen. Genau dieser Wandel beschreibt den Übergang von Kundenbedürfnissen in Kundenerwartungen und – das sei ausdrücklich betont – den Unterschied macht die Sichtbarkeit des Schiffes in diesem Fall.

Es gibt keine fairen Marktchancen

Schwierig wird es an der Schnittmenge zwischen Unternehmensfähigkeiten und Kundenbedürfnissen – spätestens da ist die Realität komplexer als das Modell. Marktchancen sind nicht gleich, sie entstehen nicht einfach zwischen Angeboten und Bedürfnissen und sind von vielen Faktoren abhängig.

Das Produkt Käse etwa ist vor allem in westlichen Kulturkreisen beliebt und verbreitet. Allein dort werden etwa 5 000 verschiedene Käsesorten gezählt[21], nur deshalb, weil viele Menschen gerne Käse essen und entsprechend viel Käse gekauft wird. Und das sind nur die per Definition zu unterscheidenden Käsesorten wie »Gouda« oder »Appenzeller«. Soweit stimmt das wirtschaftswissenschaftliche Modell: Dem klaren Kundenbedürfnis, Käse zu essen, stehen Anbieter gegenüber, die dieses Bedürfnis bedienen und ein Produkt anbieten. Allerdings gibt es eben nicht nur ein Produkt, sondern viele, sehr viele Käsesorten. Die reichliche Nachfrage bedingt einen hoch differenzierten Markt und es werden viele Käsesorten von mehreren Anbietern hergestellt, in leicht unterschiedlicher Weise und mit unterschiedlichen Produkteigenschaften.

So gibt es in Deutschland bereits Tausende kleinerer und größerer Käsereien, die ihre Produkte verkaufen, und diese konkurrieren mit Käse aus den Niederlanden, der Schweiz, Italien und der ganzen Welt um den Kunden. Da gibt es einige große Anbieter, die sich den Markt zu einem großen Teil untereinander aufteilen, und viele kleine, die mit marginalen Marktanteilen auskommen müssen. Doch ist es wirklich die Gunst der Kunden, also die positive Zugewandtheit, oder ist es nicht vielmehr Sichtbarkeit, die den Unterschied macht?

Wie die Käsereien stehen viele Unternehmen vor dieser Herausforderung: Ihr Produkt wird nicht gesehen, obwohl sie es als tolles Produkt mit viel Ehrgeiz entwickelt haben.

Steht man vor dem Käseregal in einem Supermarkt, dann werden dort womöglich 20 oder 30 verschiedene Käsesorten der Hersteller verkauft. Mancher Supermarkt bedient noch gerne den Trend zur Regionalität und bietet einige wenige regionale Käsesorten an. Der Großteil der Firmen, die Käse herstellen, anbieten und gerne größere Marktanteile erobern würden, bleibt in der Käsetheke im Supermarkt möglichen Kunden gegenüber jedoch unsichtbar, weil das eigene Produkt schlicht nicht angeboten wird.

Kennen Sie beispielsweise einen Anneau du Vic Bilh? Den würden Sie sofort wiedererkennen, denn er hat ein unverwechselbares Loch in der Mitte des Käselaibes und ist eine unter Kennern bekannte Spezialität aus den Pyrenäen. Oder den milden Ziegenmilchkäse Cathare de Saint-Félix Fermier?[22] Wundervolle Käse sicherlich, aber beide sind leider kaum außerhalb ihrer Region bekannt, Letzterer wird sogar nur streng limitiert hergestellt. Jungen Gouda, geschnitten, in der 250-Gramm-Packung von »Gut&Günstig«, einer Eigenmarke der

EDEKA-Gruppe, kennen hingegen viele Verbraucher, weil er reichlich verkauft wird.

Das hat zunächst nichts mit der Qualität des einzelnen Käses zu tun. Liebevoll handgefertigte Käse aus kleinen Käsereien haben häufig das Nachsehen gegenüber industriell gefertigten, abgepackten Käsescheiben, die aus meterlangen Käseblöcken geschnitten werden und dabei eher einem Durchschnittsgeschmack entsprechen, als dass sie einem Käse-Gourmet eine spannende neue Geschmackserfahrung bieten könnten.

Viele Kunden würden – vielleicht etwas unreflektiert und womöglich im Detail sogar fälschlicherweise – jederzeit zustimmen, wenn man behauptet, dass ein Käse aus einer kleinen Käserei eines Alpenberghofes mit nachhaltiger Milcherzeugung, hergestellt etwa nach den Kriterien des Bio-Anbauverbandes »Demeter«, eine höhere Qualität bietet als ein Käse aus einem Industriebetrieb mit konventioneller Milcherzeugung.

Selbst wenn der Industriekäse auf verschiedenen Ebenen mindestens gleiche Qualität erreichen würde, etwa mikrobiologisch oder in Bezug auf die Nährwerte, so würde der Kunde doch gerne den Bergkäse kaufen: Er ist schließlich etwas ganz Besonderes! Im Schweizurlaub in der Schaukäserei des Alpenhofes kauft der Kunde schließlich genau diesen Käse, zu Preisen für ein Kilo der Ware, die er im Supermarkt für reinen Wucher erachten würde. Gemessen an vielen Eigenschaften der handgefertigten Klosterkäse aus Frankreich müsste jeder von ihnen eine hervorragende Marktchance gegenüber einem industriell hergestellten Käse haben. Eigenschaften wie die Manufakturfertigung, der Geschmack mit hohem Wiedererkennungswert, die schön erzählte Geschichte der einzigartigen Tradition des einzelnen Käses und viele Faktoren mehr können definitiv die Sympathien der Käseliebhaber wecken.[23]

Einzig: Den französischen Klosterkäse findet der Kunde im Supermarkt in Hamburg nicht – er ist schlicht nicht sichtbar. Dann nützt es dem Anbieter rein gar nichts, wenn er einen in höchster handwerklicher Kunst gefertigten Käse von exquisitem Geschmack herstellt – wenn der Käse nicht im Käseregal sichtbar ist, dann kann er dort nicht gekauft werden. Die Produktbeschaffenheit ist daher nicht der entscheidende Faktor, die Kundenbedürfnisse sind es allerdings auch nicht. Und niemand erfährt überhaupt von den Unternehmensfähigkeiten. Und daher entsteht zumindest für dieses Produkt keine Schnittmenge – und gar keine Marktchance.

Wäre Sichtbarkeit ein Gut, das jedem in gleichem Maße zur Verfügung stünde, sähe all das anders aus. Es ist eben nicht so, dass die Produkte oder Dienstleistungen in gleichem Maße auf bestehende Kundenbedürfnisse treffen und dass eine möglichst gute Bedienung der Kundenbedürfnisse an dieser Schnittstelle ein Garant für eine gleichwertige Marktchance, geschweige denn überhaupt für ein Businessmodell wäre. So logisch und nachvollziehbar das beim Lesen dieser Zeilen klingen mag, so trügerisch ist dieser einfache Zusammenhang, wenn man ihn nicht explizit benennt.

Viele Anbieter, die ein Produkt entwickeln, denken insgeheim, dass sie dieses Produkt nur in guter Qualität herstellen müssten, um es dann an Kunden zu verkaufen.

Übrigens gibt es einen kleinen Prüfalgorithmus, ob man selbst anfällig für diese verführerische Art zu denken ist: Entwickeln Sie schon lange an einer Dienstleistung oder einem Produkt, aber verbessern immer noch und steigern die Qualität, bevor Sie Ihr Produkt endlich verkaufen wollen? Womöglich stellen Sie bereits Sichtbarkeit hinter der Perfektion an und verhindern Ihren eigenen Erfolg.

Die reine Marktchance ist wertlos

Zurück zur Marktchance, um sie dann zu einer praktischen Marktbeteiligung zu machen.

Bereits wenn zwei Unternehmen mit ihren Produkten auf die Kundenbedürfnisse in einem Markt treffen, bedeuten Wettbewerbsvorteile und Produktunterschiede ebenso wie Preise, Markenbildung und Dutzende weiterer Faktoren Verschiebungen der Marktchance des einzelnen Unternehmens, zuungunsten des anderen.

Nur in monopolistischen Märkten ergibt sich dieses Problem nicht, aber die zu erobern geschieht eher selten. Ansonsten geht es immer darum, welches Produkt der Kunde eher und besser sieht.

Dennoch wird von Anbietern die Notwendigkeit, das Produkt den Kunden gegenüber mit all seinen Eigenschaften und Qualitäten sichtbar zu machen, häufig nachrangig betrachtet. Das minimiert die Chancen des Produkts. Anbieter tüfteln und entwickeln, anstatt das vielleicht Wichtigste zuerst zu denken: Was wird von meinem Angebot später auf welche Weise sichtbar? Besonders leistungsfähige Tenside oder der Nutzen, den diese bringen?

Für viele Produkte ist ein konsequenter Fokus auf die Kundenbedürfnisse und die Sicht des Kunden auf das Produkt und seine Problemlösungsangebote ein Hebel für den sogenannten Product-Market-Fit, den Moment, in dem ein Produkt auf eine echte Nachfrage am Markt trifft.

> Andersherum muss festgestellt werden: Das beste Produkt, das klar den Kundenbedürfnissen entspricht, das jedoch keine Sichtbarkeit erlangt, ist, als würden Sie Ihren suchenden Kunden im Dunkeln zuwinken.

In aller Konsequenz bedeutet das: Wenn Anbieter beispielsweise ein Missverhältnis zwischen der geprüften und erfahrenen Qualität ihres Produktes (auch gegenüber dem Wettbewerb) und der Nachfrage ihrer Kunden erfahren, dann kann Sichtbarkeit der Schlüssel zur Ursachenfindung sein. Und andersherum kann ein kluger Umgang mit Sichtbarkeit der Wettbewerbsvorteil schlechthin sein.

Mit der Sichtbarkeit beginnt der Verkauf

Es fehlen also noch wichtige Faktoren in der folgenden Grafik und der damit transportierten Vorstellung der Schnittmenge von Unternehmensfähigkeiten und den Bedürfnissen der Kunden, um aus Marktchancen Verkäufe zu realisieren.

Die Bedeutung der Sichtbarkeit für Unternehmen, die den Unterschied am Käseregal macht, bezeichnet diese Lücke. So bildet Sichtbarkeit als entscheidender Faktor für die Marktchancen eines Dienstleisters oder Produktanbieters einen Pfad durch alle anderen Herausforderungen, denen sich ein Unternehmen stellen muss, zwischen der Herstellung des eigenen Produktes und dem Verkauf an seine Kunden. Alle Herausforderungen, die den Verkauf an einen Kunden möglich machen, die Qualität, der Preis, die angebotene Lösung und der Nutzen für den Kunden, Nebenwirkungen der Lösung oder die Frage nach dem Vertrauen der Kunden in das Produkt, *kann* ein Unternehmen grundsätzlich unterschiedlich gut lösen; zeigen *muss* es sie fast immer!

Das bedeutet, dass im Modell Sichtbarkeit die Marktchance ersetzen muss. Innerhalb einer klug gesteuerten, smarten Sichtbarkeit, die zwischen Unternehmensfähigkeiten und Kundenbedürfnissen am Markt vermittelt, entsteht dann die Marktchance.

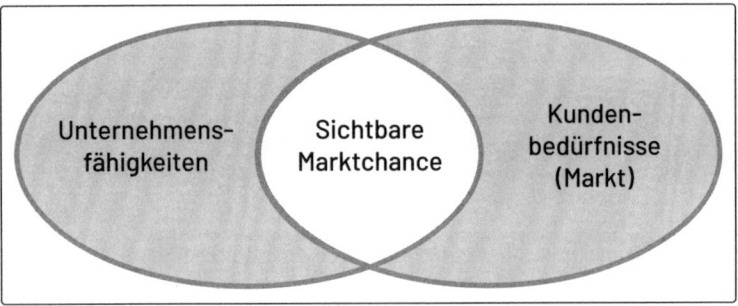

Erst die sichtbare Marktchance verbindet Unternehmensfähigkeiten mit den Kundenbedürfnissen auf dem Realmarkt; ansonsten entsteht zwar eine (theoretische) Marktchance, die vom Kunden jedoch gar nicht wahrgenommen wird.

Quelle: Eigene Darstellung

Marketing ist heute ehrlicher

Es gibt hervorragende Spezialisten für Sichtbarkeit: die Marketingabteilung eines Unternehmens. Ganz gleich, ob in der Soloselbstständigkeit diese Aufgabe beim Firmeninhaber liegt oder ob ein Unternehmen sich eine ganze Abteilung von Marketingfachleuten leistet – letzten Endes sind sie es, die für das Unternehmen die Sichtbarkeit herstellen sollen und diese Sichtbarkeit schließlich in den Kauf übersetzen.

Die Techniker entwickeln das technische Produkt und die Marketingabteilung macht dann die Werbung.

Gerade in der Vergangenheit und insbesondere bei ingenieursgetriebenen Konzernprodukten drängt sich häufig der Eindruck auf, dass die Kreativen im Unternehmen die sind, die am Ende die lustige Schleife um das Produkt binden, wenn es zum Kunden kommt. Und die Marketingabteilung ist nur die Gruppe, die in einer eigenen Abteilung sitzt und der man einen Kicker-Tisch kauft, damit sie ansonsten die Ingenieure möglichst nicht bei der Arbeit stören.

Folgerichtig beschreibt das Marketing später das Produkt, das entstanden ist; thematisch entsteht dabei eine gewisse inhaltliche Distanz zwischen dem Marketing und dem Produkt. Nicht nur die Marketingabteilung hat das Gefühl, dass sie nicht nah genug an der Produktentwicklung und am eigentlichen Produkt beteiligt war. Auch die Kunden bekommen ein Gefühl, dass im Marketing große Worte gefunden werden für etwas, das sie glauben können oder eben nicht. Diesen Effekt nennt man »Overpromising« – mehr versprochen, als das Produkt tatsächlich leisten kann.

Die langfristige Folge: »Werbung« und das Wort »ehrlich« in einem Satz zu führen, kann den Kunden paradox anmuten. Denn Werbung wird sicher nicht von jedem Kunden oder jedem Zuschauer als ehrlich empfunden. Und wenn es immer mehr Werbung auf immer mehr Kanälen gibt, dann klingt es nicht intuitiv, dass Werbung heute ehrlicher werden würde. Wir glauben dennoch, dass der Weg genau dahin geht: Denn die Kunden wollen heute eine Nähe zum Produkt erleben, sie wollen ehrliche und authentische Anknüpfungspunkte. Und die müssen ihnen durch das Marketing im Rahmen der Sichtbarkeit vermittelt werden.

Die Skepsis an der Ehrlichkeit der Werbung ist berechtigt. Wenn wir in der Einleitung das Beispiel des Waschmittels anführen, das »weißer als weiß« waschen könne, dann ist das nicht nur physikalisch falsch. Weiß ist sehr genau definiert, physikalisch als die höchstmögliche Summe aller Wellenlängen der Farben im sichtbaren Anteil des Lichtes oder bei

Grafikern etwa als Hexadezimal-Code *#FFFFFF* (als absolutes Maximum der Sättigung aller Farben im Druck mischen sich genau genommen: Cyan, Magenta, Gelb). Das ist sehr präzise und absolut definiert.

Es muss aus rein technischer Sicht festgestellt werden: Weißer als weiß geht nicht.

Die Werbung sagt aber genau das Gegenteil. Und daher haben auch die Kunden ein klares Gefühl dafür, dass Werbung in ihren Aussagen womöglich an der einen oder anderen Stelle übertreibend, irreführend oder beschönigend funktioniert. Bei der Wahrnehmung der Werbung preist der Kunde diese Übertreibung gleich mit ein.

Der Nutzer des Deodorants »Axe« weiß vermutlich sehr genau, dass ihm auch mit diesem Duft nicht exorbitant mehr Herzen zufliegen werden, obschon die Werbung das suggeriert; und wenn man als Hobby-Handwerker bei Hornbach einkauft, wird womöglich der Fliesenspiegel nicht mit dem gleichen Ergebnis entstehen und auch nicht so leicht von der Hand gehen wie in der Werbung, die lautet: »Mach es zu Deinem Projekt!«

Genau darin liegt das Problem der Werbung. Sie ist wie andere Inhalte und Informationen in einem immer stärker werdenden Drängen nach Sichtbarkeit vieler Sender gefangen. Die althergebrachten Möglichkeiten, schlicht durch Sichtbarkeit Marktchancen zu generieren, werden immer aussichtsloser. Und auch die Methode, dann eben lauter und forcierter auf die potenziellen Konsumenten einzuwirken, zu betonen und zu übertreiben, lauter zu werden und bunter zu erscheinen, verliert an Kraft.

Kunden suchen Orientierung, nicht laute Werbung

Konsumenten wollen heute nicht immer lautere Werbung und nicht immer mehr Werbung. Die Konsumenten stehen, wie auch bei Informationen und Inhalten, die es ebenso kostenlos und überall gibt, vor der Herausforderung, Orientierung zu finden in den Angeboten. Und nicht zuletzt mischen sich Inhalte, Informationen und Werbung.

Die Kunden sind heute dafür auf vielen Ebenen sensibilisiert, skeptisch zu sein. Denn sie wissen, dass ein reines Werbeversprechen geduldig ist.

Und das ist es schon sehr lange.

Stellen Sie sich einen gelben Wagen der Mittelklasse in einem Werbespot der 70er vor, der über die Strecken einer Fahrzeugversuchsanlage fährt. Der Sprecher erklärt:

»Ascona – Ergebnisse harter Tests auf dem Prüffeld: Problemloses Kurvenverhalten bei geringem Lenkaufwand. Hervorragende Bodenhaftung bei komfortabler Auslegung des Fahrwerks. Exzellente Stabilität, auch bei extremen Unebenheiten. Erfolgreicher Abschluss der Entwicklungsarbeit mehrerer Jahre. […] Das große Know-how der Opel-Ingenieure, die beispielhafte Ausstattung von Versuch und Konstruktion, halfen, das hoch gesteckte Ziel zu erreichen: Fahrkultur!«[24]

Ein solcher Werbespot versuchte damals gleich mehrere Herausforderungen zu lösen; und weil das immer schon so war und noch heute so ist, lohnt der weite Blick zurück: Zunächst einmal soll dem Zuschauer suggeriert werden, dass das beworbene Fahrzeug ein hervorragendes Produkt darstellt. Die wichtigen Eigenschaften werden deutlich herausgestellt, stakkatomäßig und in aller Deutlichkeit. Die Werbung hat in einem solchen Werbespot schließlich wenig Zeit, ihre Botschaft zu verbreiten, folglich will diese Zeit optimal genutzt sein. Entsprechend wird ziemlich mit dem Zaunpfahl gewinkt.

Dabei wird in aller gebotenen Eile auch gleich der sogenannte »vorweggenommene Einwand« mitgeliefert. Das Fahrzeug zeigt angeblich eine »hervorragende Bodenhaftung«. Technisch nur etwas versierte Zuschauer wissen, dass dies in der Regel mit einem sportlichen und dabei unkomfortablen Fahrwerk einhergeht. Daher im gleichen Satz des Werbespots die ausdrückliche Erklärung: Das sichere Fahrverhalten gibt es bei gleichzeitig »komfortabler Auslegung des Fahrwerks«.

Es wird sehr deutlich ausgedrückt: Das Fahrzeug schafft den Spagat zwischen diesen Extremen, es ist allen Herausforderungen gewachsen und wird jedem Bedarf gerecht. Und weiter werden in sehr kurzen Sätzen oder gar einzelnen Begriffen möglichst viele Argumente angebracht. Beim Lesen des Textes entsteht das Gefühl, dass der Sprecher fast gehetzt eine technische Eigenschaft nach der anderen nennt, um ja keinen Interessenten zu verlieren.

Zur weiteren Verstärkung möchte die Firma dann die eigene Marke als Quelle eines Kompetenztransfers heranziehen. Die »Opel-Ingenieure« haben laut Werbung mit großem Know-how dieses Fahrzeug entwickelt und konnten dabei auf eine Versuchs- und Konstruktionsabteilung zurückgreifen, die »beispielhaft« ist. Die Firma hat aus der Kraft der eigenen Fähigkeiten ein ingenieursgetriebenes Produkt geschaffen. Entsprechend sollte schließlich in der Suggestion auch das Produkt ausfallen. In den Siebzigern funktionierte das vermutlich sehr gut: Damals taugte das Renommee der Firma Opel noch besser als heute, um solche Abstrahleffekte der Marke auf die Qualität des Produktes zu begründen.

Das sind nur Beispiele für werbende Inhalte, die zeigen, welche Transferleistung Werbung an der Schnittmenge der Sichtbarkeit zwischen Unternehmen und Kunden übernehmen muss. Sie muss dem Kunden zeigen, welche Fähigkeiten des Unternehmens in welchen Produkten niedergelegt sind und welche Bedürfnisse des Kunden damit optimal befriedigt werden – das ist rund 50 Jahre später immer noch das gleiche Problem.

Schließlich schafft die Vermittlung dieser Botschaft eine Marktchance. Sie muss zudem möglichst der Skepsis des Kunden begegnen und seine Einwände ausräumen und sie muss für den Produktanbieter die Legitimation zeigen, überhaupt die Probleme des Kunden lösen zu können. Doch damit gerät die Werbung zwischen mehrere Stühle: Einerseits müssen die technischen Eigenschaften des Produkts, das ingenieursmäßig präzise hergestellt wurde, einem emotional reagierenden Kunden nähergebracht werden. Dabei müssen diese Eigenschaften zudem in Konkurrenz um Aufmerksamkeit transportiert werden, weil viele mit ähnlichen Angeboten um Aufmerksamkeit buhlen. Und dann genügt die einfache Darstellung der Daten und Fakten, die das Produkt auszeichnen, womöglich nicht mehr.

Deshalb konnte man schon in den Siebzigern nicht davon ausgehen, dass die bloße Ausstrahlung eines Werbespots bereits all das sicher leistet und beispielsweise automatisch zum Kauf eines so teuren Produktes wie das eines Automobils führt.

Es scheint so, dass die Werbetreibenden diese Mechanismen seither kaum geändert haben. Fernsehwerbung, wie die zitierte Opel-Werbung aus dem Jahr 1975, steht vor den gleichen Herausforderungen, nur könnte sie das heute besser lösen.

Was macht damals wie heute der Kunde, der vielleicht durch den Werbespot auf eine Marke aufmerksam wird und gerade den Kauf beispielsweise eines neuen Fahrzeugs erwägt? Er misstraut womöglich, lässt sich anderweitig ablenken und verführen. Dieser Kunde kann noch im gleichen Werbefenster seines Abendprogramms auf den Werbespot einer anderen Automobilfirma stoßen. Volkswagen oder Mercedes bewerben womöglich ein Konkurrenzprodukt in genau dieser Klasse und werden sicherlich auch herausstellen, dass es sich um ein ganz hervorragendes Produkt handelt.

Dieser Umstand allein könnte den Kunden um seine bisherige Orientierung bringen. Nun behaupten schon zwei oder mehr Anbieter, dass sie ein exzellentes Angebot zur Problemlösung des Kunden haben.

Und schon ist es mit der Marktchance nicht mehr so einfach. Der Kunde hat ein Bedürfnis nach Beförderung, der Hersteller hat ein Produkt, das fünf Personen komfortabel und sportlich zugleich befördern zu können scheint.

Dafür muss der Kunde nicht mal der einen oder der anderen Firma oder deren Produkt misstrauen. Er kann sich nach zwei Werbespots schlicht nicht mehr zwischen zwei scheinbar optimalen Lösungen entscheiden. Dass jedoch beide Produkte gleich gut sind, ist auch unwahrscheinlich, und den Kunden mag nun doch Skepsis beschleichen.

Kunden schauen hinter das Produkt

Also sucht sich der Kunde weitere Quellen, entfernt sich von reinen werbenden Inhalten, die von den Produktherstellern zur Verfügung gestellt werden, und sucht nach Informationen. Das ist ein ganz wichtiger Punkt in diesem Prozess, der aus Produkten Marktchancen macht: Im Grunde sucht der Kunde damit nämlich nach Ehrlichkeit. Die Kunden sammeln im Regelfall Argumente, dass ein bestimmtes Produkt ihnen die optimale Problemlösung bieten kann, dazu suchen sie weitere Quellen und Anknüpfungspunkte. Und sie müssen auch bestimmte Optionen ausschließen, denn sie wollen vermeiden, mit dem Kauf einen Fehler zu machen, und ihre Bedürfnisse bestens bedient sehen.

Die Kunden sind immer kompetenter geworden, zumindest liegen ihnen heute viel mehr Quellen, Vergleichsmöglichkeiten und Informationen zu den Produkten vor, wenn sie nur wollen. Das ist ein Heilmittel, das sie in der Informations- und Werbeflut suchen und heute viel einfacher zu gewährleisten ist. In den 70er-Jahren war der Weg, in einem Werbespot möglichst viele Fakten zum Kauf eines Produktes zu liefern, womöglich der beste Weg, den es für einen Hersteller gab. Heute hat man das Gefühl, dass die Hersteller diesen Weg bereits verlassen haben und bildgewaltige, emotionale Welten entstehen lassen.

Redaktionelle Beiträge und Tests in Zeitschriften traten schon früh in diese Lücke. Sie bieten mehr oder minder objektive Bewertungen der Produkte, vergleichen sie in etlichen Kriterienkategorien, die der normale Endverbraucher vermutlich kaum erheben könnte. Plötzlich schlägt eines der Fahrzeuge eines Autotests das andere. Das ist objektiver und ehrlicher und der Kunden weiß, dass hier auch Informationen transportiert werden, welche die Produkthersteller nicht verbreitet sehen wollen. Kein Hersteller wird schließlich in der Werbung herausstellen, dass er das zweitbeste Konstruktionszentrum betreibt oder das viertbeste Fahrzeug der Mittelklasse baut. Unabhängige Tests leisten genau das.

Alternativ könnte der Fernsehzuschauer bei der Suche nach Orientierung seinen Nachbarn befragen, der vielleicht zufällig bereits Fahrer eines Opels ist. Dabei wird der Fragende anerkennen, dass der Nachbar vermutlich nicht so objektiv ist wie eine Automobilzeitschrift. Dafür jedoch hat der potenzielle Autokäufer zu seinem Nachbarn vielleicht eine klare, vertrauensvolle Verbindung. Er vertraut seinem Urteil, hat schon manchmal einen guten Rat von ihm bekommen und greift auch in diesem Falle gerne auf diese Informationsquelle zurück. Zwar ist diese Quelle viel subjektiver, aber dafür hat sie andere Vertrauensqualität.

Eine Sache aber eint die Automobil-Zeitschrift und den Nachbarn: Sie sind beide hoffentlich ehrlich. Die Reputation der Automobil-Zeitschrift gründet sich zu einem guten Teil darauf, dass sie eben objektiv und nicht wie die Werbung voreingenommen urteilt. Und der Nachbar ist vertrauenswürdig, weil eine persönliche Beziehung zu ihm besteht und es gute Anknüpfungspunkte für seine Glaubwürdigkeit aus der Vergangenheit gibt. Darüber hinaus haben beide Quellen das Fahrzeug getestet und Erfahrungen damit gesammelt. Kunden suchen solche Ehrlichkeit.

Die Art und der Umfang der Informationsbedürfnisse der Kunden unterliegen vielfältigen Wechselbeziehungen: Bei teuren Produkten wird sicher mehr verglichen als bei Impulskäufen. Wenn es um die beste Kinderwiege für den Nachwuchs geht, mutmaßlich mehr als bei einem neuen Küchenstuhl für die Erwachsenen. Und es gibt skurril-komplexe Wechselbeziehungen, wenn etwa Produkte, die man als Medizin einnimmt, am besten hochgradig getestet und sicher sein sollen, man aber die Nebenwirkungen, die bei den Tests auftraten, im Beipackzettel doch nicht so genau lesen will.

Grundsätzlich wollen Kunden aber immer mehr wissen; sie sind zunehmend informierter, auch weil hochwertige Informationen einfach zugänglich sind. Sie wollen vergleichen können und Vor- und Nachteile abschätzen, stets dem Diktat unterworfen, keinen Fehler zu machen und für sich den besten Handel zu erreichen. Wobei die Kunden jedoch Abkürzungen zu einer solchen Übersicht und Sicherheit mindestens genauso zu schätzen wissen.

In der Nutzung der Ehrlichkeit liegt die besondere Marktchance auch kleiner Unternehmen, die teure Fernsehspots gar nicht herstellen könnten – und dennoch in Relation zu ihrem Einsatz besser verkaufen als der große Mitbewerber.

Vor dem Hintergrund solcher Überlegungen wird klar, dass Werbung heute ehrlicher wird, weil sie eben genau auf diesen Umstand angemessen reagieren muss, um überhaupt noch von den Kunden ernst genommen zu werden.

Werbung muss heute anders funktionieren als früher, was durch neue Kanäle der Informationsvermittlung ermöglicht, gleichzeitig aber auch mehr forciert wird. Dort wo Werbung dem Anspruch gerecht wird, Anknüpfungspunkte für die Kunden zu bieten, um sich ein ehrliches Bild vom Produktversprechen zu machen, kann sie immer noch erfolgreich sein. Und es ist insbesondere auch für kleine Unternehmen und Anbieter möglich, sich gegen den Informations- und Werbesturm durchzusetzen und sich hochwertige Sichtbarkeit zu verschaffen. Das ist ein wichtiger Schritt auf dem Pfad zur erfolgreich ergriffenen Möglichkeit, Sichtbarkeit heute trotz aller Widrigkeiten so leicht wie nie für sich zu nutzen.

> Der Kunde ist über die Jahre zum kritischen Konsumenten gereift. Die gute Nachricht lautet: Wenn Werbung für die Produkte eines Unternehmens als ehrlich und authentisch begriffen wird, dann wirkt sie.

Haben die Unternehmen nichts gelernt?

Es deutete sich schon an: Man kann durchaus zu der Einschätzung gelangen, dass die Unternehmen seit den 70er-Jahren wenig gelernt haben. Wenn wir hier die deutliche Kritik formulieren, dass ein Fernsehwerbespot alter Machart, der heute noch wie früher Argument an Argument reiht, um ein Produkt für potenzielle Käufer interessant zu machen, viel zu eindimensional ist, dann lässt ein Blick auf die heutige Werbelandschaft an vielen Stellen wenig Veränderung erkennen.

Zeitschriftenwerbung wie auch Radiowerbung oder Fernsehwerbung scheint in weiten Teilen heute noch genauso zu funktionieren wie damals. Schöne Menschen an schönen Orten, erfolgreich, begehrenswert und vor allem nachahmenswert, die wesentliche Parameter ihres stereotyp erfolgreichen Daseins an ein Produkt des täglichen Lebens zu knüpfen scheinen. Dieses Haarspray oder jene Uhr muss gekauft werden, dann läuft es schon. Aber diese Form platter, eindimensionaler Sichtbarkeit hat sich überholt.

Trotzdem gibt es immer noch die laute, bunte und etwas anstrengende Werbung: Der Radiosprecher der Firma Seitenbacher, dem man so ungerne zuhört, dass man ihn mit seinem breiten Dialekt und der ungewöhnlichen Betonung der Werbeversprechen dennoch so schnell nicht vergisst, wirkt heute ebenso deplatziert wie die Fernseh-Familie, die klischee-amerikanisch gut gelaunt, aber nervig für ein Produkt wirbt. Da ist Werbung ein wenig wie ein Autounfall: laut, verstörend – und man vergisst sie eher deshalb nicht.

Wenn die Kritik, die in den vorangegangenen Kapiteln formuliert wurde, zutrifft, warum machen die Unternehmen das immer noch?

Die Firma Seitenbacher ist in der Radiowerbung, die fast jeder Deutsche kennt, nicht auffällig, um auffällig zu sein. Sondern der Auftritt passt zu dieser Firma, die selbst in einigen Bereichen ziemlich besonders ist, und ist damit ehrlich.

Success-Story: Seitenbacher

Die Firma Seitenbacher ist vor allem für Müslimischungen bekannt. Gegründet wurde die Firma von ihrem auch heute noch tätigen Inhaber Willi Pfannenschwarz. Der Nachfahre einer kleinen Dynastie aus Müllern hat nach eigener Beschreibung die Firma aus der Überlegung heraus gegründet, gesunde und reichhaltige Lebensmittel anbieten zu wollen.

Das Problem, das er erkannt hat, liegt im zur Zeit der Firmengründung sehr ausgeprägten Konsum von Fleisch, hoch verarbeiteten Lebensmitteln und vor allem Weißmehl in der späteren Nachkriegszeit. Die wissenschaftliche Forschung kam in dieser Zeit zunehmend zu der Erkenntnis, dass dieser Lebenswandel und diese Ernährungsgewohnheiten für zahlreiche Zivilisationskrankheiten verantwortlich gemacht werden können – oder zumindest eine große Rolle spielen. Sein Ansatz, ein eigenes Unternehmen zu gründen, lag nun in der Idee, das Müller-Handwerk und die Produktion von verarbeiteten Lebensmitteln miteinander zu verbinden.

Die Nutzung verschiedener Getreidesorten und die berufliche Kenntnis der gesundheitlichen Vorteile kombinierte Pfannenschwarz mit der Idee, diese seinen möglichen Kunden attraktiver zu präsentieren. Dazu mischte er verschiedene Früchte und weitere Bestandteile mit den Körnern und erfand so das Müsli.

Die Firma benannte er nach dem nahe gelegenen Seitenbachtal, brachte bereits dort eine gewisse Regionalität und Lokalität in die Firmen-DNA ein und stützt diese bis heute durch die verwendeten

Rohstoffe, die ebenfalls sehr regional orientiert sind. Die Firma Seitenbacher wurde zunächst als lokale schwäbische Firma geboren.

Der Firmengründer »lebte« die Firma. Er selbst suchte Geschäfte und Läden auf, die seine Produkte vertreiben konnten, und überzeugte sie von der Qualität. Mit großem Einsatz war er zunächst einmal für die Händler seiner Produkte das Gesicht der Marke.

Als innovatives Merkmal der Produkte kann zudem seit jeher die durchsichtige Verpackung gelten. Seitenbacher zeigte jedem potenziellen Kunden, was er kaufen konnte. Das war insbesondere deswegen interessant, weil so die reichhaltige Mischung erkennbar war, die im Markenversprechen den Unterschied zu den hoch verarbeiteten, potenziell ungesunden Lebensmitteln machen konnte. Das alleine ist schon ehrliche Werbung, vor allem wenn man die Verpackung mit vielen anderen aktuellen Mitbewerbern vergleicht. Dort ist Müsli häufig in Kartons verpackt, auf deren aufgedruckten Bildern die Müslimischung doch spannender aussieht als der zu Hause entdeckte Inhalt – der Kunde weiß das. Auch hier also: Ehrlichkeit.

Den entscheidenden Sprung im Firmenerfolg erreichten jedoch tatsächlich die bekannten Werbespots. Zunächst in lokalen Sendern präsentierte Pfannenschwarz Werbespots, die Argumente für die Produkte der Firma Seitenbacher aufzählen – so weit, so üblich. Allerdings wurden die Argumente von einer Sprecherin mit starkem schwäbischen Dialekt präsentiert. Diese Werbespots betonten damit natürlich die regionale Verbundenheit des Unternehmens und konnten Kunden abholen, denen schon früh Argumente wie Regionalität, Bezugsquellen und eine gewisse Verbundenheit zum Produkt wichtig waren. Noch spannender war, dass sich dieser Effekt auch bei der späteren bundesweiten Ausstrahlung aufrechterhalten ließ. Offensichtlich schätzen die Kunden die Produkte aus der schwäbischen Fabrik und verstehen, dass der schwäbische Dialekt und die kultigen Verkürzungen (»Seitenbacher. Lecker, lecker, lecker, lecker, lecker, lecker!« oder »Seitenbacher-Müsli, woisch, des isch des Müsli von dem Seitenbacher!«) aufs Wesentliche verweisen.

Die Gründe, warum genau das als authentisch und regional wahrgenommen wird und die Kunden daraus glaubwürdige Qualität ableiten, mögen vielfältig sein: So gilt das Schwabenland in Deutschland gemeinhin als Herkunftsort qualitätsorientierter Tüftler und die lokale Bezugnahme der Produkte ist durch den schwäbischen Dialekt klar zuzuordnen. Vor allem aber kann davon ausgegangen werden, dass das damit nach außen transportierte klare Bekenntnis zur lokalen schwäbischen Provenienz der Produkte eine stringente, ehrliche Kommunikation des Unternehmens seinen Kunden gegenüber darstellt. »Wir sind ein Familienunternehmen aus einem kleinen Ort in Schwaben« – bei dem Kunden eben noch wissen, woher die Produkte kommen. Entsprechend werden dem Kunden Anknüpfungspunkte für Vertrauen, Authentizität und Sicherheit gegeben.[25]

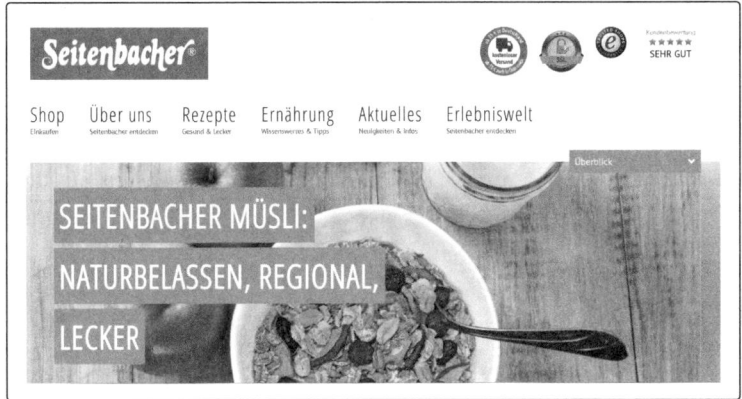

Die Seitenbacher-Kernwerte »naturbelassen« und »regional« wirken in der Werbung und werden als glaubwürdig wahrgenommen.

Quelle: Seitenbacher.de

Die Firma Seitenbacher will und darf auffällige Werbung schalten, weil es Teil ihrer authentischen Firmengeschichte ist, dass sie Dinge anders angeht, und der schwäbische Dialekt stützt als Verweis auf Herkunft und Geschichte diese Authentizität. Diese Werbung wird daher als ehrlich empfunden. Dass die Werbung daneben auf jeden Fall im Kopf der

Hörer bleibt, ist ein gerne genutzter Nebeneffekt. Aber es ist eben nicht die einzige und erste Wirkweise der Spots.

Testimonials gelten als ehrlich und authentisch

»Sag doch mal ganz ehrlich: Wie zufrieden bist du denn mit deinem neuen Auto? Ich überlege, mir das Modell auch zu kaufen.«

Der Nachbar aus dem Beispiel von eben ist ebenfalls ein interessanter Zugang zu einer Werbung, die als ehrlich empfunden wird. Grundsätzlich hat Werbung das Problem, dass der Kunde gerne das beste Produkt kaufen möchte, vielleicht auch noch das mit dem besten Preis-Leistungs-Verhältnis. Aber am liebsten das beste!

Was würde dann näher liegen, als dass die Werbung herausstellt, nichts Geringeres als das beste Produkt anzubieten?

Aber Vorsicht! Schon in zwischenmenschlichen Beziehungen ist es so, dass jemand, der sich und seine Qualitäten allzu offensiv herausstellt, durchaus weniger sympathisch erscheint und gerade mit diesem deutlichen Selbstlob häufig an Glaubwürdigkeit einbüßt. Da Werbung schlussendlich nichts anderes als Kommunikation ist, gelten auch hier die gleichen Gesetze und Werbung tut nicht gut daran, immer lauter und selbstverliebter von der eigenen Produktqualität zu erzählen. Werbung würde am liebsten dem Kunden sagen, dass man ihm das beste Produkt bietet – darf das aber irgendwie heute nicht mehr so platt tun.

Ein Ansatz, diesen Zielkonflikt aufzulösen – zu transportieren, dass man das beste Produkt anbietet, es aber nicht zu sagen –, liegt in Testimonials. Sicherlich durch Deutlichkeit und die jahrelange Nutzung eines immer wiederkehrenden Werbekonzepts berühmt geworden ist die Firma Fielmann.

Dort treten Personen vor die Kamera, die auf der Straße gefilmt werden, gerade so, als seien sie gerade von einem Reporterteam angesprochen worden. In einem kurzen und spontan wirkenden Statement geben diese Personen an, dass sie gute Argumente dafür haben, selbst eine Fielmann-Brille erworben zu haben oder gerade eine Filiale dieses Unternehmens aufzusuchen.

Ebenfalls Bekanntheit erlangt hat Doktor Best, namensgebender, jedoch fiktiver Zahnarzt, der in der Werbung zumeist in seinen Praxisräumlichkeiten scheinbar spontan darüber referiert, welche Vorzüge die Zahnbürsten der Marke haben.[26] Manchmal übernimmt diese Funktion auch die gleichsam fiktive Zahnarztfrau.[27]

Beide Beispiele stehen für sogenannte »Real Life Testimonials«. Diese werden möglichst in einer authentischen Situation gezeigt und haben in Bezug auf biografische, sogar optische und nach ihren Interessen geleitete Merkmale Ähnlichkeit zur Zielgruppe. Dabei treten sie als vermeintlich neutrale Instanz neben den Werbetreibenden und berichten, wie der gute Nachbar, von den Vorzügen des Produkts. Damit bieten sie den Zuschauern eine gute Identifikationsmöglichkeit und erzeugen sogar Sympathie. Treten auch noch Eigenschaften hinzu, die das Testimonial als vertrauenswürdig kennzeichnen, wie bei einem Zahnarzt, dann hilft auch dieser Faktor. Den Anspruch der Neutralität berührt das keineswegs.[28]

Mag man sich als mündiger Konsument dann fragen, warum das niemand durchschaut, so kann doch durch Studien belegt werden, dass der Testimonial-Faktor durchaus eine Rolle spielt.

Eine Metastudie hatte sogar darlegen können, dass Werbung (vorwiegend wurde Werbung online und im TV aus verschiedenen kleineren Studien erfasst und ausgewertet), in der Real-Life-Testimonials auftreten, im Schnitt 10 bis 25 Prozent bessere Werte in Bezug auf Markenwahrnehmung und -erinnerung sowie auf die Beurteilung der Werbemittel verzeichnen kann. Der Trend dieser Studie verfestigt sich in einer späteren Untersuchung, bei der Empfehlungsmarketing als eindeutiger Tipp für Unternehmen herausgestellt werden konnte.

50 Prozent der Befragten gaben dort an, in den letzten zwölf Monaten selbst eine Empfehlung für ein Produkt ausgesprochen zu haben. Besonders auffällig ist der Faktor, dass diese Empfehlungen zu mehr Verkäufen führen bei Produkten, die emotionale Werte beinhalten. Das sind hochwertige Technologieprodukte zeitgemäßer Marken ebenso wie Automobile, Urlaubsthemen oder die Wahl der Lebensversicherung.[29] Immerhin jeder zweite Befragte gab dort an, bei einer positiven Empfehlung durch einen Bekannten einen höheren Preis eines Produktes in Kauf zu nehmen.

Noch bessere Werte bezüglich der Glaubwürdigkeit von Werbung und den daraus resultierenden Käufen durch Kunden verzeichnen übrigens prominente Testimonials. Laut der zitierten Metastudie liegen sie noch deutlich vor den Real-Life-Testimonials, jedoch mit besseren Werten für beide gegenüber Werbung ohne Empfehlung.

Menschen haben nicht unbegrenzt Zeit für Skepsis

Warum aber haben Testimonials die Fähigkeit, Kunden eher zu überzeugen als Werbung, die dies vielleicht auf der Ebene von Argumenten oder Emotionen versucht, ohne Promis oder vertrauenerweckende Gesichter aus der eigenen Peer-Group diese liefern zu lassen?

Wenn Prominente in der Werbung auftreten und die Vorzüge eines Produkts beschreiben, dann ist relativ klar, dass sie eine Entlohnung bekommen haben und daher kaum unvoreingenommen sind. Das wäre zunächst einmal das Gegenteil von Glaubwürdigkeit. Allerdings stehen diese Prominenten zumeist für bestimmte Werte – Jugend, Dynamik, Erotik oder analytisches Denken, Sympathie oder allgemein für das Gute – und in diesem Wertekosmos werden dann automatisch ein Stück weit die Produkte verortet, die sie bewerben.

Wenn Chiara Ferragni Körperpflege oder modische Accessoires bewirbt, dann werden diese dadurch automatisch aufgewertet. Da ihr als laut einer Forbes-Umfrage »erfolgreichster Influencerin der Welt« in genau diesen Bereichen von ihren Fans und Follower Kompetenzen und Fachkenntnis zugeschrieben werden, hat ihre Empfehlung automatisch Wert, gebildet aus ihrem Wissen, ihrer Erfahrung, ihren Erfolgen und ihrer Funktion als Leitfigur dieser Branche.[30] Sie ist daher also ehrlich und authentisch, obwohl ihren Followern klar sein wird, dass sie entlohnt wird.

Betreiber solcher Kanäle, die eine engagierte Followerschaft bedienen können und ihnen interessanten Content liefern, nennt man Influencer.

Letztlich hat das auch etwas mit Bequemlichkeit des Kunden zu tun. Natürlich könnten die Follower jedes Beauty-Produkt aus allen zugänglichen Quellen heraus analysieren, sie könnten Tests lesen und Inhaltsangaben vergleichen – oder sie könnten sich darauf verlassen, dass jemand, der in der Welt der Schönheit so erfolgreich ist wie Chiara Ferragni, schon das Richtige empfehlen wird.

Orientierung und Unterhaltung zugleich sind besonders bequeme Sichtbarkeitsformen

Chiara Ferragni bietet ihren Kunden zwei wertvolle Säulen einer guten Sichtbarkeit, aus der dann ein Verkauf folgt. Sie bietet Ihnen Unterhaltung und Orientierung.

Unterhaltung ist für Menschen besonders attraktiv: Wir wollen Ablenkung und dabei möglichst interessante Inhalte sehen. Damit konkurriert Unterhaltung gleichzeitig mit unserem Informationsbedürfnis, das sich aus der Notwendigkeit, Entscheidungen zu treffen, und dem eigenen Anspruch, diese fundiert und ohne dabei Fehler zu machen, speist. In Konkurrenz stehen Informationsbedürfnis und Unterhaltungsbedürfnis dabei wesentlich um Zeit und Aufmerksamkeit. Konsumenten haben nicht zu viel Zeit am Tag und sie entscheiden gezwungenermaßen noch zwischen Informationen und Unterhaltung, diese zu füllen.

Da ist es nur eine logische Konsequenz, dass eine Sichtbarkeit für Produkte, die gleichzeitig beide Bedürfnisse bedient, den Kunden besonders lieb ist. Wenn es Influencern oder Testimonials gelingt, ihre Zuschauer zu unterhalten und ihnen gleichzeitig wertvolle Orientierung im Produktkosmos zu geben, dann nehmen die Zuschauer dieses Angebot zur bequemen Orientierung gerne an. Notwendig ist dabei lediglich eine gewisse Autorität der Orientierung gebenden Person: Sie muss Vorbild oder Experte sein.

Zumindest sollte jemand, der in dieser Form Tipps gibt, dabei anschlussfähig sein. Das bedeutet nicht zwingend, dass er beispielsweise bei Beauty-Produkten einem übersteigerten Schönheitsideal entsprechen muss, sondern womöglich nur, dass er eine authentische Stellvertreterfunktion einnehmen kann, beispielsweise die gleichen Herausforderungen meistert. Das kann die Auswahl von bestimmten Produkten für das eigene Hobby, Gesundheit und Schönheit, berufliche Fragen oder etliche andere Themen sein. Die Anschlussfähigkeit sollte auf Erfahrung, möglicherweise ähnlichen Herausforderungen oder einer glaubwürdigen Expertise beruhen. Ein guter Arzt für Orthopädie, der eine fundierte Expertise zu einem geschädigten Knie gibt, darf sogar selbst ziemlich gebückt gehen. Hauptsache, er kann Orientierung zu Ursachen und vor allem Behandlungsmöglichkeiten geben. Anschlussfähigkeit oder Autorität speisen sich aus vielen möglichen Quellen.

Doch während ein Besuch beim Arzt nicht zwingend unterhaltsam sein muss und hier eher von der Autorität und Expertise des Behandelnden lebt, können andere Formate beides besser unter einen Hut bringen. Und gleichzeitig haben sie eine gute Antwort auf die Suche möglicher Kunden nach ehrlicher Information, die sich löst von der reinen Darstellung potenziell zu hinterfragender Argumente und Behauptungen der Unternehmen. Und diese Orientierung kann klar auch in Unterhaltung eingebettet sein.

Success-Story Fan4Van:

Der YouTube Kanal Fan4Van ist ein gutes Beispiel dieser Art, Orientierung und Unterhaltung klug zu mixen. Der überzeugte Camper, der hier Videos online stellt, zeigt, wie man den Umgang mit dem eigenen Reisemobil, technischen Details und der Technik, die dazugehört, optimal für sich gestalten kann. Das kann er schon allein deshalb authentisch darstellen, weil er selbst viel mit den Fahrzeugen unterwegs ist.

Seine rund 94 000 Abonnenten schauen sich dabei keine Werbespots für die einzelnen Produkte an, die dennoch zumeist im Fokus der Berichte stehen. Sie schauen sich vielmehr unterhaltsame, aber dafür deutlich längere Clips an, als es beispielsweise in einem Fernsehwerbespot möglich wäre.

Der Produzent der Videos stellt unterhaltsame kleine Berichte online, die durchaus bis zu 20 Minuten lang dauern. Die Zuschauer sind durch die Videos gut unterhalten und vertrauen sich offensichtlich gerne der Expertise des überzeugten Campers an, der zudem eine besonders zeitgemäße Art des Campings verfolgt und auch aus seinem Camper heraus arbeitet. Das unterstreicht seine Autorität, denn jemand, der im Camper arbeitet, verbringt mehr Zeit dort als jemand, der einmal im Jahr 14 Tage damit an die Nordsee fährt – zumindest kann man das so unterstellen. Und für viele Camper wird auch in diesem erstrebenswerten Lebensentwurf eine gute Anschlussfähigkeit verwurzelt sein.

Die Vielzahl der Videos, die produziert werden, unterstreicht zudem den Eindruck einer intensiven und fundierten Auseinandersetzung mit allen Themen rund ums Camping.

Diese Art der Darstellung ist für die Fans des YouTube-Kanals in erster Instanz unterhaltsam. Für Fan4Van ist der Kanal aber auch ein Geschäftsmodell, denn in den Beschreibungen zu den Videos finden sich professionell aufgemachte Links zu den Produkten, die im Video vorgestellt werden.

Hinter diesen Produkthinweisen (»Das Produkt X gibt es hier zu kaufen ...«) verbergen sich sogenannte »Affiliate-Links«. Klickt ein Kunde, der sich nach unterhaltsamen 10-Minuten-Videos überzeugt hat, dass dieses Produkt auch sein Wohnmobil verbessern kann, auf die angegebenen Links und gelangt zu einem Onlineshop des Herstellers, zu Amazon oder sonst einer Verkaufsplattform, dann wird diese Kundenquelle durch den Hersteller idealerweise nachvollzogen.

Das ist technisch leicht möglich und der YouTube-Kanalbetreiber von Fan4Van wird bei einem erfolgreichen Verkauf später für diese Empfehlung eine Provision erhalten.

Für die Produkthersteller ist das ebenso ein Gewinn und es kann nicht ausgeschlossen werden, dass sie den Kanalbetreiber aktiv darauf ansprechen.

Die Nutzung solcher Affiliate-Testimonials ist ganz allgemein eine verbreitete Art, hochwertige Sichtbarkeit für die eigenen Produkte herzustellen. Der Deal zwischen Affiliates, die Sichtbarkeit für Produkte erzeugen, und den Herstellern ist für beide Seiten spannend: Die Affiliates müssen keine Produkte herstellen, keinen Vertrieb gewährleisten und können dennoch für Produkte werben, bei deren Verkauf sie dann entlohnt werden. Die Hersteller müssen selbst keine teure Werbung betreiben, zumal die Affiliates sehr zahlreich und unabhängig aktiv sein und gleichzeitig Dutzende Arten der Werbung an der potenziellen Zielgruppe testen können. Das kann die beste Werbeabteilung eines großen Unternehmens in dieser Form nicht leisten und landet womöglich wieder bei den gar nicht so starken Werbespots im Fernsehen.

Hinzu kommt eindeutig der Aspekt ehrlicher Werbung. Die Affiliates, die wie Fan4Van zielgruppenorientierte Beiträge in einer klugen Mischung aus Orientierung und Unterhaltung erstellen, können sehr fein nuanciert (beispielsweise in einem YouTube Kanal) schauen, welche Inhalte bei ihren Zuschauern gut funktionieren, wo die Zuschauerzahlen wachsen und die Interaktion der Zuschauer mit den gezeigten Inhalten besonders gut ist. YouTube ist nicht zuletzt aus eigenem Interesse sehr gut darin, genau solche Interaktionen zu messen und zählbar zu machen.

Solche Inhalte bieten sich dann besonders gut als Vehikel werbender Botschaften an und ein dort platzierter Link zu einem Produkt wird von den Kunden als guter Service auf Basis ehrlicher Informationen gewertet.

Der große Begriff hierfür ist »Content Marketing«: Kunden wird zunächst einmal kostenfreier Content angeboten, der dabei eine besondere Form der Sichtbarkeit ist. Dadurch wird beispielsweise das Vertrauen dem Unternehmen oder dem Kanalbetreiber gegenüber gesteigert. Die Kunden erleben das Unternehmen als einen möglichen Partner, der bereitwillig und zum Besten des Kunden erst mal etwas gibt. Dadurch entsteht eine psychologische »Schuld« – Kunden mögen es in der Regel unterbewusst nicht gerne, wenn sie etwas umsonst bekommen und sich nicht revanchieren dürfen. Und eine mögliche, gern genommene Revanche wäre dann ja ein späterer Kauf. Das nennt man Reziprozität und Kunden kennen diese Form von der kostenlosen Käseprobe an der Käsetheke, die sie zum Kauf verleitet.

Heute sind in vielen Bereichen gar nicht mehr die großen Kanäle mit Millionen von Followern der interessanteste Weg für Unternehmen, ihre möglichen Zielgruppen zu erreichen. Zum einen sind auch die großen Kanäle durchaus um Authentizität bemüht und vermeiden es zunehmend, heute für jene Marke zu werben und morgen für die Konkurrenz. Die Follower bemerken solche Aktionen schnellen Wechsels und bewerten in der Folge auch die Glaubwürdigkeit der erfolgreichen Influencer recht streng.

Damit aber ist das Kontingent einer erfolgreichen Influencerin beispielsweise an Produkten, für die sie effektiv Werbung machen kann, schnell erschöpft. Zudem haben Inhaber höchst professioneller Kanäle, die teilweise ganze Social-Media-Teams hinter sich versammeln, nicht immer den Charme der kleinen, selfmade-erstellten Inhalte für sich bewahren können. Überall dort, wo die Kanäle von Influencern zu sehr einer perfekten Darstellung und immer korrekt ausgeleuchteten Präsentation nacheifern, bleibt auch potenziell etwas Authentizität auf der Strecke.

Die drei Dimensionen
werthaltiger Sichtbarkeit

Das vorherige Kapitel hat aufgezeigt, dass an die Stelle lauter, nur wenig werthaltiger Sichtbarkeit das Konzept der smarten Sichtbarkeit tritt. Smarte Sichtbarkeit ist jede, die einerseits der Kunde sehr gern wahrnimmt, die er nicht als Störung empfindet, sondern als Zugewinn seiner Interessen, und es ist Sichtbarkeit, die ihn andererseits zum Kauf führt. Dazu benötigt Sichtbarkeit drei Dimensionen. Erst in der Kombination dieser drei Kriterien wird aus wertloser Sichtbarkeit hochwertige, smarte Sichtbarkeit:

- Relevanz. Nur Themen, die Ihren Kunden interessieren, führen schlussendlich zum Kauf. Ein Papageienbesitzer beispielsweise empfindet Inhalte zum Hundetraining als störend, da sie eben keine Relevanz für ihn in seiner Interessenwelt haben. Themen aber, die ihm zeigen, wie er seinem Papagei das Sprechen beibringen kann, können für ihn von großer Bedeutung sein. Ein Migränepatient hat keinerlei Interesse daran, Informationen zum Umgang mit einem Tinnitus oder Rheuma zu erhalten: Beide Bereiche sind nicht Teil seines ihn betreffenden Schmerzumfelds. Er hat jedoch aufgrund der Relevanz sehr großes Interesse, seine Migräne zu besiegen. Digitale Sichtbarkeitskanäle wie TikTok oder Instagram haben ihre Algorithmen mit größter Priorität daran ausgerichtet, ihren Nutzern individuell relevante Inhalte zu bieten.
- Autorität. Greift das Relevanzkriterium (und nur dann, denn Relevanz ist eine Dimension, ohne die die anderen Kriterien nicht funktionieren), hören Menschen vor allem Vorbildern zu: Autoritäten. Sie vertrauen also beispielsweise einem Facharzt für Neurologie, der sich auf Migräne spezialisiert hat. Oder sie hören einem Menschen sehr genau zu,

der selbst Migränepatient ist und seine Krankheit in den Griff bekommen hat. In beiden Fällen tritt zur Relevanz die Autorität des Senders.
– Storytelling. Menschen schätzen Geschichten und Entertainment sehr – große Märkte wie die für Buchromane oder Hollywood-Spielfilme funktionieren ausschließlich auf der Basis einer (meist fiktionalen) Geschichte. Dieser Teil lässt sich für die smarte Sichtbarkeit zu den ersten beiden Kriterien gleich einem Verstärker hinzuschalten.

Treffen sich diese drei Dimensionen in einer möglichst großen Schnittmenge, entsteht smarte Sichtbarkeit und in der direkten Konsequenz folgt ein Produktkauf.

Sichtbarkeit braucht Relevanz

Wer schaut sich schon 447 000 Videos zu einem Thema an, um dort Orientierung zu Investmentmöglichkeiten zu finden? Und wer wird 227 Millionen Webseiten anschauen, um zu erfahren, wie er Autor werden kann? Zugegeben, jeder einzelne Videoersteller und jeder einzelne Inhaber einer Webseite, eines Blogs oder nur eines bei Google auffindbaren Facebook-Postings erzielt damit Sichtbarkeit für sein Thema bei Google – meist jedoch nur in der Theorie. Denn wer nicht auf der allerersten Google-Suchergebnisseite auftaucht, findet nicht statt.

Wie bereits angedeutet ergibt sich aus der Fülle an Informationen und aus der sehr demokratischen Möglichkeit, seine Information sichtbar zu machen, ein neues Problem: Die Zugriffsraten auf Webseiten beispielsweise, die bei Google auf Seite 2 der Suchergebnisliste erscheinen, liegen statistisch bereits bei unter 1 Prozent der Gesamt-Klicks der Ergebnisse zu einer Suche. Und auf den möglichen Hunderten weiterer Suchergebnisseiten von Google zu nur einer einzigen durchschnittlichen Sucheingabe wird das selbstverständlich nicht besser. Abermals zeigt das Internet mit seiner theoretisch möglichen Sichtbarkeit seine Kehrseite: Wer in der Fülle an Informationen nicht ganz vorne erscheint, ist unsichtbar.

Der zweite Schritt, den Google und andere Suchmaschinen dann in der Behandlung der Informationen berücksichtigen, ist, Relevanz herzustellen, also Sichtbarkeit für Inhalte zu hierarchisieren. Hochgradig ent-

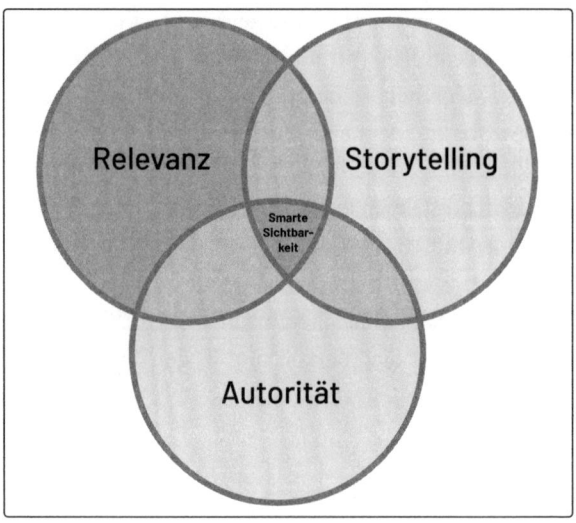

Relevanz ist das erste Kriterium smarter Sichtbarkeit. Autorität und Storytelling zahlen zusätzlich in die smarte Sichtbarkeit ein; diese entsteht im Schnittpunkt der drei Dimensionen.

Quelle: Eigene Darstellung

wickelte Algorithmen, die immer mehr nach künstlicher Intelligenz streben, filtern und sortieren Informationen und präsentieren diese dann auf jeden einzelnen Google-Kunden zugeschnitten. Das ist zunächst einmal eine beeindruckende Serviceleistung. Google schaut auf persönliche und demografische Eigenschaften seiner Nutzer, scannt und analysiert den Informationsinhalt von Webauftritten und versucht dann, die Informationsangebote und die Suchanfragen übereinstimmen zu lassen.

Die kostenlose Suche ist offenbar kein Geschäftsmodell für Google. Jedoch an exakt dieser Stelle kann Google Relevanz gegenüber seinen Kunden herstellen und damit ein Geschäftsmodell begründen. Wenn ein Nutzer Google als bevorzugten Kanal erlebt, um Informationen zu bestimmten Themen für sich schnell und zielsicher zu bekommen, dann wird er Google eben mit Relevanz in Verbindung bringen – für sein Problem erster Ordnung, nämlich jene Suchanfrage, die er gerade eingegeben hat. Und auch für sein Problem zweiter Ordnung, nämlich überhaupt die aberwitzige Menge an Informationen des Internets zu erreichen und zu filtern.

Google bietet seinen Kunden eine direkte Abkürzung zu Informationen, welche die Kundenbedürfnisse befriedigen, und müht sich, aus 447 000 Video-Ergebnissen für jeden Nutzer das Relevanteste als Erstes vorzuschlagen. Dass Google dabei eine beeindruckende Präzision an den Tag legt, lässt sich schon allein am eigenen verwunderten Gesicht erkennen, wenn Google das Thema, mit dem man sich gerade beschäftigt, schon vorhergesehen hat: »*Eben sprechen wir noch über Urlaub, und schon präsentiert Google mir Hotel-Vorschläge …*«

Beeindruckend und erhellend in Bezug auf die Präzision dieser Dienstleistung ist ebenfalls die Tatsache, dass Facebook, in der Nutzung ähnlicher Algorithmen auch weit entwickelt, das Verhalten seiner Nutzer vermutlich besser vorhersagen kann als deren engste Vertraute. So kann Facebook etwa bereits nach 10 Likes das Verhalten eines Nutzers besser vorhersagen als ein Arbeitskollege dieser Person. Nach 150 Likes – und das kann ein Nachmittag in der Nutzung von Facebook für einen User sein – kann es diese Prognosen besser als seine eigenen Geschwister treffen. Und nach 300 Interaktionen mit der Plattform kann Facebook eine bessere Persönlichkeitsanalyse erstellen als der eigene Partner des Users.[1]

Während die Forscher der Universität Cambridge bei der Erforschung dieser Zahlen einen Umweg gingen und nur bestimmte Daten von Facebook über eine Metasoftware umständlich abgegriffen haben, können Facebooks eigene Algorithmen wahrscheinlich noch viel reichhaltiger und unverstellter auf Daten der Nutzer zurückgreifen. Damit wird klar, welche Macht die modernen Netzwerke wie Google und Facebook aus den gesammelten Daten und den damit fortwährend weiterentwickelten Algorithmen besitzen.

Und das Geschäftsmodell? Google und Facebook können äußerst präzise Informationen filtern für ihre Nutzer – und dieses vorhersagbare Nutzerverhalten und -interesse dann an Werbetreibende verkaufen. Damit erreicht Google Relevanz, denn die Orientierung im Rauschen der zugänglichen Informationen können die Nutzer alleine nicht leisten. Also erleben sie Google selbst als relevanten Anbieter für ihr Bedürfnis nach Orientierung in der Fülle an Informationen.

Die gute Nachricht für Unternehmen: Das können sie auch! Sie müssen dafür nicht einmal mit Informationen handeln.

Unternehmen müssen Relevanz erreichen, nicht Sichtbarkeit

Maßgeblich durch das Internet steht fast jeder Konsument heute mehr denn je vor der Aufgabe, Produkte, Dienstleistungen und Informationen für sich selbst zu filtern. Und letztlich ist die einzige Option für die Konsumenten, sich Informationskanäle herauszusuchen. Dabei wissen die Konsumenten, dass sie mit einer Entscheidung für einen Informationskanal etliche Entscheidungen gegen andere Informationskanäle treffen. Das ist durchaus menschlich, jeder Nutzer hat eigene Wertemuster, Vorurteile, Quellen, Vertraute und sogar beliebte und eisern verteidigte Fehlannahmen. Für das Streben nach Relevanz in Verbindung mit Sichtbarkeit bedeutet das jedoch, dass es für jedes Unternehmen darum gehen muss, einem Kunden gegenüber genau diese Form der privilegierten Sichtbarkeit zu bekommen, nämlich Relevanz. Die Kunden sollten idealerweise davon ausgehen, dass sie zu einem bestimmten Themenbereich bei einem Unternehmen stets gut aufgehoben sind. Das ist letztlich nichts anderes als Markenbildung.

Wenn ein Kunde ein besonders hochwertiges Kleidungsstück sucht, dann werden ihm Marken dazu einfallen, die vielleicht auch noch nach außen diese Botschaft gut tragen. »Ich suche ein exquisites Kleidungsstück, vielleicht etwas von Louis Vuitton!« Letztlich kann es der Firma Louis Vuitton völlig egal sein, ob der Kunde das Kleidungsstück kauft, weil er den Schnitt mag, großes Vertrauen in die Qualität setzt oder sein Umfeld damit beeindrucken möchte. Hauptsache, er geht davon aus, dass Louis Vuitton diese Aufgabe für ihn am besten übernimmt. Louis Vuitton ist daher relevant für ihn.

Für besonders gesunde Lebensmittel fällt einem Kunden der Bioladen in seiner Stadt ein, dort hat er gute Erfahrungen gemacht, sodass dieses Geschäft für ihn Orientierung übernehmen darf und er die Produkte letztlich sogar ungeprüft kauft. Er hat gute Erfahrungen mit diesem Anbieter gemacht und spürt eine Verbindung, weil der Anbieter in der Vergangenheit für ihn auf der Suche nach besonders gesunden, nachhaltigen oder sorgsam produzierten Produkten relevant war. Dieses Geschäft ist für den Kunden ein Filter in der Masse an Produkten, beispielsweise weil nur Bio-Produkte in sein Sortiment aufgenommen werden. Diese Rechercheleistung wird dem Kunden damit erspart, der Bio-Laden gibt Orientierung und Sicherheit, angesichts dieses Bedürfnisses keinen Fehler zu machen.

Das ist insgesamt ein nutzbarer Marker für Relevanz. Fast jedes Unternehmen und fast jeder Dienstleister kann für seine Kunden in dieser Orientierungsfunktion und der daraus entstehenden Relevanz Sichtbarkeit generieren. Und Relevanz wandelt wertlose Sichtbarkeit deutlich zu werthaltiger Sichtbarkeit. So machen es Businesses für ihre Kunden, die relevante Sortimente zusammenzustellen versuchen, und so macht es Google, das für seine User relevante Informationen hierarchisiert.

Werthaltige Sichtbarkeit aus der Relevanz

Google war ab den früher 2000er-Jahren Vorreiter der Idee, spezifische werbende Inhalte solchen Personen zu zeigen, die dafür ein potenzielles Interesse haben – und diese Interessen vorher zu messen. Google nennt das Targetieren und hat damit den Unterschied gemacht, der die klassischen Medien heute so in wirtschaftliche Schwierigkeiten getrieben hat. Denn wenn die Kunden Google als relevant erachten in der Filterung von Informationen und der Orientierungsfunktion für bestimmte Fragen, dann werden sie auch solche Inhalte potenziell berücksichtigen, für deren Anzeige sich Google von Werbetreibenden bezahlen lässt.

Und jetzt ist das ein Geschäftsmodell, und zwar eines der erfolgreichsten weltweit.

Für die Unternehmen, die vorher beispielsweise in den amerikanischen Zeitschriften Werbung gebucht hatten, war der Mehrwert, hier seine Werbung zu platzieren, sofort klar, weil sie durch die zunehmende Sichtbarkeit für immer mehr Produkte und Dienstleistungen, neben allen außerdem zunehmend sichtbaren Informationen und Inhalten, immer mehr in die Enge getrieben wurden:

Es nützt zum einen kaum etwas, wenn man in einer Fernsehwerbung Millionen von Menschen Werbung für ein Produkt zeigt, aber dabei riesige Streuverluste in Kauf nehmen muss. Schließlich zahlt man nicht nur beim Fernsehen, sondern auch beim Radio, der Zeitung usw. in der Regel nicht für Interessenten, sondern für die Gesamtzahl der potenziellen Adressaten. Das ist der sogenannte *Tausender-Kontakt-Preis (Kosten pro tausend erreichter Personen)*.

Beim Fernsehen war das früher grob gesagt der Preis für die Werbeminute, gestaffelt nach der Sendezeit und dem durchschnittlichen Interesse der Zuschauer an bestimmten Sendungen, gemessen anhand der Einschaltquote. Das Fernsehen konnte diese quantifizieren und damit kommerzialisieren. Wer Werbung bei einer der großen Samstagabend-Shows ausstrahlen wollte, der musste eben etwas tiefer in die Tasche greifen.

Zudem war es völlig egal, ob ein Anbieter dabei beispielsweise für ein Nischenprodukt geworben hat oder für ein Produkt, das alle Zuschauer ihm aus den Händen reißen würden. Der Tausender-Kontakt-Preis war immer derselbe.

Wenn man aber Katzenfutter verkauft, dann ist es durchaus ein Problem, wenn sechs Millionen Hundehalter vor dem Fernseher sitzen und kein einziger Katzenhalter. Der Werbepreis bleibt davon im Fernsehen unberührt, verkauft wird dennoch in diesem Fall nichts. Das ist Reichweitenmarketing, bei dem Reichweite und in der Konsequenz ungelenkte, untargetierte Sichtbarkeit bezahlt wird.

Demgegenüber konnte Google, wie später auch Facebook, Streumarketing viel besser vermeiden und mit werbenden Inhalten genau die Kunden ansprechen, welche die Unternehmen suchten. Google und Facebook wussten schließlich, ob Katzenbesitzer oder Hundebesitzer vor dem Endgerät sitzen. Sie haben gerade eine Suchanfrage eingetippt oder durch ihren Newsfeed gewischt, sind an bestimmten relevanten Posts kurz hängen geblieben oder haben gar mit diesen interagiert, geliket, kommentiert oder geteilt. Und bei Google haben sie Links angeklickt, durch Seiten gescrollt und weitere Seiten geöffnet oder geschlossen.

Bei Google kann man sich das leicht vorstellen: Wenn ein Nutzer eine Suchanfrage eintippt, dann ist genau dieses Thema in diesem Moment für ihn relevant. Wenn er die Sucheingabe »Bestes Katzenfutter« bei Google eintippt, dann ist eine Werbung für ein hochwertiges Katzenfutter in diesem Moment für ihn wahrscheinlich auch hoch relevant. Da er als häufiger Nutzer ohnehin davon ausgeht, dass Google ihm relevante Inhalte ausspielt, ist außerdem eine hohe Verbundenheit gegeben. Der Kunde schätzt die Orientierungsfunktion von Google und die Suchmaschine kann damit dem werbenden Unternehmen gewissermaßen einen Vertrauensvorschuss gegenüber den Nutzern mit auf den Weg geben. Beide Faktoren stellen eine Dienstleistung dar, für welche die werbenden Unternehmen heute sehr viel Werbebudget ausgeben, weil das Relevanzkriterium erfüllt ist.

Facebook bezieht sich bei seiner Targetierung nicht auf konkrete Suchanfragen der Nutzer – Google tut das auch längst nicht mehr als alleinige Quelle –, sondern beobachtet seine Nutzer einfach und erfasst in großem Umfang statistische Daten über diese. Die Kunden machen Vorlieben, biografische Details und Interessen durch ihr Verhalten auf der Plattform und sogar bei sonstigen Bewegungen im Internet dem Unternehmen gegenüber transparent. Schon lange produziert das Internet nicht nur riesige Mengen an Daten, sondern sammelt auch und kommerzialisiert diese in Form von »Big Data«.

Die beiden Firmen zeigen dann Katzenfutterwerbung eben Katzenbesitzern. Hier passt plötzlich die Vorstellung der Marktchance, die direkt zwischen Unternehmensfähigkeiten und Kundenbedürfnissen entsteht, viel besser. Denn Google und Facebook matchen diese beiden Profile sehr viel genauer, als das zufällig am Markt und bei ungelenkter Sichtbarkeit geschieht.

Die beiden exemplarisch genannten Plattformen haben die Türen auf dem Weg zum Verkauf offensichtlich besonders gut im Griff. Facebook verbindet Menschen untereinander und damit auch Menschen mit dem eigenen Angebot. Wer mit dem Handy in der Hand schauen kann, was seine Freunde und interessante Menschen weltweit gerade tun, der spürt eine Verbindung zu diesen und zur App. Nicht zuletzt gilt Facebook als soziales Netzwerk, das also soziale Interaktion in das Digitale trägt und damit dem Grundbedürfnis seiner Nutzer nach sozialer Interaktion entspricht.

Google hat eine absolute Stärke im Bereich der Relevanz, weil es seinen Nutzern zu jeder Suchanfrage viele Informationen liefert und innerhalb der Menge an Informationen auch noch Orientierung herstellt.

Allein der Niedergang des Telefonbuchs zeigt, dass relevante Informationen, die schnell und sicher weitergegeben werden können, gerne angenommen werden. Ein Nutzer, der abends ein Restaurant aufsuchen möchte und dort zu diesem Zweck einen Tisch reservieren will, wird heute kaum mehr ins Telefonbuch schauen. Zum einen hat er sich vielleicht gar keins mehr besorgt, zum anderen kann er bei Google auch noch erfahren, wann das Restaurant öffnet und ab wann er erfolgreich dort anrufen kann, er wird Rezensionen anderer Nutzer einsehen und sich direkt von seinem Handy zum Restaurant navigieren lassen. Versuchen Sie das mal mit dem Telefonbuch, das eben genau an dieser Stelle keinen weiteren Schritt bezüglich der Relevanz leisten kann. Es bündelt deutlich weniger interessante Informationen. Öffnungszeiten, Telefonnummer und der beste Weg zu einem Restaurant jedoch sind absolut relevant, wenn erst einmal der Entschluss gefasst wurde, dort essen zu gehen. Ein Telefonbuch gibt bestenfalls noch die Adresse weiter, kann aber ansonsten weder orientieren noch vorschlagen, was außerdem interessant zu wissen wäre.

Letztlich hat Google, wie auch Facebook, natürlich auch deswegen Autorität gegenüber seinen Nutzern und erfüllt damit dieses Kriterium nebenher: Geraten zwei Personen in einen Disput über Inhalte, dann ist schnell das Handy gezückt und es wird nach seriösen Quellen gesucht. Dabei sei nicht verschwiegen, dass das im Ergebnis unterschiedlich gut läuft. Google wird aber auf jeden Fall schnell und reichhaltig Anknüpfungspunkte für jeden seiner Nutzer liefern. Und damit schafft Google, wie auch Facebook und viele vergleichbare Netze, ein hervorragendes Milieu, um auch werbende Inhalte platzieren zu können.

Hoch relevante Werbung hat vernichtende Effekte auf Reichweitenwerbung

Relevante Werbung schlägt Reichweitenwerbung um Längen – und das ist ein wichtiger Beleg für die Bedeutung des Relevanzkriteriums in der Sichtbarkeit.

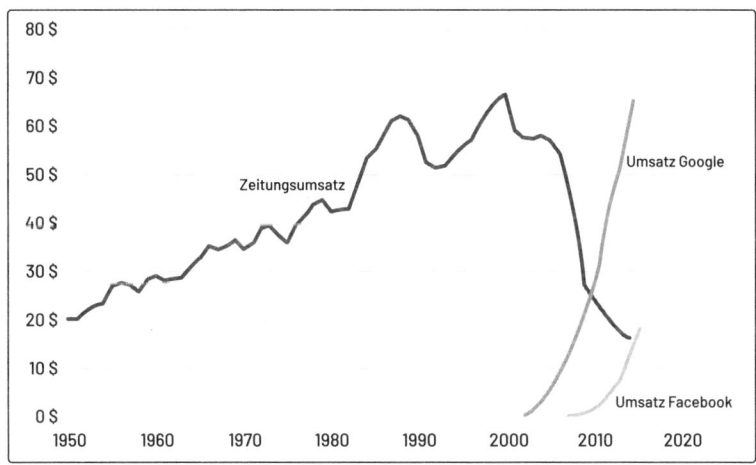

Entwicklung des traditionellen Zeitungs-Werbeumsatzes in den USA seit 1950, inflationsbereinigt auf das Jahr 2014, in Milliarden US-Dollar.

Quelle: Eigene Darstellung nach einer Idee und Darstellung im Carpe Diem Blog auf der Datenbasis der Newspaper Association of America sowie den veröffentlichten Umsätzen von Google und Facebook[2]

In der obigen Grafik ist der Markt für Werbeannoncen in Tageszeitungen in den USA seit 1950 eingezeichnet. Der blaue Graph bezeichnet diese Linie und mäandert ab 1950 bis ungefähr zur Jahrtausendwende um einen solide ansteigenden Mittelwert zwischen 20 und seinem finalen Höhepunkt von 67 Milliarden US-Dollar. Kleinere jährliche Schwankungen fallen kaum ins Gewicht und es gibt sogar den einen oder anderen guten Peak nach oben in der Grafik. Unter dem Strich wächst der Markt für solche Werbung in Zeitungen über Jahrzehnte solide an: Goldene Zeiten für Zeitungsverlage.

Das ändert sich allerdings schlagartig mit dem Jahr 2000 und dem Einstieg von Google als Werbeplattform. Plötzlich erscheint dieses neue Medium und bedroht klar den althergebrachten Werbemarkt. Der Google-Umsatz, also die Möglichkeit des Unternehmens, Profit aus seinen Angeboten an andere Unternehmen zu schlagen und dort Werbung zu schalten, steigt stark an, sobald sich diese Möglichkeit im Jahr 2000 bietet. Offenbar hat Google hier eine Möglichkeit gefunden, etwas besser zu machen, als die bisherigen Medien das getan haben. Und das ist nun kein großes Geheimnis mehr: Sie haben die Relevanz gegenüber den möglichen Endkunden offensichtlich besser im Griff als die Tageszeitung.

Nach den bisherigen Beschreibungen der Zusammenhänge ist diese Analyse schlagend. Google konnte fast nicht anders, als erfolgreich zu werden angesichts aller Parameter erfolgreicher Sichtbarkeit, die es umzusetzen versteht. Google kann Relevanzmarketing abbilden und muss sich nicht auf Reichweiten verlassen.

Google muss nicht nach dem Gießkannenprinzip möglichst vielen Nutzern Werbung zeigen, die ihnen im Zweifel als irrelevant oder gar als nerviger Inhalt erscheinen. Google strebt vielmehr fortwährend dem Ideal nach, die richtige Werbung zum richtigen Projekt dem richtigen Kunden zur richtigen Zeit zu zeigen – und damit den Kaufabschluss auf Basis höchstmöglicher Relevanz fast unausweichlich zu machen.

Weil Google dabei so erfolgreich ist und weil die Unternehmen, die dort Werbung geschaltet haben, diesen Zusammenhang sofort verstanden haben und er sich in steigenden Kundenzahlen niederschlägt, war der rasante Aufstieg von Google zur Werbeplattform Nummer eins folgerichtig.

Den gleichen Weg, mit etwas anderen Methoden, ist danach Facebook gegangen, das in dieser Grafik auch eingezeichnet ist. Auch hier wurde Werbung immer mit der klaren Ausrichtung der maximalen Relevanz und Treffsicherheit gegenüber den möglichen Kunden geschaltet und ausgespielt. Und auch hier wurde Big Data in großem Umfang eingesetzt, um eine Datenbasis zu schaffen.

Zwei Erkenntnisse daraus sind interessant, wenn es darum geht, dem eigenen Unternehmen oder der eigenen Person in ähnlich erfolgreicher Art wie Google und Facebook das tun, Sichtbarkeit zu verschaffen — vielleicht nicht in den Umsatzzahlen, aber in der Methodik. Die erste Erkenntnis ist, dass die Digitalisierung alleine nicht der Schlüssel zum Erfolg ist. Auch die Zeitschriften haben sich in den USA natürlich um digitale Kanäle gekümmert. Auch dieser Graph ist in Ergänzung ab dem Jahr 2000 eingezeichnet. Aber auch er sinkt fast parallel mit den analogen Werbebudgets. Man könnte zuspitzen: Der Weg ins Digitale hat die Zeitungen nicht gerettet.

Standorte

Standort:
- Deutschland

Alter

18 - 65+

Geschlecht

Alle Geschlechter

Detailliertes Targeting

Personen einschließen, die übereinstimmen mit ❶

Demografische Angaben > Ausbildung > Ausbildungsgrad

Hochschulabschluss

Interessen > Zusätzliche Interessen

Bonsai

Orchideen

🔍 Demografie, Interessen oder Verhaltensweisen	Vorschläge Durchsuchen

Berufsabschluss	☐
Doktortitel	☐
Hochschulabschluss	☑
Im Aufbaustudium	☐

Digitale Werbeanzeigen können sehr genau an Zielgruppen ausgespielt werden; damit werden Streuverluste vermieden. Im Beispiel wird eine Instagram-Anzeige nur ausgespielt an Bonsai- und Orchideeninteressenten mit Hochschulabschluss in Deutschland im Alter ab 18 Jahren.

Quelle: Facebook Business Manager

Das ist interessant, weil die Digitalisierung von vielen Unternehmen gleichzeitig als Chance wie auch als Schreckgespenst wahrgenommen wird. Nicht zuletzt die Entwicklung solcher Märkte wie des Zeitschriftenmarktes sensibilisiert Unternehmer dafür, dass ein Schritt in die Digitalisierung auch im eigenen Geschäft nötig ist, um eigenen unternehmerischen Erfolg langfristig zu sichern. Und gleichzeitig blicken Unternehmer, die vielleicht gerade den Schritt in die Selbstständigkeit oder das erste eigene Unternehmen wagen, auf genau solche Prozesse und sind sich sicher: Digitalisierung ist ein Rückgrat unternehmerischen Erfolges, mindestens aber Basis erfolgreichen Marketings.

Aber offensichtlich ist eine bloße Nutzung digitaler Kanäle und Instrumente eben nicht das Allheilmittel gegen unternehmerische Bedrohung. Denn das reine Ersetzen von Prozessen, die in der »alten Welt« gut funktioniert haben und nun Konkurrenz bekommen, genügt nicht. Vielmehr muss es offensichtlich darum gehen, funktionierenden Prozessen aus der analogen Welt digitale Prozesse an die Seite zu stellen, die deren Stärken auf neuen Wegen transportieren und ergänzen. Digitalisierung ist nur dort stark, wo sie ergänzt, Stärken eines Unternehmens oder eines Angebots unterstützt und eben nicht plump ersetzen soll.

> Denn das ist die eigentliche Machtposition von Facebook und Google, ihren Algorithmen und den Instrumenten. die sie nutzen. Facebook und Google transportieren schneller, zielsicherer und zuverlässiger, was Menschen schon immer suchten: relevante Inhalte.

Zeitungen wurden zu einem Leitmedium ganzer Generationen, weil sie Informationen und teilweise auch Unterhaltung sicher und in ihrer Zeit schnell zu ihren Lesern gebracht haben. Nur können das heute eben andere Kanäle schneller. YouTube, Nachrichten-Apps und Newsticker bringen die Informationen schneller zu ihren Kunden. Und in einem Satz wie »… die Zeitung muss ich nicht lesen, das kriege ich viel schneller in der *n-tv*-App …« zeigt sich dann eben die ganze Härte der Herausforderung für eine Tageszeitung. Die Erfüllung des Relevanzversprechens war früher zufälliger: Die Abonnenten einer Zeitung, wie beispielsweise des *Handelsblatts*, zeigten durchaus eine gewisse Affinität zu Wirtschaftsthemen. Aber schon für eine Tageszeitung wird das deutlich schwieriger und das Relevanzversprechen verschwindet im Nebel. Das zeigen schon die Rubriken einer Zeitung wie »Lokalteil«, »Politik«, Sport« und »Feuilleton« sowie ihre klassische Nutzung am

Frühstückstisch: »Wenn du den Sportteil lesen willst, würde ich gerne den Lokalteil nehmen …«

Die Tageszeitung dann schlicht digital anzubieten, auf einer Webseite beispielsweise, bringt nicht den erhofften Rettungseffekt. Zwar kann damit in Bezug auf die Geschwindigkeit und allgegenwärtige Erreichbarkeit der Informationen mit Kanälen wie YouTube, Google, Facebook und Instagram gleichgezogen werden. Aber die Informationen sind dennoch an eine auf Druck abzielende Logik gebunden, sie warten gewissermaßen darauf, dass ein Leser aus eigenem Antrieb den Weg zu ihnen findet und beispielsweise die Webseite öffnet.

Google und Facebook hingegen bieten ihren Kunden im Sog die Informationen, die Menschen interessieren, ohne dass sie danach suchen müssen. Im Facebook-Feed erscheinen Informationen und ein eben nicht beliebiger gesponserter Werbebeitrag für jene Kunden, die damit wahrscheinlich etwas anfangen können, oder auf einer Webseite sind Google-Ads eingebunden, die genauso spezifisch ausgewählt werden. Und diese werden von den Nutzern im Idealfall nicht einmal als störend empfunden, weil sie auf einer sehr genauen Analyse und Empfehlung von Big Data und den Algorithmen der beiden Werbegiganten beruhen.

Damit noch nicht genug, denn digitale Kanäle können zudem die zeitliche Komponente als Erfolgsfaktor ins Feld führen. Wenn die n-tv-App dann aufgerufen werden kann, wenn es dem Nutzer gefällt, wenn sie, klein und kompakt, unendlich viele Informationen in die Hosentasche trägt, wenn sie durch ihre Einbettung im Internet unendlich viele Anschlussmöglichkeiten zu weiteren eigenen Recherchen bietet und zudem vielleicht noch Nachrichten an User ausspielt, die deren Interessenschwerpunkt besonders entsprechen, dann ist das eine Stärke des Digitalen, gegen die sich die Zeitung schwertun muss.

Und nicht zuletzt ist die Zeitung ja auch zumindest in der analogen Version ein Produkt, das an Rohstoffe und materielle Träger gebunden ist, die dann ebenso werbefinanziert sind wie in einer App oder einer Webseite. Die sogenannten »Grenzkosten« einer Zeitschrift, jene kaum zu unterbietenden Mindestkosten, die durch den Verkauf wieder hereingebracht werden müssen, sind durch den physischen Träger stark belastet.

All diese Faktoren haben verheerenden Einfluss auf die klassische Werbeindustrie genommen. Nicht nur, dass diese sich unter Kostengesichtspunkten geschlagen geben müssen. Auch in der Geschwindigkeit der Zustellung mussten sie Abstriche machen. Es macht einen Unterschied, ob ein Redakteur in dem Moment, in dem er die Eingabe der neuesten Nachrichten in einer Redaktion bestätigt, einen langwierigen Druckprozess und den Versand eines physischen Druckproduktes anstößt, oder ob seine Inhalte sogleich online sind. Über allem steht aber – und das vor allem in der Kraft des Einflusses auf den gesamten Prozess – die Relevanz, die Facebook und Google gegenüber ihren Nutzern herstellen konnten.

Relevanz ist die Grundbedingung smarter Sichtbarkeit

Welches also sind die Grundmechanismen, die den großen Erfolg von Google und Facebook geprägt haben und die man sich von ihnen zu einem guten Stück abschauen kann? Zuallererst Relevanz: Dem richtigen Kunden zur richtigen Zeit das richtige Produkt anzubieten muss über allem stehen. Dieser Gedanke ist die Grundvoraussetzung smarter, hochwertiger Sichtbarkeit.

Die erste gute Nachricht, die daran anknüpft: Wenn genau das gelingt, wenn möglichst präzise Relevanz gegenüber klar ausgemachten Kundengruppen erzeugt werden kann, dann müssen in der Regel auch nur wenige Kunden angesprochen werden, um einen guten unternehmerischen Erfolg abzubilden.

Es ist besser, bei zehn angesprochenen möglichen Kunden acht Verkaufsabschlüsse zu erzielen, als 10 000 mögliche Interessenten anzusprechen und die gleiche Zahl zu erreichen. Und die Relevanz kann genau diesen Unterschied machen. Im Übrigen auch in den Kosten: Werbung wird kanalübergreifend nach dem Tausender-Kontakt-Preis abgegolten. Und wenn es genügt, wenige Kontakte zu erreichen, dann ist es entsprechend günstiger, dieses zu tun.

Und das ist eine weitere gute Nachricht: Mit der Nutzung der neuen digitalen Möglichkeiten kann der Tausender-Kontakt-Preis auch für kleine Unternehmen den Unterschied machen, weil eben nur relevante

Werbeinhalte an interessierte User ausgespielt werden müssen. Und es ist günstiger, 500 Facebook-Nutzern eine präzise ausgesteuerte Werbekampagne zu zeigen als 20 000 Zeitungslesern, die sich jedoch mehr für den Sportteil und die Todesanzeigen interessieren.

Diese leistungsorientierten Kanäle stehen heute jedem zur Verfügung. Wenn dabei die Anforderungen an Relevanz mitgedacht werden, ist erfolgreiche Werbung heute so einfach und günstig wie nie zu bekommen.

Werbung darf nicht frei in der Luft schweben

Facebook und Google spielen Werbung aber schon deshalb nicht in Reinform aus, auch wenn sie das vermutlich gerne täten, schließlich liegt genau hier das Businessmodell der beiden Netzwerke. Werbekunden zahlen dafür, dass Facebook und Google die Kundenanforderungen bereits statistisch erfasst haben und den Angeboten zuordnen können.

Vor dem Hintergrund dieses Geschäftsmodells wäre es doch für Facebook und Google spannend, ständig solche Werbung zu zeigen. Das jedoch würden wahrscheinlich die Nutzer nicht dulden, für die ein solches Angebot an Information weitaus weniger attraktiv wäre. Wobei übrigens die Nutzer von Facebook noch deutlich weniger an rein werbenden Inhalten interessiert wären als jene von Google. Bei Google erscheinen in der Suchergebnisliste zumeist zwei oder drei gesponserte Links, jedoch neben vielen weiteren organischen Suchergebnissen (das sind solche, für die niemand bezahlt hat).

Es wäre denkbar, dass alle Suchergebnisse in dieser Form gesponsert wären und Google noch mehr Umsatz machen würde. Das macht Google jedoch nicht, weil der Nimbus der umfänglichen Informationen sowie der vermeintlichen Chancengleichheit der Informationen bewahrt bleiben soll – die Nutzer würden vermutlich rein gesponserte Inhalte nicht mehr als objektive Quelle akzeptieren.

Bei Facebook erscheinen viele Inhalte von Unternehmen, Institutionen und Gruppen sowie privaten Personen, welche die Nutzer abonniert haben und deren Inhalte sie auch sehen wollen. Dazwischen wird bei

Facebook immer wieder Werbung eingestreut, die dann sehr genau auf diese Nutzer zugeschnitten ist. Wenn nun alle Nachrichten der Freunde, interessanter Informationskanäle und Gruppen wegfielen, dann würde Facebook damit seine Relevanz als Quelle interessanter Information gegenüber seinen Nutzern aufs Spiel setzen – auch wenn Facebook das aus unternehmerischer Sicht nicht uninteressant finden würde.

Google und Facebook müssen also gut beide Extreme miteinander verknüpfen und eine vom Benutzer als ausgeglichen empfundene Balance herstellen.

Das aber kann man direkt von beiden Anbietern lernen: Relevante Informationen schlagen breit gestreute Allgemeininformationen. Und werbende Inhalte sollten häufig in einer Form präsentiert werden, in der sie sich zwischen unterhaltenden und informierenden Inhalten maskieren lassen, damit die Verbindung und das Interesse der Kunden aufrechterhalten bleibt.

Relevanz zweiter Ordnung steigert das Kundeninteresse

Relevanz lässt sich jedoch nicht auf den reinen Inhalt begrenzen – das wäre zu kurz gegriffen. Zwar ist Inhalt mit einer Relevanz erster Ordnung eng verbunden; das haben die bisherigen Abschnitte ausführlich dargestellt.

Die zweite wichtige Ordnung in Bezug auf die Relevanz ist ihre zeitliche Komponente.

Stellen Sie sich vor, Sie sitzen am Abendbrottisch mit der Familie und das Telefon klingelt. Widerwillig nehmen Sie den Hörer ab und das Gespräch an – sie wollten die angenehme Familienzeit nicht unterbrechen, jedoch auch wissen, ob es etwas Wichtiges gibt.

Am anderen Ende meldet sich ein Versicherungsagent. Er bietet Ihnen einen durchaus interessanten Wechsel Ihrer Kfz-Versicherung an, der für sie einige Hundert Euro im Jahr einsparen würde. Und Sie haben sogar schon über einen Wechsel nachgedacht, sodass das Angebot des Anrufers durchaus relevant für Sie ist.

In unserem Beispiel ist es sogar ein Agent der Versicherungsgesellschaft, die Sie bereits betreut und entsprechend gut informiert ist über die bestehenden Verträge. Damit hat er Glaubwürdigkeit und fundiertes Wissen, sein Angebot ist werthaltig und inhaltlich relevant. Einzig der Zeitpunkt ist schlecht gewählt. Sie bitten ihn, zu einer anderen Zeit wieder anzurufen, weil sie gerade mit ihrer Familie zu Abend essen.

Das Angebot des Versicherungsagenten hat erkennbar inhaltliche Relevanz. Allerdings hat es in diesem Moment keine zeitliche Relevanz. Und schon verschiebt sich das Spiel aus Druck-Marketing und Sog-Marketing zuungunsten der Versicherungsgesellschaft. Der Kunde blockt das Angebot, für ihn eigentlich sogar interessant, im Moment aktiv ab. Und das Unternehmen muss einen neuerlichen Anlauf nehmen, den Kunden zu kontaktieren: »Dann rufe ich gerne später noch einmal an!«

Das ist unschön, weil es Unternehmensressourcen kostet, weil es dem Kunden gegenüber eine störende Komponente entwickeln kann und damit die Chancen des Unternehmens auf einen Verkauf mindert. Im Zweifel muss sich nun sogar der Kunde aktiv an das Unternehmen wenden: »Nein, lassen Sie mal, ich melde mich!«

Angenommen, am gleichen Abend läuft ein spannender Spielfilm im Fernsehen. Weil er bei einem Privatsender läuft, wird er durch Werbefenster unterbrochen. Der Film wurde womöglich noch in den USA produziert, wo sehr routiniert Spielfilme auf solche Werbefenster hin produziert werden. Gerade an der spannendsten Stelle, an der eine Entwicklung im Film gerade ihren Höhepunkt erreicht, wird der Werbeblock geschaltet – damit der Kunde am Apparat bleibt. Im Englischen nennt man das einen »Cliffhanger«: Eine sympathische Figur aus dem Film hängt gerade über einer Klippe und es ist fraglich, ob sie sich retten kann. Und in dem Moment kommt die Werbung.

Die Idee dahinter ist erkennbar: Der Zuschauer soll gebannt am Fernseher sitzen bleiben, um zu sehen, ob sein Lieblingsprotagonist überlebt. Und das soll die Verbindung zur Werbung erhöhen, bei der die Fernsehmacher ansonsten nicht sicher sind, ob der Zuschauer nicht noch schnell etwas anderes erledigt.

Genau darin liegt auch das Problem. Die Werbung erscheint zum ungünstigsten Zeitpunkt, sie stört. Und störendes Marketing wird von den Konsumenten als Spam empfunden, und das sogar, wenn es inhaltliche Relevanz hat. Selbst wenn immer noch im Raum steht, die Kfz-

Versicherung zu wechseln – jetzt ist gerade nicht der Zeitpunkt, darüber nachzudenken!

Ganz anders kann das schon ein paar Wochen später aussehen. Der Kunde sitzt beim Autohaus seiner Wahl und hat sich gerade sein Traumauto gekauft. Der Händler sichert eine schnelle Abwicklung zu und sagt, dass er dafür lediglich noch das Wunschkennzeichen, die Zahlung und eine elektronische Versicherungsbestätigung benötigt.

Plötzlich wird aus nervigem Spam-Marketing der gleichen Versicherung, die vor einigen Wochen noch in der Fernsehwerbung zeitlich fehl am Platz war, ein interessantes Angebot. Der gleiche Kunde, der noch entnervt reagierte, möchte jetzt Kontakt zu der Versicherung; Druck-Marketing wandelt sich zu Sog-Marketing. Der Versicherungsagent, der am Abendbrottisch abgewimmelt wurde, ist nun plötzlich ein hochinteressanter Gesprächspartner. Das Angebot hat nur durch eine kleine Änderung im System plötzlich inhaltliche und zeitliche Relevanz für den Kunden – und der Kunde schließt die Versicherung ab.

Für die Vorstellung von smarter Sichtbarkeit bedeutet das, dass Relevanz sowohl als inhaltliche wie auch zeitliche Relevanz eine wichtige Insel in der wertlosen Sichtbarkeit ist. Und diese Inseln bieten werthaltige und damit smarte Sichtbarkeit. Relevanz ist dabei grundlegend, denn nur wenn überhaupt klar wird, dass ein Problem für einen Kunden gelöst werden kann, wird dieser ein Geschäft mit dem Unternehmen in Betracht ziehen. Wenn dann noch die zeitliche Komponente hinzutritt und der richtige Zeitpunkt zur Lösung dieses Problems für den Kunden gekommen ist, kauft er.

Sichtbarkeit wird durch Autorität aufgewertet

Wenn ein Mensch mit Autorität den Raum betritt, dann merkt man das in der Regel schnell: nicht am Verhalten dieser Person, sondern an der Reaktion des Umfeldes.

Stellen Sie sich vor, Sie sind in England auf einem Empfang eingeladen, dem auch die englische Königin beiwohnen wird. Begeistert von der Möglichkeit dieser Einladung, sind Sie schon sehr früh ge-

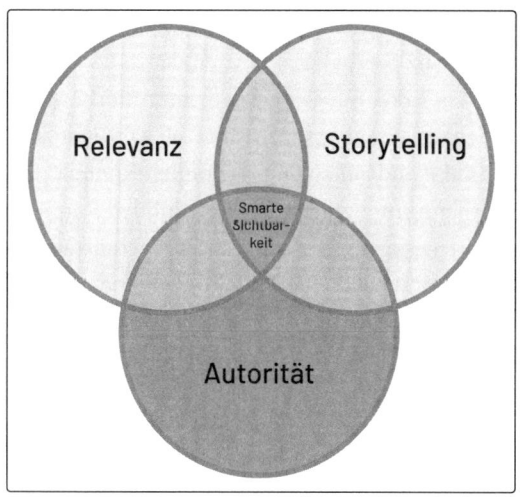

Autorität zahlt in die Dimensionen der Relevanz und des Storytellings ein.

Quelle: Eigene Darstellung

kommen, wie viele andere auch. Man steht zusammen in einem Bankettsaal, nimmt vielleicht einen Begrüßungsdrink ein und unterhält sich.

Doch Moment, warum ist das so ein auffälliges Beispiel? Vor allem deswegen, weil die allerwenigsten zu einem solchen Empfang eingeladen werden, bei dem auch die Queen zugegen ist. Die Queen als ein Mensch mit hoher Autorität, die sie wesentlich aus ihrem Amt schöpft, ist nämlich gar nicht so einfach anzutreffen. Sie lädt nicht ständig Menschen zu sich ein, und wenn sie dies tut, dann wird nur ein sehr erlauchter Personenkreis hinzugebeten: Autoritäten machen sich rar.

Aber im Moment des Begrüßungsdrinks ist die Queen noch gar nicht da. Dennoch richtet sich bereits die Aufmerksamkeit auf sie. Alle warten darauf, dass sich die ersten Anzeichen für ihr Erscheinen ergeben. Wo geht vielleicht eine Tür auf, wo erscheint ihre Entourage?

Ein hohes Ziel wäre es, ein paar Worte mit ihr auszutauschen. Wahrscheinlich weniger, weil man Themen dabei im Detail erörtern könnte, sondern eher, um hinterher zu erzählen, dass man sich mit der Queen ausgetauscht hat. Das wäre in der späteren Erzählung ein deutliches Zeichen für die Bedeutung eines jeden Gastes, der wichtig genug war, dass die Autorität ihm Aufmerksamkeit geschenkt und dass er dabei etwas von ihrem Glanz geerbt hat.

Auch das ist ein Erkennungsmerkmal von Autoritäten, dass sie Aufmerksamkeit lenken können, sogar wenn sie gar nicht anwesend sind, auf sich, auf andere und auf einen bestimmten Kontext.

Diese Autorität nimmt zudem Einfluss auf den Raum und auch auf die Zeit; vermittelt sogar den Inhalt dieser Veranstaltung. Wenn sie noch nicht da ist, dann hat die Veranstaltung irgendwie noch nicht richtig begonnen. Wenn sie gar nicht käme, würde das in der Retrospektive die Veranstaltung deutlich abwerten – für alle. Im Übrigen würde es vor allem die Geschichte, die im Nachgang von dieser Veranstaltung erzählt werden könnte, deutlich devaluieren: »Ich war mal auf einem Empfang, zu dem auch die Queen eigentlich hätte kommen sollen.«

Autoritäten geben Zusammenhängen Bedeutung, die diese ohne sie nicht hätten.

Wenn es dann endlich so weit ist, dass die Autorität erscheint, dann zeigt sich das vielleicht zunächst dadurch, dass Personenschützer den Raum betreten oder plötzlich in eine gewisse Unruhe verfallen. Die Queen erscheint endlich und alle Aufmerksamkeit richtet sich endgültig auf sie. Sie spricht vielleicht ein paar Worte zur Begrüßung und niemand unterbricht sie dabei. Der anwesenden Autorität wird höchster Respekt entgegengebracht und ihr Wort wird gehört.

Dafür braucht es allerdings keineswegs die Queen. Auch andere Autoritäten zeichnen sich dadurch aus, dass sie leise sein dürfen und dennoch Gehör finden. Denken Sie zurück an einen besonders interessanten Gast der Familienfeier, um den sich alle scharen, wenn er leise und bedächtig spricht. Seine Inhalte haben Relevanz und das ist etwas, was Autoritäten auszeichnet: Die Zuhörer suchen nach einer Möglichkeit, an ihren Inhalten teilhaben zu dürfen.

Bleiben wir zunächst auf der Ebene der Beobachtung: All das ist gestützt durch ein deutliches Framing der Autorität. Wie ein Rahmen häufig das Bild macht, so machen auch bei Autoritäten viele äußere Umstände diese Autorität als solche erkennbar. Allerdings darf man sich diese Metapher des Rahmens dabei nicht zu eng vorstellen.

Die Mona Lisa im Louvre etwa hat auch einen Bilderrahmen. Um jedoch zu wissen, wie der Bilderrahmen der Mona Lisa aussieht, müssen die allermeisten vermutlich die Google-Bildersuche bemühen. Dieser Rahmen ist nicht besonders spektakulär und es wäre sicher vermessen, davon auszugehen, dass das Bild vor allem aufgrund seines Rahmens so berühmt geworden ist. Das Bild hat aber einen größeren Rahmen an diesem Ort. Und im Übrigen ist der Ort dabei bereits Teil des Rahmens.

Wenn Sie in den weltberühmten Louvre gehen, dann tun Sie das wahrscheinlich nicht zuletzt, um die Mona Lisa zu sehen. Wenn Sie den Raum betreten, in dem diese Ikone der Malerei hängt, dann sehen Sie auf der linken Seite des Raumes viele Bilder, große und spektakuläre Gemälde, die reichlich und üppig nebeneinander hängen. Und an der Stirnseite des Raumes genau ein einziges Bild: die Mona Lisa. Dieses Bild ist ganz anders vom Publikum abgegrenzt, es ist durch eine Panzerglasscheibe geschützt und die meisten Augen im Raum richten sich auf dieses eine (im Übrigen ziemlich kleine) Bild.

So wie in einer gotischen Kathedrale der Blick des Besuches beim Betreten automatisch nach oben geleitet wird (das ist wesentlich der Bauart der Fenster, die lang, hoch und schmal sind, geschuldet), so wird auch hier die Aufmerksamkeit durch das Framing ausgerichtet. So funktioniert es auch mit Autoritäten: Sie binden und lenken Aufmerksamkeit.

Der Rahmen, in dem man einer Autorität begegnet, wird noch durch weitere Merkmale gestützt. Das können gewisse Insignien, wie der weiße Kittel eines Arztes oder die Robe eines Richters, sein.

Wenn Sie eine Bank betreten, dann macht es häufig einen Unterschied, ob Sie mit jemandem sprechen können, der vorne am Kundentresen steht, oder ob Sie in einen der hinteren Räume gebeten werden, in denen Sie ein Kundenberater freundlich empfängt.

Vielleicht haben Sie sogar die Möglichkeit, mit dem Chef der Bank zu sprechen. In letzterem Falle hat dieser mehr Autorität als seine Mitarbeiter, er kann mehr entscheiden und womöglich andere Probleme für seine Kunden lösen.

Dann bestimmt das Framing seines Amtes die gefühlte Autorität seinen Kunden gegenüber. Framing kann also auf verschiedenen Wegen die Autorität einer Person oder auch einer Institution prägen und stützen.

Autorität braucht Zeit

Eine weitere wichtige Rolle dabei spielt der Faktor Zeit. Das zeigt sich manchmal in unscheinbaren Details, beispielsweise dass Sie vermuten, dass der Filialleiter der gerade im Beispiel angeführten Bank normalerweise schon etwas älter ist. Zumindest wenn Sie die Bank betreten und einen ersten Blick riskieren, wer denn der Filialleiter sein könnte, mit dem Sie gleich einen Termin haben, dann suchen Sie vielleicht unbewusst nach Personen, die nicht so aussehen, als hätten sie gerade ihre Ausbildung begonnen. Sichtbarkeit, Autorität und Aufmerksamkeit wirken äußerst subtil.

Grund Ihrer gezielten Suche nach einem älteren Mitarbeiter ist schlicht die Annahme, dass eine Karriere in einer solchen Institution Zeit benötigt. Schließlich wird es sich die Bank doch nicht erlauben, jemanden ohne Erfahrung und ohne vertieftes Wissen an eine so wichtige Position zu setzen. Der entscheidende Faktor, der dann auch Einfluss auf die Autorität nimmt, ist Zeit; sie vermittelt indirekt weitere Werte wie Kompetenz, Erfahrung und Übersicht.

Im Übrigen sind das nichts anderes als Klischees und Stereotypen. Manche Bank findet nicht genügend arriviertes Personal, um immer jemanden mit 30 Jahren Berufserfahrung zum Filialleiter zu machen. Oder diese erfahrenen Kräfte werden in höheren Positionen des Bankhauses benötigt – und schon wird ein junger Mitarbeiter Filialleiter in einer kleinen Filiale auf dem Land. Seiner Kompetenz und Beratungsqualität tut das keinen Schaden – aber spannend ist doch, mit welchem Klischee die Kunden antreten und welches Maß an Autorität sie zubilligen.

Neben dem Faktor des Framings spielt also Zeit als zweite Säule einer starken Autorität häufig eine Rolle. Das wissen viele Unternehmen und richten ihr Marketing danach aus. Das sichtbarste Beispiel ist häufig schon das Firmenlogo, in dem Hinweise vermerkt werden wie: »seit 1876« oder »Est. 1912«.

Der Faktor Zeit ist eine Schnittstelle zwischen Autorität und Geschichten, um die wir uns im nächsten großen Teil dieses Buchs kümmern. Alter, Erfahrung und vergangene Erfolge binden erst durch Geschichten Autorität; und weil diese Merkmale vergangen sind, brauchen sie ein Transportmittel zur aktuellen Sichtbarkeit gegenüber den möglichen Kunden.

Wenn Autoritäten in diesem Maße Geschichten und Zeit an sich knüpfen können, dann empfehlen sie sich dadurch als objektive Quellen. Wer viel gesehen hat und viele Erfahrungen gesammelt hat, der wird gern als Experte wahrgenommen. In dieser langen Zeit konnten sich Erfolge und auch Herausforderungen, vielleicht sogar Fehler und Scheitern abspielen, die in der Summe die ehrliche Autorität stützen. Autorität gibt damit Sicherheit in Bezug auf relevante Informationen und ehrliches Marketing.

Sie kann aber noch mehr, denn Autorität hat die Kraft, die Kunden auf ein Feld der Wahrnehmung zu führen, auf dem ihnen die Objektivität gar nicht mehr wichtig ist, weil sie bereitwillig der (sogar gerne subjektiv gefärbten) Lenkungsfunktion der Autorität folgen. Wenn Personen oder Unternehmen in diesem Maße Autorität für sich nutzen können, dann stellt sie das nicht zuletzt auch in eine moralische Verantwortung. Vor allem aber gibt es ihnen einen privilegierten Zugang zur Möglichkeit, Relevanz zu definieren und Geschichten glaubhaft zu erzählen.

Sie müssen zur Autorität werden

Bei einer Auktion wurde vor einiger Zeit ein Bild des Künstlers Banksy versteigert. Der Künstler selbst ist unbekannt und bleibt im Verborgenen, sein Werk ist aber sehr wohl bekannt.

Das Bild »Girl with balloon« von Banksy wurde in einem Bilderrahmen zur Auktion gegeben und dann versteigert. Auch hier war der Rahmen an sich nicht besonders spektakulär, konnte nicht den Wert des Bildes heben – zumindest zunächst nicht.

Als der Zuschlag zum Verkauf jedoch erfolgt war, begann plötzlich das Bild aus dem Rahmen hinunterzugleiten und wurde in einen im Rahmen versteckten Papier-Shredder gezogen. Das Bild wurde von diesem zur Hälfte in Streifen geschnitten, die fortan unten aus dem Rahmen heraushingen. Das Bild war Momente zuvor für 1,2 Millionen Euro versteigert worden. Und nachdem es nun teilweise zerstört wurde, war es nicht etwa wertlos, sondern hatte seinen Wert um den Faktor 20 vervielfacht.[3]

Technisch war es vielleicht der Rahmen; der Wertzuwachs allerdings ist aus den Abläufen entstanden, die sich dort zum Schrecken der Zuschauer vollzogen haben. Es war der Handlungsrahmen und damit das Framing, der die Autorität des Künstlers dabei untermauert hat.

Die Geschichten, die sich um eine Sache ranken wie ein Rahmen, können großen Einfluss auf den Status der Autorität nehmen. Wenn wir in unseren Betrachtungen Autorität und Geschichten als Säulen einer smarten Sichtbarkeit voneinander trennen und jeweils akzentuieren, dann haben die beiden genau hier jedoch eine wichtige Schnittmenge.

Der Faktor Zeit und die vielfältigen Geschichten, die sich in dieser Zeit ereignen, spielen eine wichtige Rolle für die Wahrnehmung der Autorität einer Person oder eines Unternehmens. Eine Autorität ist in diesen Geschichten klar mit Eigenschaften verbunden, die dann zur Orientierung dienen. Sogar bei Autoritäten, die man gar nicht kennt und die anscheinend gar nicht greifbar sind.

Der Künstler Banksy ist eine nebulöse Figur. Es ist nicht abschließend geklärt, wer hinter diesem Pseudonym steckt – ob es sich um ein Künstlerkollektiv, eine Künstlerin oder einen Künstler handelt. Klar ist aber, dass der Künstler andere Zugänge zur Kunst hat, diese unabhängig von althergebrachten Strukturen und Überzeugungen zu den Menschen bringt. Berühmt geworden sind beispielsweise seine Graffitis, die Bezug auf politische und gesellschaftliche Themen nehmen und an ungewöhnlichen Orten erscheinen. So hat er ungefragt und unerlaubt Kunst in Museen angebracht, in politischen Krisenregionen Statements auf die Wände gesprüht und damit eine besondere Ausprägung der Street-Art zu einer Ikone der Pop-Kultur erhoben.

Das ist stimmig und auch das ist Teil von Autorität und Framing. Autoritäten sind stringent: Dass Banksy Kunst anders denkt als andere, dass er mit Mustern bricht und immer wieder spektakulär Aufmerksamkeit erzeugt, ist aus seiner Kunst nicht wegzudenken. Wer sich als Käufer einen Banksy übers Sofa hängt, der gibt damit auch ein klares Statement ab. Die Kunst kann Abstrahleffekte auf die Kunden haben, kann für eine kritische Sicht auf die Dinge stehen, sie kann den Besitzer als kontroversen Freigeist adeln. Autoritäten stehen für Kernwerte.

Nur kann man sich einen Banksy meist nicht übers Sofa hängen, denn der Künstler macht häufig Schablonen-Graffiti, die auf einer Hauswand oder einer anderen Mauer aufgesprüht sind. Diese von dort zu lösen und klassisch zu rahmen, ist schwer; da ist Banksy ziemlich stringent und absehbar.

Plötzlich aber gab es seine Kunst in dieser Auktion zu ersteigern, ein Bruch also mit seinem bisherigen Kunststil. In dem Moment jedoch, als das auf Papier angebrachte transportable Bild zur Hälfte geschreddert – und damit ad absurdum geführt wurde –, war das nur konsequent und »typisch Banksy«. Vielleicht ist Kunst von Banksy viel konservativer und von weniger Musterbrüchen geprägt, als es Fans seiner Kunst lieb sein kann?

Wenn das so ist, dann ist sie vor allem integer. Und auch das macht die Autorität des Künstlers aus. Man hat das klare Gefühl, dass man weiß, was man zu erwarten hat – eine Überraschung in diesem Fall. Für Menschen ist diese dennoch grundlegende und stilbildende Integrität auf vielen Ebenen ein sehr angenehmes Gefühl und eine bequeme, weil stereotype Aussicht. Die Sicherheit und Orientierungsfunktion, die in einem solchen klar abgegrenzten Erwartungshorizont liegt, schätzen Menschen meistens.

»Ich habe einen Banksy über dem Sofa hängen …« – »Ah, das ist doch dieser völlig unangepasste Street-Art-Typ, bei dem man nie weiß, wo er auftaucht und was er als Nächstes macht …!« Autorität speist sich für die Kunden eben auch aus Klarheit, Integrität und Zuverlässigkeit.

Kunden suchen Leuchttürme in Autoritäten

Kunden suchen solche Leuchttürme. In einer Inflation der sichtbaren Inhalte und werbenden Botschaften, wie wir sie beschrieben haben, sind Orientierung gebende Institutionen für die Kunden ein Glücksfall. Sie können damit Abkürzungen zu Gefühlen und Gewissheiten erreichen, die sie mit einem Kauf eines Produktes oder einer Dienstleistung verbinden wollen.

Wer einen Banksy kauft, kann sich sicher sein, welches Statement er damit aussendet. Wer sich einen Mercedes kauft, hat ein klares Gespür dafür, was für ein Produkt mit welchen Attributen er für sein Geld bekommt und welche Botschaft er auch nach außen sendet. Und wer einen anerkannten Herzspezialisten zu genau diesem Thema um eine Expertise bittet, der tut dies im drängenden Streben nach Orientierung. Was der Kunde kaum hören möchte: »Sie müssen nicht nervös sein, für mich ist das auch die erste Herz-OP!«

Für diese Orientierung aber ist Integrität unabdingbar. Wenn Kunden Orientierung suchen, dann müssen ihnen Autoritäten integre Orientierung bieten. Denn nur damit ist eindeutig der Rahmen umrissen, in dem die Autorität durch Erfahrung, Kompetenz und Charisma eine lenkende Funktion für die Kunden übernehmen kann.

Autorität hat Struktur

Autorität lässt sich am besten dadurch beobachten, dass sie Aufmerksamkeit lenkt. Definieren lässt sich Autorität hingegen am besten dadurch, dass sie selbst ihr Umfeld definiert: Autoritäten haben eine tiefe Deutungsmacht. Sie bestimmen, welches die Inhalte in einem Diskurs sind, sie können Kontexte gestalten und damit Entscheidungen anderer Menschen in diesen Feldern beeinflussen. Wenn zum Beispiel Karl Lagerfeld verkündete, dass Grün die Farbe des Sommers ist, dann war Grün die Farbe des Sommers – in seinem Diskurs und gegenüber allen, die seine Autorität sahen und anerkannten.

In der Kunst ist das besonders virulent. Viele Diskurse sind dort besonders schwer zu greifen und zu definieren. Das häufige Gefühl eines »Das kann ich auch …« bei der Betrachtung insbesondere moderner Kunst ist Symptom solcher Unsicherheiten. Wenn dort ein Bild wie »Onement VI« von Barnett Newman – eine durch einen weißen vertikalen Streifen geteilte blaue Fläche – für 44 Millionen Dollar bei Sotheby´s versteigert wird, dann ruft das für viele Betrachter nach Orientierung und Erklärung. Beides schafft eine Autorität – zum Beispiel die im Museumsführer abgedruckte Expertise eines Kunstexperten.

Doch was führt dazu, dass ein solches Werk diesen Wert zugeschrieben bekommt? Das hat etwas mit gelenkter Aufmerksamkeit zu tun.

Wenn ein junger Künstler beispielsweise seine ersten Ausstellungen macht, dann hilft manchmal der Zufall. Vielleicht gelingt es ihm, eine Ausstellungsmöglichkeit mit Renommee zu finden, die seine Werke zeigen möchte. Dann bekommt er vielleicht eine erste mediale Aufmerksamkeit für seine Kunst und wird zu einem Kunstwettbewerb eingeladen. Bei diesem Kunstwettbewerb sind dann honorable Kunstprofessoren und damit Autoritäten in der Jury und einer von ihnen erkennt in einem der Werke hohe Kunst. Vielleicht spricht ihn das Werk aufgrund persönlicher Vorlieben oder seiner tiefen Expertise an.

Der Professor kann sich jedenfalls aus dieser Motivation heraus gegenüber seinen Kollegen durchsetzen oder diese davon überzeugen, das Werk zum Gewinner des Wettbewerbs zu machen.

Danach kommt das Werk in eine Versteigerung und vielleicht hilft auch hier der Zufall: Zwei Bieter interessieren sich für das Werk und das Bietergefecht schwingt sich auf. Der erzielte Verkaufspreis dieses Werkes gilt fortan als Orientierungspunkt für weitere Werke dieses Künstlers und es etabliert sich ein Marktpreis der Werke des Künstlers.[4]

Da in diesem ganzen Prozess wenig objektive Kriterien eine Rolle spielen, die sich direkt aus der künstlerischen Schaffenskraft ableiten lassen, und weil hier auch der Zufall eine Rolle spielt, resultiert der Wert eines solchen Werkes hauptsächlich aus der Autorität der beteiligten Akteure. Die Professoren des Kunstwettbewerbs ebenso wie die Bieter der Auktion, das Auktionshaus mit seiner Expertise und einem Schätzpreis ebenso wie die Diskussion des Bildes in Kunstzeitschriften – all das wirkt mit Autorität auf den Wert des Kunstwerks ein.

Künstlerischer Ausdruck und Qualität werden nicht allzu oft vom Zufall geschrieben, wie es in diesem Beispiel den Eindruck erweckt. Aber der Zufall kann durchaus eine Rolle spielen, wenn er beispielsweise durch Autorität verstärkt wird – denn Autoritäten haben Deutungshoheiten wie der Kunstprofessor im obigen Beispiel.

Autorität ist zu einem Teil vererbbar. Manche Unternehmen nutzen gerne Prominente, um von deren Autorität in einem bestimmten Bereich zu profitieren. Manche Unternehmen nutzen den Unternehmensgründer als Quelle von Autorität und auch Deutungskraft. Wenn Michael Jordan sagt, dass Sportschuhe der Marke Nike seine erste Wahl sind, um Basketball zu spielen wie er, dann erben die Schuhe die Autorität der Basketball-Legende. Und wenn ambitionierte Gründer etwa im TV-Format »Höhle der Löwen« durch die harte Jury der erfahrenen Unternehmer mit einem Investment in ihre Firma geadelt werden, dann erbt das Produkt Autorität der Investoren – ebenso wie die Autorität der ambitionierten Gründer mit all ihren Qualitäten, die mit viel Elan ein gutes Produkt entwickelt haben und nun präsentieren wollten.

Doch vererbte Autorität funktioniert nur zu einem Teil, kann vor allem zu Beginn nützlich sein, weil sie Sichtbarkeit schafft. Autorität hat einen wesentlichen Vorteil gegenüber der Herausforderung, Sichtbarkeit smart zu nutzen: Wenn jemand mit hoher Autorität sagt, was Relevanz hat, dann vererbt er diese Instant-Relevanz im Zweifel aus dem Nichts.

Autorität steht daher mit Sichtbarkeit in einer Wechselwirkung. So wie Autorität Sichtbarkeit lenken kann und damit strategische Vorteile nicht zuletzt auch für Marketingzusammenhänge zeigt, so lebt Autorität auch wesentlich selbst aus der Sichtbarkeit. Wenn in unserem Kunstbeispiel Sichtbarkeit der Startpunkt für eine erste Autorität ist, weil sie beispielsweise als vererbte Autorität kraftvoll Aufmerksamkeit generiert, dann muss andersherum auch gelten, dass Personen und Marken ihre eigene Sichtbarkeit stets im Blick behalten sollten, um Autoritäten zu werden. Nur wer gesehen wird, ist eine Autorität.

Der erste wichtige Schritt dazu liegt in der Wahl der richtigen Nische. Es ist einfacher, in einer kleinen Nische sichtbar zu werden und dort zur Autorität für diesen Bereich aufzusteigen, als in einem großen Marktsegment, in dem sehr viele Wettbewerber um Sichtbarkeit streiten. Es ist ferner einfacher, in einer klar umrissenen Nische sichtbar zu werden.

Außerdem ist es wichtig, mit wem und in welchem Umfeld Sie auftreten. Sichtbarkeit in den falschen Umgebungen wirkt sich genauso auf die Autorität aus, weil diese sich stets aufsummiert, ohne dass dieser Prozess dann noch zu steuern wäre. Sie sollten sich daher gut überlegen, ob Sie lieber große, aber entwertende Sichtbarkeit im Dschungelcamp erreichen möchten oder kleinere auf einem Fachsymposium – auch wenn die Nettoreichweite bei Ersterem sicher besser ist, ist sie bei Letzterem wertvoller.

Diese Bühne sollte also mit Blick auf den Kontext gewählt werden, weil Zuschauer und potenzielle Kunden Dinge zu Stereotypen vereinfachen. Dieser Effekt ist ausreichend untersucht und als »Horn-Effect« oder »Teufelshörner-Effekt« bekannt. Beschrieben wurde dieser von dem amerikanischen Psychologen Edward Lee Thorndike, der sich mit der Wahrnehmung von menschlichen Eigenschaften durch ihr Umfeld beschäftigte. Er hat nachgewiesen, dass Menschen dazu neigen, einzelne (negative) herausstechende Eigenschaften einer Person zu einem Gradmesser ihres Charakters zu erheben.

Menschen, die beispielsweise häufig unpünktlich sind, werden dann vereinfacht als generell unzuverlässig abgespeichert. Der Horn-Effekt korrespondiert mit dem menschlichen Streben nach Orientierung und Einfachheit. Vorurteile funktionieren genauso.

Dementsprechend vorsichtig sollten Unternehmen oder Einzelanbieter in Bezug auf ihre Sichtbarkeit sein. Denn Sichtbarkeit in unvorteilhaften Kontexten, wir nennen sie gerne »toxische Sichtbarkeit« (siehe Kapitel 6), folgt eben genau diesen Mechanismen. Einzelne Elemente von Sichtbarkeit werden durch die Betrachter zu Stereotypen verdichtet – im Zweifel zu negativen Stereotypen.

Der Gegenpol des Horn-Effect ist der »Halo-Effekt«. Das Wort »Halo« beschreibt im Englischen unter anderem einen Heiligenschein. Die Metapher ist deswegen recht bekannt geworden, weil im Wort »Halo« auch ein »Überstrahlen« steckt: Positive Eigenschaften, die einmal fest mit einer Person verbunden wurden, werden danach unverrückbar dieser zugeordnet. Das Gleiche gilt für Unternehmen, Marken und Influencer. Bei den Influencern wird der Halo-Effekt auch als deutliche Kritik formuliert und in wissenschaftlichen Diskursen kritisch untersucht. Sie haben eine große Autorität ihren Followern gegenüber. Weil sie sich in einer spezifischen Nische Sichtbarkeit erstreiten, weil sie aber auch eine große Deutungsmacht ihren häufig jungen Followern gegenüber gewinnen, werden Influencer oft unreflektiert betrachtet.

Der Halo-Effekt macht die Follower unkritisch. Die positiven Eigenschaften, die an den bewunderten Influencer geknüpft werden, überstrahlen jegliche mögliche Kritik an seinen Produkt- oder gar Verhaltensempfehlungen.

Kunden reduzieren die Informationen, die sie zu einer Person, einem Unternehmen, einem Produkt oder einer Lösung sammeln. Das ist für Unternehmen ein Augenöffner, weil es kontraintuitiv ist. Unternehmen wollen ihren möglichen Kunden immer viele Informationen anbieten – weil sie viel über ihre Lösungen erzählen können und versuchen, mit möglichst vielen Argumenten zu überzeugen.

Je mehr Informationen die Unternehmen ihren Kunden anbieten, desto mehr werden diese die Informationen zu einfachen Mustern zusammenführen. Die Aufmerksamkeit der Kunden funktioniert wie ein Brennglas für die Informationen. Je mehr Licht auf das Brennglas trifft (das sind sichtbar gewordene Produktinformationen), desto stärker werden diese zu einem Punkt kumuliert. Also muss für Unternehmen gelten, diesen Prozess der Reduktion in die Hand zu nehmen. Sie müssen es schaffen, dass sie bestimmen, zu welchen Botschaften sich die Informationen bei dem Kunden festigen.

Autorität kann für die Unternehmen dieses Brennglas der Kundenaufmerksamkeit sein. Sie hat die Kraft, die Aufmerksamkeit der Kunden zu lenken und damit auch zu bestimmen, zu welcher Information sich die Wahrnehmung des Unternehmens oder des Dienstleisters sammelt – in der Wahrnehmung des Kunden, die kaufentscheidend ist.

Autorität hat die Kraft, eine hohe Deutungskompetenz zu erreichen. Und diese überstrahlt im Zweifel viele Herausforderungen, die den Unternehmen beim Blick ihrer Kunden auf die Produkte gar nicht recht sein können.

Selbst wenn die Produkte in ihrer Problemlösungskompetenz und ihren Eigenschaften funktionieren und jeglicher Kritik standhalten, ist es für die Unternehmen ein Problem, wenn die Kunden das zu sehr prüfen: Kunden haben nicht unbegrenzt Zeit für Skepsis und nicht unbegrenzt Zeit zur Prüfung von Produkten. Gleichzeitig wollen Kunden diese Klarheit, beispielsweise weil sie fürchten, mit dem Produkterwerb einen Fehler zu machen. Je länger der Prozess der Prüfung, desto mehr gerät der Deal also in Gefahr.

Autorität kann in diese Lücke springen und den Kunden die Sicherheit geben, die sie suchen. Diese Kraft zieht Autorität aus ihrer Deutungsmacht und der Lenkung der Aufmerksamkeit.

Starke Marken können diese Deutungshoheit gut für sich nutzen. Das ist einer der wichtigsten Gründe, warum Unternehmen nach Nischen streben und dort starke Marken etablieren sollten, die aus der Sichtbarkeit entstehen. Beiersdorf etwa hat einen vergleichsweise geringen Markenwert. Die Marke Nivea aber, die der Firma Beiersdorf gehört, ist eine Spitzenmarke im Bereich der Hautpflegecremes. Die Marke entlehnt Autorität aus Zeit, Sichtbarkeit und langjährigem Vertrauen.

Solche Marken werden dann zum Synonym ihrer Anwendung, zur Allgemeinmarke:

»Hast du mal ein Tempo?«, »Ich kärchere mein Haus« oder »Ich google im Internet« beispielsweise. Diese Autoritäten sind so stark im Bewusstsein des Kunden verankert, dass sie eine ganze Produktklasse mit ihrem Namen besetzen. An diesen Autoritäten kommt der Mitbewerber kaum vorbei oder nur mit größtem Aufwand.

Bei anderen Produkten ist die Deutungsmacht noch größer. Wenn Apple ein neues iPhone herausbringt, dann schauen alle Wettbewerber auf Apple als den Markt definierende Autorität. Sie wissen, dass das, was Apple produziert, automatisch zum Standard der Branche erhoben wird. Wer im Wettbewerb konkurrieren will, muss besser sein als Apple, weil es gilt, die Marke nicht nur bei den Produktattributen zu überragen, sondern das so gut zu tun, dass die kaum zu löschenden Nachteile in der eigenen Markenwahrnehmung irrelevant werden.

Apple deutet aber dabei, was relevant ist, aus der erhabenen Position der Markenautorität heraus: präzises, reduziertes Design, bruchsichere Glasdisplays oder kabellose Kopfhörer zum Beispiel. Auch daran erkennt man Autoritäten und das macht diesen Status so erstrebenswert – keines der genannten Features ist relevant für den Produktnutzen des Telefonierens.

Abschließend noch eine interessante Abgrenzung: Es gibt einen großen Unterschied zwischen Autorität und autoritärem Verhalten. Manche Lehrer zeichnen sich durch Autorität aus. Sie sind still und ruhig, müssen kaum die Konsequenzen nennen oder langwierig argumentieren, warum die Schüler etwas tun oder lassen sollten. Dennoch folgen ihnen die Schüler gerne, sind gespannt auf den Unterricht. Sie vermitteln Wissen kraft ihrer Autorität.

Andere Lehrer müssen das Gegenteil tun. Sie drohen mit Konsequenzen, nutzen autoritäre Mittel, werden laut und erteilen Strafen. Sie sind die schlechteren Lehrer.

Sichtbarkeit jedoch hat in ihrem Kern immer folgende Leitlinie: Die möglichen Kunden entscheiden stets aus freien Stücken, ob sie einer Sichtbarkeit Aufmerksamkeit schenken oder nicht, denn sie können jederzeit umschalten oder wegsehen. Sichtbarkeit ist immer der Freiwilligkeit der Empfänger ausgesetzt. Damit scheitern sie fast unausweichlich, wenn sie nicht die wahre Autorität gegenüber ihren Kunden suchen.

Und letztlich bestimmt Autorität auch, welchen Geschichten die Menschen zuhören und ihnen Glauben schenken.

Sichtbarkeit wird durch Storytelling über lange Zeit gespeichert; zugleich entsteht eine Marke

Wenn für ein Produkt oder eine Dienstleistung eines Unternehmens gewährleistet werden kann, dass dieses dem Kunden gegenüber Relevanz besitzt, und ferner feststeht, dass der Anbieter die notwendige Autorität gegenüber seinem Kunden in seiner Lenkungsfunktion sicher hat, dann gilt für einen Unternehmer, der verkaufen möchte, nur noch: Verpacken Sie beides in eine gute Geschichte, eine Story.

Relevanz und Autorität sind starke Säulen der smarten Sichtbarkeit, die wertvoller und seltener ist als wertlose Sichtbarkeit, dabei aber dennoch leicht herzustellen, wenn man denn um sie weiß. Allerdings sind Relevanz und Autorität für sich genommen unbewegliche Qualitäten; Sie benötigen ein Vehikel oder Transportmittel, um zum Kunden zu gelangen und dort wirksam zu werden. Unternehmen ohne Sichtbarkeit sind darauf angewiesen, dass Kunden zufällig an sie herantreten und ihre Relevanz und Autorität erleben. Damit überlassen Unternehmen jedoch viel zu sehr dem Zufall das Feld.

Stellen Sie sich das vor wie wertvolle Nährstoffe im Körper, die ohne einen Träger nicht zur Zelle gelangen können. Diese Funktion über-

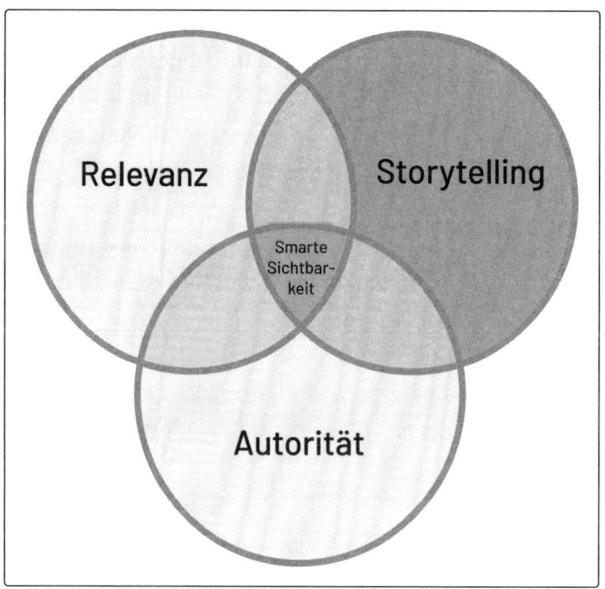

Relevanz

Storytelling

Smarte
Sichtbar-
keit

Autorität

Storytelling ergänzt die Dimensionen der Relevanz und Autorität.

Quelle: Eigene Darstellung

nimmt Storytelling für Ihr Business und sichert damit den Verkaufserfolg. Geschichten sind das Trägermedium der Sichtbarkeit.

Und wenn wir kurz bei dieser kleinen Metapher bleiben, dann transportieren Geschichten nicht nur Informationen, Relevanz und Autorität.
Es ist sogar so, dass wie in der Zelle dort ein Mangelzustand an Informationen herrscht. Menschen suchen von sich aus gute Inhalte, und wenn
diese Inhalte spannend verdichtet verfügbar sind, dann wandern diese
wie von allein hin zu den Kunden. Das alles leisten gute Geschichten.

Zwei Ideen, die zum Verständnis des Storytelling hilfreich sind: Die
erste Idee ist die Vorstellung der sieben Kontaktpunkte beim Kauf. Im
Marketing gibt es das verbreitete Bild, dass ein Kunde sieben Kontaktpunkte zum Produkt benötigt, um sich zu einer Kaufentscheidung zu
entschließen. Das hat damit zu tun, dass der Kunde das Produkt prüfen
möchte, dass es ihm vielleicht beim ersten Kontakt nicht mit der notwendigen zeitlichen Relevanz begegnet oder gar inhaltlich (noch) nicht
die entsprechende Relevanz aufweisen kann.

Es kann aber auch damit zu tun haben, dass der Anbieter beim frühen Kontakt noch nicht ausreichend Autorität gegenüber diesem Kunden aufbauen konnte. Von Kontakt zu Kontakt erfährt der mögliche Kunde mehr über das Produkt und das Unternehmen. Womöglich wächst sein Vertrauen und seine Kaufentscheidung reift.

Bei diesen sieben Kontaktpunkten ist es daher wertvoll, wenn die Informationen, die bei einem Kontakt an den Kunden vermittelt wurden, ihm auch beim nächsten Kontakt noch präsent wären – sonst fängt der Unternehmer jedes Mal von vorne an.

> Es geht beim Storytelling also wesentlich um Speicherprozesse zwischen den einzelnen Sichtbarkeitsmomenten und die dauerhafte Vermittlung von Informationen. Geschichten speichern Sichtbarkeit. Zugleich und fast nebenher arbeiten sie an der Marke (»Brand«) des Unternehmens.

Das wahrscheinlich Unwichtigste bei der »7-Kontakte-Regel« ist übrigens die Zahl. Bei manchen Produkten braucht es mehr Kontakte, bei anderen weniger. Impulskäufe geschehen vielleicht schon nach einem Kontakt, bringen aber eher selten hohe Preise oder Margen, manche andere Produkte wie Investitionsgüter, beispielsweise eine komplexe Fertigungsanlage, werden dafür vielleicht erst nach dem 15. Kontakt verkauft. Wichtig ist zu wissen, dass es meistens mehrere Kontakte braucht.

Die zweite hilfreiche Idee leitet sich ab aus der Frage, warum sich Menschen Geschichten besonders gut merken. Manches Epos ist beispielsweise aus der Antike bis heute tradiert, hat Imperien überlebt und Kulturkreise übersprungen – und das teilweise ohne die Hilfe schriftlicher Überlieferung. Diese Geschichten hat man nicht auf einem alten Papyrus ausgegraben und nach 2 500 Jahren in Vergessenheit wiederentdeckt, sondern sie wurden von Mensch zu Mensch über Jahrtausende erzählt. Die Geschichte von Ödipus, die Odyssee oder Gleichnisse aus der Bibel erzählt man sich bis heute gerne und fast jeder könnte einen groben Abriss der Geschichten geben. Manchmal sind es auch nur einzelne Erzählmuster oder besonders starke Teile einer Geschichte, die sich in dieser Form tradieren. Hinter dieser Beständigkeit der Geschichten steckt ein Phänomen, das etwas mit den Gedächtnisfähigkeiten der Menschen zu tun hat:

Wir merken uns Geschichten häufig besser als reine Fakten. Wir hören uns Geschichten viel lieber an als reine Informationen und geben gute Geschichten sogar gerne weiter. Geschichten haben einen privilegierten Zugang zu ihren Konsumenten und zeigen häufig Anteile viraler Marketings: Sie werden weitererzählt, beispielsweise als Anekdoten.

Wenn es also um gespeicherte Sichtbarkeit geht, an die sich Kunden auch über mehrere Kontaktpunkte erinnern und die durch Emotionen bei jedem Kontakt eine sichere Aufmerksamkeit erreichen soll, dann sind Geschichten unverzichtbar.

Geschichten leben von Emotionen

Der Hauptgrund, dass Geschichten besonders gut gemerkt werden, liegt in den in Geschichten enthaltenen anknüpfungsfähigen Emotionen, auf die sich Menschen gerne einlassen und die sie kompetent und schnell erfassen und interpretieren können. Geschichten nehmen die Leser oder Zuschauer auf eine Reise, die dargestellten Emotionen erleben die Zuhörer empathisch mit und die Bilder, die die Geschichte bilden, bleiben gut in Erinnerung.

Das ist wie bei einem tollen Tagesausflug im Urlaub, an den man immer wieder gerne zurückdenkt. Auch bei solchen Erinnerungen treten Informationen häufig hinter Emotionen zurück. Den Namen des Hotels oder die Zimmernummer dieses Urlaubs hat man vielleicht schon nach kurzer Zeit zu Hause wieder vergessen – sie haben auch keine orientierende Funktion mehr.

Aber die eine Geschichte mit der sympathischen italienischen Großmama, die Tomaten aus dem eigenen Garten angeboten hat, als man gerade dort entlang ging, die so unvergleichlich nach Tomate geschmeckt haben, wie man es bei Tomaten aus einem deutschen Supermarkt nie erlebt hat – das bleibt hängen. Und plötzlich bleiben auch Informationen im Gedächtnis gespeichert: »Nonna« heißt Oma, zum Beispiel. Warum hat sich das eingeprägt? Dass Geschichten mit starken Emotionen gut im Gedächtnis bleiben, ist altbekannt.

Geschichten speichern Informationen über sehr lange Zeiten.

Die alten Griechen sind bis heute unter anderem dafür bekannt, dass sie die Demokratie erfunden haben. Und ein wichtiges Element der Demokratie war die Volksversammlung, die Polis. Von dieser Versammlung leitet sich der Begriff der Politik ab. Und damals wie heute gehört zur Politik ein Plenum, in dem Argumente ausgetauscht und flammende Reden gehalten werden, um Entscheidungen vorzubereiten oder zu kritisieren. Diese Reden haben die alten Griechen mit großer Emphase gehalten und sie haben einiges in Bewegung gesetzt, um dabei zu überzeugen. Ihr wirksamstes Mittel dazu war die Kunst der Rhetorik. Und wichtiges Element der Rhetorik wiederum war es, eine Rede vor dem Plenum frei zu halten.

Im antiken Griechenland galt die Schrift lange als verpönt, man sagte, sie bedrohe das Gedächtnis der Menschen. Wer eine wirklich gute Rede vor dem Plenum halten wollte, der prägte sich seine mitunter stundenlange Rede anhand einer Geschichte ein; das galt als Kunst. Die Griechen nutzten dazu die Methode des »Gedächtnis-Palastes«. Sie stellten sich ihren alltäglichen Weg zum Plenum, wo sie eine Rede halten wollten, bildlich vor und platzierten in ihrer Fantasie einzelne Elemente der Rede auf dem Weg dorthin. Wenn die Rede dieses Tages ein Aufruf zum Krieg werden sollte, dann legten sie in ihrer Fantasiereise vielleicht einen getöteten Soldaten des Feindes auf die erste Stufe hinauf zum Tempel. Solche Bilder kann man sich sehr gut und vor allem sehr lange merken.

Das nutzten die Redner Bild für Bild, um sich viele Stichworte zu ihrer Rede zu merken und dann daraus eben das Redemanuskript abzuleiten. Wichtig war, dass die Bilder emotional stark und damit gut zu merken waren.[5]

Geschichten, die idealerweise also Emotionen bedienen, können etwas leisten, das den meisten Unternehmen bezüglich ihrer werbenden Botschaften etwas wert sein muss: Geschichten können viele Fakten transportieren, ohne dass es den Kunden beschwerlich erscheint, sich diese zu merken. Die Wahrscheinlichkeit, dass sich die Kunden die Informationen merken, steigt ebenso wie jene, dass die Kunden die Geschichten sogar gerne weitererzählen, weil sie eine starke emotionale Verbindung verspürt haben und andere daran teilhaben lassen wollen.

Die Unternehmen bekommen ein wunderbares Vehikel für Informationen zu ihren Kunden zur Verfügung gestellt. Letztlich geht es ja darum, Fakten und Argumente an seine potenziellen Kunden zu übermitteln, die diese dann nutzen können, um ihre Entscheidung zum Kauf zu fällen.

Die Nutzung von Geschichten umgeht dabei intelligent den Umstand, dass die potenziellen Kunden auf reine Informationen nur wenig Lust haben. Sie wollen sie zwar nutzen, um ihre Entscheidung vorzubereiten und Relevanz und Autorität abzuklopfen, wissen aber auch, dass das mit Arbeit und Rechercheaufwand verbunden ist. Das gefährdet den Deal – vielleicht entscheiden die Kunden sich lieber gegen einen Deal, als dass sie ihn später bereuen – und deswegen ist es besser, ihnen die Entscheidungshilfen in netten Geschichten zu verabreichen.

> Die Geschichten sind für die Informationen wie die Leberwurst für die Wurmkur des Hundes: Wenn man Informationen gut darin verpackt, dann werden sie gerne genommen, auch wenn die eigentliche Information gar nicht so attraktiv ist. Und ihre Wirkung können sie dann auch entfalten.

Geschichten sind insgesamt ein Traumzustand in Bezug auf die Sichtbarkeit von Produktvorteilen. Die Ableitung aus der zweiten Idee zur Funktion von Geschichten ist also, dass Emotionen wie ein Katalysator die darin enthaltenen Informationen transportieren und verstärken können.

Um die ganze Bedeutung dieser Möglichkeit zu sehen, muss man sich nur überlegen, welchen Aufwand es für einen Interessenten bedeutet, sich die fünf wichtigsten Verkaufsargumente für ein tolles Produkt zu merken, die aber emotionslos in einer Tabelle niedergelegt sind. Und diese Mühen, das liegt auf der Hand, spart sich der Kunde in der Regel. Es gehört schon eine gute Menge Enthusiasmus dazu, sich beispielsweise die technischen Daten eines Automobils längerfristig zu merken – und Autos gehören dabei noch zu den eher emotional aufgeladenen Produkten. Anders sieht das bei Dingen des täglichen Bedarfs aus, wie bei Spülmittel oder Haarspray. Diese Produkte müssen auf emotionale Inhalte ausweichen, um anschlussfähig zu sein.

Die Kunst, Geschichten zu erzählen, ist so alt wie die Menschheit selbst. Und sie hat auch in Zeiten digitaler Informationen und überbordender Werbebotschaften nichts an Bedeutung verloren.

Storytelling wird von verschiedenen Stellen heute als eines der Marketing-Zauberworte immer häufiger in den Fokus gesetzt. Das geht so weit, dass beispielsweise die Industrie- und Handelskammern oder andere Unternehmensverbände vor Ort mittlerweile mit einem wachen Auge auf diesen Trend schauen, Infoveranstaltungen und Lehrgänge dazu anbieten.[6] Damit wird das Thema Storytelling aus der Marketing-Avantgarde in das tägliche Arbeitsfeld lokaler Unternehmen überführt.

Es sind nicht mehr die großen globalen Player wie Apple, berühmt geworden beispielsweise durch die Produktpräsentationen des iPhones oder des iPods als Events voller starker Geschichten, die mit Storytelling den Unterschied machen. Längst schauen auch kleinere Unternehmen, wie sie mit Storytelling ihr Marketing verbessern können.

Denn damit können sie sich einen Wettbewerbsvorteil erstreiten, weil Storytelling eben noch nicht von vielen kleineren und mittleren Unternehmen als lukrative Marketingstrategie gesehen wird, weil sie aber dennoch hervorragend funktioniert und nicht einmal teuer ist.

Gerade weil noch nicht viele Unternehmen gute Geschichten für ihr Marketing entdeckt haben, sind die Konsumenten noch bereit, diesen Geschichten Aufmerksamkeit zu schenken, und sie suchen noch nach Geschichten – anders als bei den althergebrachten, rein werbenden Inhalten.

Wer immer noch Zweifel hat, dass Geschichten funktionieren und genutzt werden sollen, möge sich nur drei Fragen stellen:

1. Wie wirken reine Informationen ohne Geschichten? Welche Inhalte hatte die letzte PowerPoint-Präsentation mit 80 Folien, der Sie beiwohnen durften? Nennen Sie doch einmal fünf Fakten und Erkenntnisse, die Sie davon heute noch präsent haben. Oder nennen Sie einmal die Leistungsdaten der Küchenmaschine, der Bohrmaschine oder eines anderen Gerätes, das sie gerne nutzen. Sie sehen: Reine Informationen, nicht gebunden an Geschichten, sind allzu flüchtig.
2. Warum heißt es eigentlich bei Instagram, WhatsApp und Facebook immer: »Storys«? Weil die Menschen ihre Geschichte erzählen wollen und Geschichten sehen wollen! Diese Kanäle sind sehr erfolgreich und erzählen im Grunde kleine Geschichten
3. Warum verkaufen sich manchmal völlig hanebüchene Produkte, die aber tolle Geschichten haben? Weil Menschen ein großes Herz und ein offenes Ohr für Geschichten haben, die manchmal mehr wert sein können als der Produktnutzen.

Kaum zu glauben? Dann schauen Sie sich den Pet Rock genauer an. Ein Stein als Haustier für alle, die weniger Verantwortung wollen. Zu erwerben beispielsweise bei Amazon für rund 20 Euro. Geliefert wird ein Stein im Pappkäfig mit etwas Heu, wie ein richtiges Haustier. Sicherlich ist der Gag das Wertvollste an diesem Produkt für die Menschen, die den Pet Rock verschenken oder ihn Gästen präsentieren, denn der Produktnutzen ist, vorsichtig formuliert, eher gering. Dennoch hat der Pet Rock schon im ersten Verkaufsjahr über 1 Million Dollar umgesetzt.[7]

Geschichten haben aber auch noch mehr echte Vorteile. Große Reichweite herzustellen, insbesondere in den Medien des Streumarketings, wird immer teurer und erfolgloser. Fernsehen und Radiospots kosten viel Geld, große Anzeigenkampagnen in überregionalen Zeitschriften sind teuer. Umso schlimmer, wenn es dann nicht gelingt, mit seinen

Botschaften einen Unterschied zu machen. Viel klüger ist doch, wenn man günstiges Marketing herstellt, das sogar ohne aufwendige Reichweitenkampagnen und Streuwerbung Botschaften höchst wertvoll zu den spannendsten Kunden transportiert.

Geschichten haben diese Kraft. Denn Geschichten wecken Emotionen, transportieren Informationen und können sogar Schwachstellen von Produkten überspielen.

Welches ist Ihre authentische Geschichte?

Gute Geschichten kosten zunächst nur Fantasie und Verständnis des eigenen Angebotes. Weil sie so interessant für die Kunden sind, werden sie dann schnell eigene Flügel bekommen und müssen viel weniger mit teurem Druck-Marketing über die Aufmerksamkeitsschwelle der Kunden getragen werden.

Beispiel 1: Diese Butter stammt aus Frankreich und wird in einem »kleinen Dorf in der Normandie hergestellt«, und zwar nach »handwerklichen Traditionen der französischen Butterherstellung«. Die Form der Butter erinnert an einen »kleinen Hügel« und auch eine »Frischglocke« und ein »integriertes Serviertablett« werden mitgeliefert. Ohne diese Wortwahl ist es ein Stück Butter in einer Plastikverpackung. Eingebettet in diese Geschichte kann der Hersteller einen erheblichen Mehrpreis gegenüber durchschnittlicher Butter verlangen.

Quelle: President.de

Unternehmen müssen dafür lediglich wissen, welches denn ihre einzigartige Geschichte ist und was die Kunden benötigen, damit sie dem Unternehmen gerne zuhören. Das ist zugegeben aufwendig, denn es benötigt einen anderen Blick auf das Marketing der eigenen Unternehmensfähigkeiten – und sogar einen neuen Blick auf das eigene Unternehmen und die eigenen Produkte. Es ist aber machbar, wenn es in erprobte Erzählmuster aufgenommen werden kann, beispielsweise in das Muster der lange bestehenden Tradition in Kombination mit historisch aufgeladenen Sehnsuchtsorten wie die Normandie oder die Toskana, wie die abgebildeten Beispiele zeigen.

ACQUA PANNA
DIE STILLE ELEGANZ DER TOSKANA

Nördlich von Florenz, inmitten der Ausläufer des Appenin, entspringt die Quelle von ACQUA PANNA, dem stillen Wasser der Toskana. Das Quellgebiet liegt in der etwa 1.300 Hektar großen Naturlandschaft Panna, die seit 1564 unter strengstem Schutz steht. Mit seinem seidenweichen Geschmack ist Acqua Panna eines der bekanntesten Mineralwässer Italiens und erfreut sich international großer Beliebtheit. Frei von Kohlensäure, bedient es die Freunde des stillen Genusses. Mit seiner feinen Mineralisierung und dem niedrigen Natriumgehalt ist es ein exzellenter Weinbegleiter und überall dort zu finden, wo man Gastronomie und Gastlichkeit zu schätzen weiß.
Für jeden Anlass die Richtige: Acqua Panna in der Glasflasche finden Sie in der Gastronomie in den Größen 0,25 Liter, 0,5 Liter, 0,75 Liter und 1 Liter. Zudem ist Acqua Panna auch in einer praktischen 0,5 Liter PET-Flasche erhältlich.
Weitere Informationen finden Sie auf unserer Acqua Panna Website.

Beispiel 2: Selbst Wasser kann in eine Geschichte eingebettet werden: Das Luxus-Mineralwasser »Acqua Panna« des Nestle-Konzerns webt historisch und emotional hoch aufgeladene Begriffe wie »Toskana«, »Florenz« und »Domus Medici« in die Geschichte des Wassers ein; auch die Jahreszahl 1564 ist Teil der Wirkung. 1 Liter Acqua Panna kostet rund 1,20 Euro. Bei Aldi beträgt der Literpreis für das Wasser »Quellbrunn« 0,13 Euro. Acqua Panna ist also im Vergleich mehr als 900 Prozent teurer.

Quelle: Nestle-Marktplatz

Geschichten sind dabei auch so etwas wie eine Sortierhilfe für das eigentliche unternehmerische Schaffen. Das kann man sich vorstellen wie bei einem Kind, das aufgefordert wird, sein im Spiel unaufgeräumt hinterlassenes Spielzeug nun zu sortieren. Wenn man diesem Kind sagt: »Räum dein Spielzeug auf!«, dann scheint ihm das eine schwierige Aufgabe – meistens so groß, dass es sie verweigern wird. Gibt man ihm aber den Hinweis, das Spielzeug beispielsweise nach Farben in Kisten zu sortieren oder die Spielzeugautos in jene Kiste und die Puppen in die andere Kiste zu räumen, dann hat das Kind schnell einen Ansatzpunkt, wie es vorzugehen hat. Vor allem wird die Aufgabe leicht, weil sie klar wird.

Unternehmen stehen vor einer ähnlichen Herausforderung, die sie allerdings meistens nicht so spielerisch lösen können. Zu jeder unternehmerischen Fähigkeit und zu jedem Produkt könnten sie aus dem tiefen Verständnis desselben unendlich viel erzählen; sie kennen jeden einzelnen Vorteil der Produkte und vermeintlich jeden Nutzen für die Kunden.

Unternehmen haben aber gleichzeitig wenig Überblick über die eigenen Fähigkeiten, den besten Kundennutzen ihrer Angebote und die Bedürfnisse ihrer Kunden, gerade weil sie sich so gut mit ihren Produkten auskennen!

Menschen hören lieber einem Harald Lesch zu, der in vereinfachenden, aber gut erzählten Geschichten die Wirkkräfte der Physik im ZDF-Abendprogramm erklärt. Der Zuschauer meint, das Sonnensystem auf diese Weise besser verstanden zu haben, als wenn er ein Fachbuch zur Astrophysik gelesen hätte. Das Fachbuch wird sicher an vielen Stellen mehr Tiefe haben und nuancierter die einzelnen Zusammenhänge beleuchten, aber trotzdem weniger Leser erreichen und in der Netto-Berechnung am Ende weniger Informationen in die Welt gebracht haben.

Die Menge an Informationen steht der Verbreitung entgegen, weil die Geschichten den Unterschied machen, nicht die Informationsfülle. Die schadet im Zweifel sogar.

Eine Reduktion detaillierten Unternehmenswissens und vielseitiger Unternehmensfähigkeiten auf klare, strukturierte und eingängige Geschichten kann eine wertvolle ordnende Funktion übernehmen. Und zwar sowohl für die Unternehmen selbst, die ihre Produkte noch einmal neu verstehen und den Nutzen klarer kommunizieren können, als auch für die Kunden, die das Produkt genauso klar verstehen wollen.

Wie soll ein Kunde seinen Produktnutzen und seine Anknüpfungspunkte finden, wenn die Unternehmen diese nicht einmal für sich sortieren können? Viele Unternehmen, aber auch Einzelunternehmer haben Schwierigkeiten, wenn sie in einem Ein-Satz-Elevator-Pitch sagen sollen, was sie anbieten. In einer Stunde können sie das toll erklären, aber wer hört ihnen dann noch zu?

Kunden suchen nicht sonderlich motiviert und eigeninitiativ nach Anknüpfungspunkten. Sie widmen dem Produkt kurz ihre rare Aufmerksamkeit und entscheiden dann, ob dieses Produkt ihnen klar genug erscheint. Wenn das nicht der Fall ist, kaufen sie im schlimmsten Falle ein Produkt eines Wettbewerbers, der klarer kommunizieren kann und deutlichere Geschichten hat – oder eben gar nichts. Unfair? Mag sein.

Kunden kaufen nicht das beste Produkt. Und sie kaufen auch nicht bei der überlegenen Firma in einem Markt. Kunden kaufen im Zweifel das zweitbeste oder fünftbeste Produkt, das sie jedoch am besten verstanden haben. Und sie kaufen das Produkt, das die beste Geschichte erzählt. Sie kaufen das Produkt, dessen Eigenschaften und Nutzen ihnen glasklar präsentiert wird und an das sie ihre Erwartungen an die Produktlösung klar anknüpfen können.

Geschichten strukturieren Kommunikation von Unternehmensfähigkeiten nach innen und nach außen. Sie wirken schneller, sind attraktiver und erzeugen besser bleibende Wirkung.

Unternehmen, die Storytelling nicht verstehen und es beim Kriterium der Relevanz belassen, die also nicht versuchen, die damit beschriebene Form der Sichtbarkeit bei ihren Kunden über Geschichten herzustellen, haben damit einen erheblichen unternehmerischen Nachteil.

Geschichten erwecken und verankern

Neben der strukturierenden Funktion haben, wie angedeutet, auch Emotionen eine wichtige Funktion für die Wirksamkeit von Geschichten. Heutigen Fernsehzuschauern, Internetnutzern oder Zeitungslesern begegnen viele werbende Botschaften. Man geht in Untersuchungen davon aus, dass sich diese auf mehrere Tausend Werbeinhalte pro Tag und Person summieren. Dass dies der neuralgische Punkt der Werbung in Bezug auf die Sichtbarkeit ist, liegt sofort auf der Hand. Zwischen Tausenden von konkurrierenden Informationen aufzufallen ist der erste Schritt zum unternehmerischen Erfolg mit Werbung. Und gleichzeitig die zentrale Herausforderung. Reine Sichtbarkeit ist nahezu wertlos.

Wenn Geschichten also Unternehmenskommunikation nach außen und innen strukturieren und den potenziellen Kunden dann eingängig die Produktvorteile vermitteln können, dann müssten sie nur noch die erste Aufmerksamkeit des Kunden wecken. Nun, mit Emotionen oder einem guten, überraschenden Momentum ist auch das ein Leichtes für Geschichten.

Emotionen sind ein privilegierter Schlüssel zur Kunst, Aufmerksamkeit gegenüber potenziellen Kunden zu erreichen. Emotionen sind aber häufig nicht so einfach an Produkte oder Dienstleistungen zu binden. Eine Waschmaschine beispielsweise oder einen ganzen Baumarkt an Emotionen zu binden, drängt sich wahrlich nicht auf.

Empfänger sind jedoch zum Glück immer auf der Suche nach anschlussfähigen Emotionen. Und sie sind empathisch hoch kompetent und erkennen Emotionen in Sekunden, nicht zuletzt weil wir auch in realen Kontakten darauf angewiesen sind, innerhalb kürzester Zeit die Emotionen eines Gegenübers einzuordnen – das ist sicher ein evolutionärer und heute sozialer Erfolgsfaktor.

Damit haben Emotionen eine gute Chance, Sichtbarkeit überhaupt zu erzeugen. Bei der Betrachtung der Story eines Werbespots kann sich der Zuschauer nicht erwehren, die Emotionen der Protagonisten schnell und fast klischeehaft mitzulesen. Und so wie beim Gedächtnispalast besonders starke positive oder negative Emotionen gut gemerkt werden konnten, so kann auch davon ausgegangen werden, dass diese in einer Flut von Inhalten gut auffallen. Emotionen verankern und speichern damit nicht nur Sichtbarkeit, sondern erwecken auch schnell und früh die Aufmerksamkeit des Nutzers, der ansonsten schon aufgrund der Fülle an Informationen und auch an Werbung relativ gut darin ist, diese auszublenden.

Das ist übrigens in der Realität ebenso: Wenn jemand mit der Straßenbahn fährt und in viele stoisch vor sich hinblickende Gesichter schaut, dem fällt das eine lachende oder weinende Gesicht mit den außergewöhnlichen Emotionen besonders auf. Auch wenn jemand gähnt oder breit grinst, zieht diese Person automatisch den Fokus der Aufmerksamkeit auf sich. Das geht in Sekunden und absolut sicher.

Also kann Werbung wunderbar leicht Angebote für Emotionen machen und deren starke Bindungskraft ebenso nutzen wie die Tatsache, dass diese von den Zuschauern schnell gelesen und interpretiert werden. Selbst bei Tieren oder Dingen, die dort präsentiert werden, sind Zuschauer kompetent darin, die vermittelten Emotionen aufzuspüren und zu interpretieren.

Wenn man Menschen fragt, welcher Werbespot gestern im Fernsehen vor der Tagesschau lief, dann können sie diese die Frage in der Regel schlecht beantworten. Zu gleichgültig standen sie diesem Werbespot gegenüber und zu groß war die Masse an ziemlich gleichwertig unbedeutenden Inhalten – abgesehen von der fehlenden zeitlichen und inhaltlichen Relevanz etwa. Die Sichtbarkeit der Inhalte ist häufig flüchtig und wird nicht abgespeichert.

Nach manchen Werbespots kann man allerdings durchaus fragen. Fragt man die Menschen: Kennst du die Seitenbacher-Radiospots? Oder: Kennst du diesen besonderen Werbespot, den Volkswagen damals für die Werbepause beim Superbowl geschaltet hat? Solche herausstechenden Spots, die besondere Emotionen erwecken – Genervtsein, Belustigung, Trauer oder Rührung oder ähnliche starke Emotionen –, merken sich die Zuschauer dann doch.

Samsung hat einen aufmerksamkeitsstarken Werbespot veröffentlicht. Darin geht es um einen Strauß, der in Afrika mit seinen Artgenossen seinem ganz normalen Leben nachgeht. Er sucht Futter und wird dabei auf ein Haus aufmerksam, in dem ein Tisch steht. Auf diesem Tisch befinden sich menschliche Nahrungsreste, die der Strauß anfängt aufzupicken.

Neben den Essensresten befindet sich dort auf dem Tisch auch eine VR (Virtual Reality)-Brille. Diese rutscht dem Vogel dabei unglücklich über die Augen. Der Strauß kann sie nicht mehr abschütteln, die VR-Brille schaltet sich ein und zeigt ihm Bilder eines Fluges über den Wolken aus der Ego-Perspektive, hinterlegt mit dem Lied *Rocket-Man*.

Nach anfänglichem Schrecken beginnt der Strauß, diese Bilder mit immer mehr Freude anzuschauen, und fängt an, in der afrikanischen Savanne Flugbewegungen zu machen. Die Musik wird dabei schneller und motivierender und unterstützt die emotionale Anteilnahme der Zuschauer. Der Traum vom Fliegen, den auch viele Menschen teilen und der ein anschlussfähiges emotionales Stereotyp darstellt, wird fühlbar. Dem Strauß erwächst offensichtlich der Wunsch, auch fliegen zu können.

Das zu interpretieren obliegt zwar rein der Fantasie und Empathie der Zuschauer des Spots, funktioniert aber sehr gut und vor allem auch schnell. Die Emotionen erwecken sehr schnell die Aufmerksamkeit des Zuschauers. Man fühlt mit dem flugunfähigen Vogel, der immer und immer wieder versucht abzuheben, stolpert und stürzt, aber selbst nachts noch die Bilder der VR-Brille schaut und vom Fliegen träumt.

Und in einem der nächsten Umschnitte gelingt es dem Vogel dann tatsächlich abzuheben, ungläubig beobachtet von seinen Artgenossen. Der Werbeslogan am Ende der Werbung ist in diesem Spot der einzige Verweis auf die Marke Samsung oder ihre Produkte:

»Do what you can't«

Der Spot macht sofort Spaß und bleibt im Gedächtnis.

Geschichten hebeln Autorität

Geschichten können noch eine weitere Funktion übernehmen. Sie schaffen emotionale Ankerpunkte für die Marke, die hinter der Werbebotschaft steht, und können die Marke mit Werten anreichern, die diese kaum hat oder die diese den Kunden sonst kaum glaubhaft vermitteln könnte.

Als weiteres Paradebeispiel kann der Werbespot der Firma Edeka gelten, in dem ein alter Mann seine Familie zu Weihnachten eingeladen hat. Am Telefon spricht seine Tochter ihm auf den Anrufbeantworter und erklärt ihm, dass sie es dieses Jahr nicht schaffen werde, ihn zu Weihnachten zu besuchen. Im Hintergrund hört man die Enkelin lachen und »Opa, Opa« rufen. In sehr starken Bildern, mit gedämpften Farben und fahlem Licht schaut der Großvater gedankenverloren aus dem Fenster und auf die Grußkarten, die ihm zum Weihnachtsfest geschickt wurden. Der Großvater ist tief traurig – so interpretiert es der Zuschauer jedenfalls.

Hier nutzt diese Werbung ganz gezielt bekannte Muster cineastischer Erzählung: ein graues Einerlei vor dem Fenster, gedämpftes Licht in der Wohnung und schwer wirkende, langsame Bewegungen des alten Mannes. Sofort wird man als Zuschauer in die emotionale Welt der Hauptperson dieses Spots hineingezogen. Das Grau vor dem Fenster, das gedämpfte Licht und das Verhalten des alten Mannes – all das sind Stereotype, die dem Zuschauer zur Interpretation angeboten werden. Und diese Interpretation erfolgt schnell und treffsicher.

Was dabei besonders spannend ist: Der Zuschauer hört plötzlich auf, zu hinterfragen. Diese Interpretationswege und die klaren Muster, die der Zuschauer ableitet, werden durch diesen so gut wie nicht angezweifelt.

Würde die Marke an dieser Stelle Produktinformationen senden, würde der Kunde das viel eher skeptisch sehen: »Weihnachtsgans, pro Stück 11,99 Euro, jetzt bei Edeka« zum Beispiel – der Kunde würde sich fragen, ob die Gans anderswo besser oder billiger zu haben wäre, ob für den Preis denn das Tierwohl auch berücksichtigt werden konnte und ob man bei solch einem Schnäppchenpreis nicht viel zu früh im Laden stehen müsste, um noch einen Vogel zu ergattern.

An dieser Stelle nimmt der Kunde viel lieber und unhinterfragt die Orientierungsfunktion dieser erzählerischen Stereotype der Geschichte vom traurigen Opa an. Wo der Kunde sonst womöglich Produkteigenschaften und Fakten kritisch hinterfragt, vergleichen will und misstrauisch ist, wenn ein Unternehmen den Kunden von den Produktattributen, dem Nutzen und der grandiosen Produktionsleistung überzeugen will, folgt er den Geschichten im Vergleich traumwandlerisch und unkritisch.

Im nächsten Teil des Werbespots von Edeka erhalten dieses Mal die Verwandten des alten Mannes Post. Aus den Reaktionen, wie bitteren Tränen und Verzweiflung, lässt sich ablesen, dass offensichtlich eine Todesnachricht eingegangen ist – den eigentlichen Inhalt des Schreibens, bekommt der Zuschauer allerdings kaum zu sehen. Alles wird also noch trauriger.

Schnell machen sich alle Verwandten auf, dem Vater und Großvater bei seiner Beerdigung die letzte Ehre zu erweisen. Sie reisen und treffen sich im Hause des Verstorbenen. Zu ihrer größten Überraschung tritt dieser dann aus einem der hinteren Räume hervor und nimmt sie in Empfang mit den Worten: »Wie hätte ich euch denn sonst alle an einem Ort zusammenbringen sollen?«

In den nächsten Szenen sieht man die Familie ausgelassen das Weihnachtsfest feiern – mit dem Großvater.[8]

Dieser Spot durchbricht Muster und fällt auch durch die starken Emotionen auf, die er weckt. Als Zuschauer geht man empathisch die Trauer der Angehörigen mit und wird dann in ein wahres Wechselbad der Gefühle geworfen, als der Großvater quicklebendig auftaucht.

So entsteht beim einen oder anderen Zuschauer sogar das Gefühl, auch seinen eigenen Verwandten gegenüber nicht immer die Aufmerksamkeit zu zeigen, die sie sich wünschen, und fühlt sich fast ertappt. Diese Gefühle entwickeln die Zuschauer aus dem Gesehenen, laden dieses noch weiter auf und bilden einen weiten Konnotationsraum an Gefühlen, Werten und Anknüpfungspunkten. Das Gefühl, den einen oder anderen Verwandten oder Freund in der letzten Zeit nicht so häufig kontaktiert zu haben, wie man es gerne hätte oder sollte, ist wahrscheinlich ein verbreitetes Phänomen – und damit emotional anschlussfähig. Mit reinen Produktinformationen ist eine derartige Wirkung keinesfalls zu leisten.

Diese Emotionen vieler Zuschauer nutzt der Spot aber nicht einfach aus und wiederholt sie stumpf. Themen wie Tod, Schuld und Verantwortung sind außerdem nicht im Geringsten typische Themen von Werbung, schon gar nicht von Werbung für Konsumgüter. Sie werden in diesem Werbespot als Kontrast zu dem heimeligen und glückserfüllten Gefühl aufgebaut, das sich einstellt, da der Opa noch lebt und man gemeinsam feiern kann.

Damit sind diese Gefühle auf der einen Seite überraschend, sie fallen in der Werbelandschaft auf. Zweitens sind diese Gefühle stark, sie sind an ausgeprägte Emotionen gebunden, in die sich die Zuschauer hineinversetzen können, werden durch den starken Kontrast von Trauer und Freude sogar noch gesteigert. Und drittens sind sie dennoch sofort für die Zuschauer leicht zu lesen; die Tatsache, dass Tod und Trauer nicht häufig Thema von Werbung für Konsumgüter sind, bedeutet eben nicht, dass sie für die Zuschauer nicht aus anderen Kontexten wie Spielfilmen oder Romanen leicht lesbar wären.

In gewisser Weise hat der Edeka-Werbespot damit eine Nische an starken Emotionen gefunden, die sonst nicht Teil seiner Werbung sein würden, und einen Weg aufgezeigt, wie diese trotz des aufmerksamkeitsheischenden inneren Kontrastes perfekt in die Werbebotschaft integriert werden können.

Der Werbespot erfüllt dabei noch eine weitere Anforderung an gutes Storytelling, das den Unterschied in der Werbeflut macht: Er überrascht, indem er die Erwartungshaltung bricht. Wenn Tausende von Werbebotschaften pro Tag auf die Konsumenten einprasseln, dann ist es ein Gebot der Stunde, zu überraschen.

Erst die Geschichte, dann das Produkt

Die Produkte spielen in diesem Spot eine deutlich untergeordnete Rolle, sie werden im abschließenden Weihnachtsfest so nebenbei auf die Tafel gebracht. Was hier transportiert wird, sind die starken Emotionen, das Weihnachtsfest mit seinen Liebsten zu feiern und sich die Zeit für die Familie zu nehmen, die man im tiefsten Herzen investieren möchte.

So schafft es Edeka, sich mithilfe der Geschichte mit Emotionen aufzuladen, die eine reine Produktbeschreibung niemals aufbauen könnte. Edeka steht plötzlich für Verantwortung gegenüber der Familie, für ein »Zu-Hause-Gefühl« und für die Sicherheit, das Richtige in einer hektischen Zeit zu tun. Daneben steht das Unternehmen auch für Liebe und Aufmerksamkeit. Auch das muss als Merkmal guten Storytellings festgehalten werden: Die Marke tritt gegenüber den Emotionen und dem Angebot, sich mit den Inhalten emotional und moralisch zu verbinden, in den Hintergrund – um dann umso mehr davon zu profitieren. Leise statt laut also auch hier.

Es ist eine sinnvolle Reaktion auf die bisher beschriebene Flut an lauten, nervig werbenden Inhalten, welche die Konsumenten sonst eher belastet. Die reine Aufzählung von Produkteigenschaften und durch den Hersteller angeführten Vorteilen des Produkts kann dem heutigen Kunden gegenüber nicht mehr funktionieren. Dieser vergleicht, ist misstrauisch und sucht sich seine eigenen Zugänge zu den Qualitäten von Marke und Produkt. Und letztlich interessieren ihn auch selten die Produkte, sondern vielmehr die Ziele, die er damit erreichen kann, die Werte und Emotionen, die er damit verbindet, und häufig auch, was er mit diesen Produkten gegenüber seiner Umwelt kommuniziert.

Dennoch berichten Unternehmen in ihrem Marketing allzu häufig von Mitteln, Ziele zu erreichen, und viel zu selten davon, dass sie unbedingt diese Ziele mit ihren Kunden erreichen wollen – und die Ziele der Kunden somit zu ihren machen.

Und das ist eine Funktion, die Geschichten übernehmen können: Sie können Faktoren hebeln, welche die Kunden mit den Produkten verbinden können, die sie aber kaum aufgrund von reinen Produktbeschreibungen damit verbinden würden. Das können sie bei der Nutzung von klugem Storytelling so gut tun, dass diese Faktoren fast aus dem Nichts vervielfacht werden.

Stellen Sie sich einen Einkauf in einer normalen Supermarktfiliale im Vorweihnachtsstress vor, vielleicht dazu noch die Regalreihen und die Situation an der Kasse. Dann haben Sie einen guten Eindruck davon, dass das wahrscheinlich wenig mit einem zu Tränen rührenden Gefühl von »zu Hause« oder »Verbundenheit mit der Familie« zu tun hat. Erst die Geschichte des Werbespots erzeugt dieses Gefühl und bindet die Marke an moralische Werte, die ihr sonst kaum zugänglich sind. Diese Herangehensweise löst im Grunde zwei Probleme auf einmal: Zum einen wird ein Weg gefunden, Werbung für das eigene Produkt zu machen, ohne dass dabei Argument an Argument gereiht werden muss. Und zum anderen gelingt es, Werte an dieses Produkt zu knüpfen, die ihm per se kaum zugeschrieben würden – welche die Marke aber hoch attraktiv machen.

Und weil diese Werte in eine nachvollziehbare Geschichte eingewoben werden, die das richtige Maß zwischen dem Aufrufen bekannter Erzählmuster und einem überraschenden Momentum wählt, wird diese Sichtbarkeit als authentisches, ehrliches Marketing vom Kunden wahrgenommen. Der Kunde misstraut dem Gefühl, das der Spot bei ihm aufruft, viel weniger, als wenn die Firma Edeka Attribute der angebotenen Produkte vorgestellt hätte.

Geschichten haben klar erkennbare Muster

Storytelling übernimmt in diesem Moment durch die Einbindung starker Emotionen eine erweckende Funktion. Es liefert Emotionen, die gegenüber anderen Inhalten im Grundrauschen des Werbeeinerlei den Unterschied machen. Und es schafft Verbundenheit zur Marke über diese starken Emotionen, die durch die Geschichte transportiert werden. Diese Transportfunktion kann die Geschichte deswegen so gut übernehmen, weil Menschen daran gewöhnt und kompetent darin sind, solche Muster schnell und sicher zu lesen. Allein aus der Reaktion der Verwandten auf den Brief – den der Zuschauer gar nicht sicher zuordnen kann – wird sofort erkannt, dass dem alten Mann etwas zugestoßen sein muss. Das funktioniert in einer Sekunde, ohne dass ein Wort gesprochen oder geschrieben werden muss.

Storytelling ist aber auch deshalb ein so wertvoller Faktor im Marketing, weil es durch Unternehmen im Prinzip sehr leicht nachzuvollziehen ist. Es muss dabei nur auf immer gleiche Strukturen, Muster und Identifikationsfaktoren zurückgreifen, damit es funktionieren kann. Diese Muster sind daher auch relativ leicht zu reproduzieren und das Storytelling muss nur an wenigen Punkten ein wirklich kreatives Momentum entfalten. Kunden sind mit wenigen, häufig sogar sehr ähnlichen Geschichten zufrieden. Das führen wir noch genauer aus.

Gutes Storytelling baut seinen Zuschauern gewissermaßen ein wohliges Lager aus Bekanntem und mischt ein wenig Überraschendes hinein, gerade so viel, dass es Aufmerksamkeit erzeugt, ohne zu verwirren.

Unternehmen müssen sich nur ein einziges Mal wirklich fragen: Wie lautet denn die eigene Geschichte, von der wir die Menschen wirklich begeistern können? Und diese Geschichte muss dann auf den Punkt gebracht und erzählt werden, denn die beste Geschichte ist kurz. Sie bietet den Kunden aber klare Anknüpfungspunkte, die nur aus der Klarheit der Unternehmen kommen können, was den Kunden dort angeboten werden soll.

Mit der 3-W-Regel zu eigenen Geschichten

Wirkungsvolle Geschichten von Unternehmen und Produkten haben in aller Regel wie die alten Epen einen Helden, beschreiben eine Lösung eines Problems und zeigen die Zielerreichung – den Strauß für Opa, Steve Jobs oder das Red-Bull-Testimonial und Extrem-Fallschirmspringer Felix Baumgartner. Alle lösen heldenhaft eine Herausforderung oder machen die Welt zu ihrem Abenteuerspielplatz.

Die Grundmuster und stilbildenden Elemente aller guten Geschichten sind im Groben leicht zu benennen und können dann zum Element eigenen erfolgreichen Storytellings werden. Gute Geschichten haben drei Ws in sich vereint und erfüllen die 3-W-Regel guten Storytellings:

Wer handelt *wie*, um *was* zu erreichen?

Es muss auch bei Werbung klar sein, welches Unternehmen später für überzeugte Kunden der richtige Ansprechpartner ist: Wer also wirbt? Der Werbespot mit dem fliegenden Strauß wäre ganz ohne den Hinweis am Ende, dass es sich um die Firma Samsung handelt, als Werbebotschaft für das Unternehmen zumindest solitär betrachtet schwierig. Der Kunde könnte sich beflügelt fühlen, eine VR Brille oder ein neues Fernsehgerät zu kaufen – nur wüsste er nicht, welcher Hersteller diese Fantasiewelten eröffnet und dementsprechend Autorität für großartige visuelle Erlebnisse hat.

Es muss auch klar sein, *was* denn das Ziel sein soll, wenn ein Kunde dieses Produkt kauft, und es muss auch ablesbar sein, *wie* das Produkt ungefähr dieses Ziel erreichen soll.

Wir hatten beschrieben, dass Informationen gegenüber guten Geschichten zurücktreten sollten. Das stimmt, jedoch müssen Informationen das Rückgrat der Geschichte bilden, um das sich dann die Emotionen, Bilder und Erwartungen des Kunden entspinnen können. Letztlich sind Geschichten ein Mittel, um die Kaufentscheidung und die essenziellen Informationen zum Kunden zu bringen.

Dass diese dabei arg gebeugt und abstrahiert werden können, damit sie dem Kunden viel wirkkräftigere Anschlussmöglichkeiten bieten, ist Teil des Storytellings. Bei wem der Kunde das Produkt später erwerben und was das Produkt wohlgemerkt als *Lösung* für Kundenprobleme oder -wünsche leisten kann, sollte dennoch transportiert werden.

Odysseus muss seine Abenteuer bestehen, um zurückzukehren und ein besserer Mensch zu werden – das ist das Urmuster einer Geschichte. Und die Follower eines Vanlife-Bloggers müssen nur seine fantastischen Tipps befolgen und die empfohlenen Produkte erwerben, um ihm nachzueifern. Auch das sind klare Strukturen. Dass die Grundstruktur sich dabei wiederholt, bedeutet jedoch ausdrücklich nicht, dass es auch platt erzählt sein muss – im Gegenteil.

Ein bisschen mehr Geschichte muss schon sein, aber sie muss sich um eine klare Struktur herum entwickeln:

– Der erste Mensch war auf dem Mond, um dort dem menschlichen Forschergeist zu folgen und zu zeigen, was Technologie schaffen kann. Und das hat funktioniert aufgrund der technologischen Überlegenheit der NASA.

- Bertrand Piccard hat den ersten solargetriebenen Flug um die Erd-kugel geleistet, weil er zeigen wollte, dass regenerative Energien leis-tungsfähig und zuverlässig genug sind, um auf diese zu setzen.
- Steve Jobs hat Apple zu seinem heutigen Erfolg geführt, weil er He-rausforderungen und Rückschläge gemeistert und seinen fantasti-schen unternehmerischen Fähigkeiten und Überzeugungen vertraut hat.

Geschichten und ihre Helden: »Wer«

Gute Geschichten brauchen Identifikationsfiguren: Helden. Hel-den haben einen entscheidenden Vorteil. Es sind Protagonisten mit menschlichen Zügen und Verhaltensmustern – zum Beispiel die Su-perhelden in Comics oder Star-Wars-Geschichten. Diese Helden tau-gen als Identifikationsfigur, weil sie Muster abbilden, denen auch die Zuschauer gerne folgen. Sie verfolgen Ziele und Visionen, wollen mo-ralisch richtig entscheiden und Erfolg haben. Also taugen die Hel-den der Geschichten als Stellvertreter für den Kunden. Diese Stell-vertreterfunktion arbeitet extrem zuverlässig und ist sehr stark: Der Zuschauer im Kinosaal bekommt wie die Protagonisten in einer ge-fährlichen Situation Angst, er klammert sich sogar an den Kinoses-sel oder den Partner. Es funktioniert im Märchen oder auch bei Pop-songs, bei denen der Zuhörer anfängt zu weinen, weil ihn ein Lied so sehr berührt. Geschichten haben schnell diese Kraft, dass sich die Zuhörer mit den Protagonisten identifizieren und miterleben wollen, wie diese ihre Herausforderungen gemeistert haben – und das auf ei-ner tiefen Ebene.

In den Film- und Fernsehwissenschaften bezeichnet man diesen Ef-fekt auch als Katharsis. Die Emotionen einer gezeigten Geschichte wie Angst, Freude, Liebe oder Erleichterung sind anschlussfähig und die Zuschauer gehen ein wenig mit, im sicheren Wissen, dass ihnen selbst diese Situation nicht widerfährt.

Es ist aber eine angenehme emotionale Reinigung (altgriechisch: Katharsis), diese Emotionen ein wenig mitzugehen und sich auf sie ein-zulassen. Weder muss man den eigenen Schaden fürchten noch sich tatsächlich verlieben oder sonstige emotionale Herausforderungen bestehen, kann aber ein wenig davon kosten, ohne selbst direkt betroffen zu sein.

Das ist wie ein leichtes Lauftraining, bei dem man stärker wird für den nächsten Lauf, ohne dass es gleich zu anstrengend wird. Der Katharsiseffekt ist ein Hauptgrund dafür, dass wir uns so schnell und gerne in Geschichten hineinbegeben.

Allerdings braucht es dafür eine klare Identifikationsfigur, die für den Zuschauer diese Situationen durchlebt und sie besteht. Damit ist der Held in der zentralen Weichenposition zwischen Zuschauern und den Emotionen, aber auch in den Informationen der Geschichte.

Dabei geht man im Storytelling davon aus, dass dieser Held durch verschiedene Protagonisten besetzt werden kann.

Zum einen kann das das Unternehmen sein. Bei dieser Herangehensweise ist allerdings eine gewisse Vorsicht angemessen, weil eine zu selbstverliebte Darstellung eines Unternehmens bei den Kunden eher Skepsis erzeugt. Das wäre »altes Marketing«.

Allerdings erzählen ja nicht Unternehmen Geschichten, sondern Menschen hinter den Unternehmen. Meistens ist es ein vermitteltes Erzählen, bei dem beispielsweise ein Verkäufer berichten kann, dass er Teil dieses Unternehmens ist.

Er kann beispielsweise davon erzählen, wie dieses Unternehmen die große Aufgabe angenommen hat, drängende Probleme seiner Kunden zu lösen. Weil das Unternehmen seinen Vertreter als begeistertes Testimonial vorschickt, wirkt das automatisch seriöser und sogar weniger selbstverliebt. Aber ein wenig bleibt es doch ein Problem, dass auch dieser Mitarbeiter nicht unvoreingenommen über sein Unternehmen berichten wird.

Deswegen wird auch gern das Stilmittel benutzt, den Kunden in den Geschichten zum Helden zu machen.

So erzählt man als Unternehmen etwa Best-Practice-Beispiele:

»Unser Kunde Max Müller konnte aufgrund unserer Beratung folgende Vision für sich erfüllen … geholfen hat ihm dabei die besondere Herangehensweise unseres Unternehmens, bei der wir mit unseren Produkten beste Ergebnisse gewährleisten konnten.« Das ist die Hauptaussage und zugleich der Erzählstrang dahinter.

Protagonisten, die sehr gut in einer Heldengeschichte auch über ihre eigene Person schreiben können, sind in der Regel Freiberufler, Solo-Selbstständige und Dienstleister, die Kunden direkt begegnen und damit auch als direkte Identifikationsfigur taugen.

Wenn die Geschichte gut erzählt ist, dann bietet auch die Geschichte des eigenen Heldentums eine hervorragende Ausgangssituation, die Sichtbarkeit für die Botschaft beim Kunden zu verankern. Natürlich gilt auch dort der Hinweis, dass eine zu selbstverliebte Heldengeschichte hinterfragt werden wird.

Deswegen ist es ein häufig wiederkehrendes Element gerade solcher Geschichten, dass sie auch von Scheitern und Herausforderungen handeln. Insbesondere viele Coaches, Berater und Mentoren erzählen gerne von solchen Geschichten, bei denen sie selbst auf Hindernisse getroffen sind. Den Kunden gegenüber haben solche Geschichten sofort gute Chancen, als ehrlich und authentisch wahrgenommen zu werden.

Werbung, bei der sich das Unternehmen oder der Anbieter selbst beweihräuchert, unterliegt dem Verdacht der positiven Übertreibung. Wer aber von eigenen Herausforderungen, Rückschlägen, Scheitern und Wiederaufstehen erzählt, wird häufig als glaubwürdiger wahrgenommen.

Daher noch einmal deutlich: Auch das sind erzählerische Klischees. Diese lassen sich aber von außen betrachtet viel klarer zuordnen und wirken daher viel stereotyper und einfacher zu durchschauen, als wenn sie in einer guten Geschichte ihre volle Wirkung entfalten.

Wir können nur klar vor der Fehleinschätzung warnen, dass Kunden solche Geschichten nur deshalb nicht gerne aufnehmen würden, weil sie aus der Metaperspektive durchschaubar wirken. Jeder Mensch erlebt solche Geschichten, und wenn sie präsentiert werden, entfalten sie auch ihre Wirkung – selbst wenn man die Hintergründe gut kennt.

Diesen Effekt bezeichnen die Medienwissenschaften als »Double-Knowledge«. Es ist klar, dass Inhalte in einem Spielfilm oder Roman fiktiv sind, dennoch wirken sie spannend oder emotional berührend. Und auch bei Geschichten wissen die Zuschauer häufig, dass sie nicht wirklich rational empathisch eintauchen, suchen das aber gerade trotzdem. Daher liest man gern im Urlaub einen Kriminalroman oder eine

»Herz-Schmerz-Geschichte«, weil dort so wunderbar eskapistische Erzählungen aus dem Alltag entführen.

Damit wäre es ein unternehmerischer Nachteil, diese Grundstrukturen von Geschichten nicht zu kennen, zu nutzen und an sie zu glauben. Man muss sie nur zu seinen Geschichten machen und zusätzlich Relevanz und Autorität in diesen Geschichten versammeln.

Wenn Scheitern und Helden in Geschichten zusammenkommen, dann findet man dort häufig Antihelden. Das sind entweder ungeschickte, tollpatschige Typen, die aber zum Sympathieträger taugen, oder Robin-Hood-Typen, die das Gesetz brechen, um ihre allerdings ehrenwerten Ziele zu erreichen.

Elon Musk ist so ein Antiheld, der Mitbewerber in Bedrängnis bringt, weil er beispielsweise Zulieferer kauft, die eine ganze Branche beliefern, und dann alleine die Produkte nutzt – sehr zum Nachteil der anderen, aber zum Vorteil seiner Ziele, die Branche aufzumischen.

Denn wichtiger als die reine Weste der Helden, die auch mal scheitern und Ecken und Kanten haben dürfen, ist, dass sie Ziele erreichen, die mit denen der Kunden übereinstimmen.

Geschichten brauchen Ziele: »Was«

Wenn die Helden einer Geschichte scheitern, dann ist das also durchaus akzeptiert und legitim; es trägt unter Umständen sogar die Authentizität. Wichtig ist, dass dieses Scheitern ebenso wie der Erfolg auf dem Weg zu einem klaren Ziel geschieht. Scheitern und Erfolg sind ja überhaupt nur denkbar mit einem Ziel. Das Ziel wurde in einer solchen Geschichte klar beschrieben und dann erreicht – oder eben verfehlt.

Eine Sache wird sofort klar: Die Geschichte sollte am besten ein »Happy Ending« haben. Scheitern ist in Ordnung, sollte aber nicht das Endergebnis sein. Untauglich ist eine Heldengeschichte, die sinngemäß aussagt, dass der Held das Ziel schon durchaus fest im Blick hatte, aber schlussendlich keinen Weg gefunden hat, es zu erreichen.

Schon bei fiktionalen Formaten wie der Tatort-Reihe im Fernsehen mögen die Rezipienten das nicht: Von über 1 000 Fällen wurde dort nur eine Handvoll von Fällen nicht geklärt – offenbar können sich solche Geschichten nicht etablieren.⁹

Klar muss daher auch mit Blick auf die Sichtbarkeit von Unternehmen sein: Die Kunden verlangen ein eindeutiges Ziel der Geschichten, die erzählt werden, auch weil sie das so gewohnt sind. Nicht nur mit dem Helden der Geschichte, sondern auch mit dem Ziel wollen sich die Kunden identifizieren. Dieser Held hat sich eines Themas angenommen, das auch für den Kunden ein großes Problem beschreibt. Und dieses Problem hat der Held gelöst. Diese Parallele zieht die Rezipienten förmlich in eine Geschichte hinein. Sie wollen wissen, wie der Held die Herausforderung gemeistert hat. Aus Sicht der Unternehmen sollen sie dem Helden dann ja nacheifern: mit dem Kauf des Produkts.

Wir schließen gerne vom Kleinen aufs Große. »Pars pro Toto« – ein Teil fürs Ganze nennt man das in der Rhetorik und zeigt den Wunsch, Dinge zu verallgemeinern. Das tun Menschen aus Gründen der Effizienz und Bequemlichkeit. Weil diese Ableitung dabei auch falsch erfolgen kann, macht sie manchmal menschliches Zusammenleben schlicht unfair – wenn sie etwa in ebenso praktischen wie manchmal falschen Vorurteilen münden – und erfordert bei den Werbetreibenden eine gewisse moralische Integrität.

Kunden leiten auch gerne zielsicher aus einer Geschichte ein solches Pars pro Toto ab – und denken, dass das, was für sie einmal gut funktioniert, dann auch häufiger oder immer so ist. Wenn man den gleichen Menschen zehn Beispiele von Kunden zeigt und sagt, dass nur zwei davon gescheitert sind, dann fangen die Leute an, sich Sorgen zu machen, ob ihnen das Gleiche widerfahren könnte. Wenn die Geschichte aber moralisch einwandfrei ist, können Unternehmen sich diese Kraft der Geschichten entsprechend der spannenden Umkehrung der Skepsis der Kunden durchaus zunutze machen und damit für beide Seiten das bestmögliche Ergebnis erreichen.

Das Scheitern als Stilmittel funktioniert also in Bezug auf Ziele, es darf aber immer nur eine Verzögerung bedeuten, um Authentizität und Glaubwürdigkeit zu stützen. Niemand braucht ein Produkt, mit dem man ein Ziel nur *fast* erreichen kann.

Geschichten führen zum Produkt: »Wie«

Wir haben im bisherigen Verlauf schon festgestellt, dass Kunden sich von Produkten so einiges versprechen. Ein Produkt ist Orientierung, Problemlösung und auch Abkürzung. Ihr Produkt ist damit das »Wie« – und das kann ganz am Ende der Geschichte eingebunden werden. Einer guten Geschichte folgt daher ein Produktkauf automatisch – selbstverständlich nur dann, wenn Relevanz und Autorität hinzutreten. Dass Geschichten ausschließlich eine Trägerfunktion haben, hatten wir schon aufgezeigt.

Kunden stehen vor Herausforderungen, die sie selbst nicht oder nur mit großem Aufwand bewältigen können. Letztlich kann man sagen, dass ein Produkt an genau diesem Punkt überhaupt nur eine Chance hat. Wenn der Anbieter herausstellen kann, dass er das Problem des Kunden lösen kann, dann hat das für den Kunden einen Wert und ist relevant.

Wenn der Anbieter zu vermitteln vermag, dass er dies sogar besonders zuverlässig und schnell lösen kann, dann ist der Kunde wahrscheinlich sogar bereit, mehr dafür zu bezahlen. Und wenn dann noch das Problem groß genug ist, dann multiplizieren sich diese Faktoren zu einem hohen Preis für die Lösung, die das Unternehmen in seinen Produkten und Dienstleistungen manifestieren kann.

Die Lösungen sind in Geschichten nicht wegzudenken; das »Wie« ist damit recht kurz zu erzählen.

Gute Geschichten sind vor allem kurz!

Geschichten nutzen gerne und ausführlich Stereotype, Vorher-nachher-Vergleiche, Träume, Visionen und etliche weitere erzählerische Stilmittel, um ihre Zuschauer mitzunehmen – vielleicht bei einem Shakespeare-Drama etwas kunstvoller, aber gemessen an der Überzeugungskraft nicht zwingend erfolgreicher. All das sind Formen von Bildern und Visualisierungen.

Im Übrigen ist diese Funktion des menschlichen Gedächtnisses schon sehr alt, auch in der Steinzeit wurden Wissen und Information am besten mit Geschichten überliefert. Und schon damals fanden sie ihren zeitlosesten Niederschlag in Bildern. Höhlenmalereien aus der Steinzeit, in der ein paar Jäger ein Mammut erlegen, sind eine Sammlung solcher Geschichten.

Dort sind in ikonischer Darstellung meist die Jagdbeute und mehrere Jäger abgebildet. Das alleine hat einen Informationswert. Um ein Mammut zu erlegen, bedurfte es mehrerer Jäger. Die Jäger haben Speere und große Felsen benutzt und sich um die Tiere versammelt, das war die Geschichte einer erfolgreichen Jagdstrategie. Wer muss wie handeln, um was zu erreichen? Und diese Informationen in einer Zeichnung einer Höhlenwand zu speichern muss aus heutiger Sicht als genialer Schachzug gewertet werden. So konnte die Information eindringlich jedem Jagd-Novizen nahegebracht werden, ohne dass er sich gleich in die gefährliche Situation der Jagd bringen musste. Und getragen von diesem Bild war die Information gleichsam eingängig wie gut zu merken. Die einzelnen Elemente haben dabei vereinfachenden, wiedererkennbaren und damit ikonischen Charakter bekommen – ein Mammut aus einer der berühmten Höhlen etwa in Südfrankreich erkennt man bis heute wieder – und sie sehen sich meistens ziemlich ähnlich.

> Es ist ein vereinfachendes Muster eines Mammuts, das dort genützt wird. Auch die Menschen, die dort abgebildet sind, entsprechen fast heutigen Strichmännchen und haben auch damit eine mehr als ikonische und dauerhaft gültige Funktion als Informationsspeicher angenommen.
> Vor allem ist die Geschichte: kurz!

Weil diese Zeichnungen und Muster in Geschichten aber so einfach sind, übernimmt der Betrachter den Rest. Wenn eine Beauty-Bloggerin Vorbild ist und die Zuschauerin ihr nacheifern möchte und jene ein bestimmtes Produkt empfiehlt, dann liegt die Konsequenz doch in dieser Lücke, die ich als Follower selbst fülle: Ich muss das Produkt verwenden.

Mit diesen Figuren haben sich die Betrachter seit jeher identifiziert. Vereinfachende Muster boten sich an, um sich in deren Lage zu versetzen.

Die kurze Story beantwortet kurze Fragen: Wie begegnet man einem Mammut und was ist zu tun, wenn man einem solchen begegnet? Wie erreicht man das Ziel, es zu einer lebensnotwendigen Mahlzeit zu machen, ohne selbst zu Schaden zu kommen?

Man kann sich gut vorstellen, wie anhand dieser einfachen Zeichnungen auch eine Geschichte erzählt werden konnte, die diese Fragen beantwortet und sich einprägt. Solche Stereotype sind heute genauso in Gebrauch: Erfolg, Glück, Reichtum, Liebe, Sicherheit, Fülle, Partnerschaft, Familie, Abenteuer beispielsweise. Diese großen Erzählmuster funktionieren immer erstaunlich gut. Und die Menschen sind mit wenigen, dafür aber einfachen Mustern zufrieden, mit denen sie sich auskennen: »Schauen wir heute Abend einen Krimi oder einen Liebesfilm?«

Vielleicht haben auch Sie jetzt ein Höhlenmalerei-Bild dieser Mammutjagd aus der Steinzeit vor Augen gehabt? Das ist die Kraft der Bilder und Geschichten. Heute wie damals.

Warum sollen Geschichten kurz sein? Kunden können nicht allzu viel Zeit investieren, um skeptisch zu sein. Sie suchen eine Orientierungsfunktion und Anhaltspunkte, um sich gegenüber einem möglichen Fehler abzusichern. Sie wollen auf dem schnellsten Wege entscheiden können, dass sie mit diesem Produkt oder dieser Dienstleistung das Richtige tun und ihr Problem optimal und mit bestem Preis-Leistungs-Verhältnis lösen können.

Viele Gründe, ein Kauf: Der Nachteil des gut informierten Kunden

Unternehmen können sich nicht immer darauf verlassen, dass es ihnen gelingt, das konkrete Kundenbedürfnis exakt zu benennen – auch deshalb sollten sie unbedingt Geschichten berücksichtigen, wenn sie verkaufen wollen.

Offensichtlich können Unternehmen in der Werbung nur noch sehr eingeschränkt darauf zurückgreifen, Kunden gegenüber gute Argumente für den Kauf schlicht aneinanderzureihen, damit sie dann auf Basis dieser Behauptungen die Entscheidung für das Produkt treffen mögen. Es ist nicht sichergestellt, dass die Kunden die reinen Unternehmensfähigkeiten beachten, wenn sie über einen Kauf nachdenken oder die Werbung eines Unternehmens betrachten.

Vielmehr ist es so, dass Kunden unterschiedlichste Entscheidungen bei der Auswahl eines Produktes oder einer Dienstleistung treffen, die letztlich den Verkaufserfolg ausmachen oder eben nicht. Und sie nutzen die unterschiedlichsten Kanäle, auf die sich diese Entscheidungen stützen.

»Unterschiedlichste Entscheidungen« ist aber ein gefährliches Marketingziel, denn es ist vage. Und dieses unpräzise Ziel beschreibt die Unsicherheit vieler Unternehmen, die ein Produkt für einen Markt entwickeln, den sie nicht klar genug lesen können und bei dem sie sich fühlen, als würden sie im Nebel stochern.

Viele Unternehmen und Freiberufler können sich die Eigenschaften ihres eigenen Produktes hervorragend merken. Sie haben sie schließlich bis ins Detail durchdrungen und sind von den Vorteilen, die sich an vielen Attributen festmachen lassen, begeistert. Und dann erleben sie ihre Kunden, die diese Begeisterung aus nicht nachvollziehbaren Gründen nicht zu teilen scheinen. Die Unternehmen wissen, dass dieses Produkt eines der brennendsten Probleme ihrer Kunden lösen kann. Es kann es im Zweifelsfalle sogar besser lösen als alle anderen Produkte des Wettbewerbs. Und dennoch interessieren sich die Kunden vielleicht gar nicht allzu sehr für das Produkt oder noch schlimmer: Sie kaufen das zweitklassige Produkt der Konkurrenz.

Folglich muss man sich der Erkenntnis stellen, dass Kunden heute eben nicht mehr mit einfachen Fakten zu überzeugen sind. Und mit mehr Fakten sind die Kunden manchmal noch schlechter zu überzeugen. Sie suchen sich vielmehr die Anknüpfungspunkte zu einem guten Stück weit selbst aus der Sichtbarkeit der Unternehmen heraus.

Darüber hinaus orientieren sich Kunden heute zunehmend an emotionalen und weniger an rationalen Aspekten, bevor sie ihre Kaufentscheidung treffen. Diese Entscheidung ist also keine einfache »Wenn-dann«-Abfolge, bei der aus einer rationalen Kausalität folgend ein Kauf entsteht. Hingegen muss er eher als eine Kette gedacht werden, bei der zunächst zwar die rationalen Attribute des Produkts betrachtet werden, dann aber weitere, emotional aufgeladene Gründe ausschlaggebend sind. So entsteht eine Kette an Entscheidungen, die im Übrigen noch viele Verzweigungen kennt, die einen Kauf attraktiv machen.

Die Kunden betrachten vielleicht Attribute eines Produkts und interpretieren diese vor ihrem eigenen Wertehorizont, den sie aus Vergleichen mit anderen Produkten, aus vermeintlich objektiven Quellen, aus Erfahrungen und moralischer Aufladung bilden.

Es ist nicht:

Wenn der Kunde eine Bohrmaschine mit 1250 U/min benötigt, dann kauft er diese Bohrmaschine, denn sie läuft mit 1250 U/min!

Sondern vielleicht:

Wenn dem Kunden die Bohrmaschine sichtbar wird und er diese dann vergleicht und sie seinen Ansprüchen genügt und ein Freund diese Maschine auch hat und empfiehlt und das Unternehmen unter Handwerkern genügend Renommee hat und der Kunde gelesen hat, dass die Herstellerfirma nun auch nachhaltig arbeitet und der Griff bei Stiftung Ökotest durch wenige Weichmacher positiv aufgefallen ist … dann kauft er … vielleicht.

Die rationalen Attribute eines Produkts müssen erkennbar und für den Kunden relevant sein. Die Konsequenzen eines Produktattributes, die der Kunde daraus für sich zieht, bilden dann aber die viel spannenderen, häufig emotionalen »Ziele«, die der Kunde aus den Produkteigenschaften für sich ableitet – und die können individuell sehr verschieden sein.

Kaum jemand kauft eine Bohrmaschine, weil er die Bohrmaschine so optisch ansprechend oder attraktiv findet. Aber viele sehen einen guten Nutzen darin, bei Bedarf ein Loch in die Wand bohren zu können. Das ist ein Ziel, der klare Kundennutzen, der allerdings in diesem Fall noch sehr auf den Attributen, also den technischen Möglichkeiten des Produkts und seinen Eigenschaften, aufbaut. Ob die Bohrmaschine das Loch dabei mit 1000 U/min oder 1250 U/min bohrt, spielt für den durchschnittlichen Kunden in der Kaufentscheidung vermutlich kaum eine Rolle.

Diesen faktischen Kundennutzen haben die Hersteller von solchen Maschinen mit Sicherheit gut im Blick und können ihn auch mit Datenblättern oder Angaben auf der Verpackung der Bohrmaschine unterstreichen.

Aber selbst bei so einem profanen Werkzeug wie einer Bohrmaschine wird es schnell unübersichtlich. Dann kaufen vielleicht Hobby-Handwerker, die zwei- oder dreimal im Jahr ein Loch in die Wand bohren, eine Profibohrmaschine, die durch besonders hochwertige Lager und Motorenteile nicht 10 000, sondern 100 000 Löcher bohren kann, bevor sie kaputt geht. Aus rationaler Sicht gibt es für diese Kaufentscheidung allerdings wenig Grund. Vielmehr hat die Nutzung dieses Profigerätes einen *nicht* direkt ableitbaren Kundennutzen. Der Kunde kann vielleicht vor seinem Nachbarn damit glänzen, dass er eine so hochwertige Maschine nutzt. Oder er freut sich schlicht im Stillen und bohrt seine drei Löcher im Jahr viel motivierter, weil er »wie ein Profi« bohrt. Das ist dann bereits ein Wert, der kaum direkt an Produktattribute anknüpft.

So bilden sich schnell »weichere« Faktoren ab, beispielsweise die psychologischen Konsequenzen des Kaufes. Der Kunde erfreut sich an dem entstandenen ideellen Kundennutzen, er teilt diesen und fühlt sich dadurch besser. Kunden kaufen selten Produktattribute, sie kaufen Ideen, Emotionen und Visionen. Diese Werte sind aber eher Teil einer größeren Geschichte.

Die Werbespots der Firma Hornbach haben hier ein ganzes Werte- und Ideenuniversum geschaffen. Unter starken Claims wie: »Mach es zu deinem Projekt« treten ikonische Handwerkertypen in den Werbespots auf. Im Holzfällerhemd mit Vollbart, teilweise freiem Oberkörper arbeiten sie archetypisch gezeichnet, kraftvoll und martialisch – natürlich mit Werkzeugen – an ihrem Projekt.

Das sind überzeichnete Typen und genau das sollen sie sein. Sogar Stereotypen. Damit sind sie fast wie die Höhlenmalereien auf Grundmuster reduzierte Ikonen, treten dabei in starken Geschichten auf. In einem solchen Werbespot wird allerdings kein einziges Produktattribut genannt, sondern es wird einfach eine Geschichte erzählt. Die Geschichte von Männern, die ein Ziel erreichen, die dabei auf Herausforderungen treffen und all ihre Kraft und Fähigkeiten sowie hilfreiche Werkzeuge einsetzen müssen – auch das sind Helden.

Sichtbarkeit in Geschichten und Produktentwicklung sollten von Beginn an gemeinsam gedacht werden

Letztlich wird das Ende der Kaufentscheidungskette häufig durch Kernwerte des Kunden gebildet, die dieser aus dem Produkt heraus gestärkt fühlt. Es gibt ihm bei manchen Entscheidungen starken emotionalen und psychologischen Auftrieb, das Produkt genutzt zu haben. Diese Kernwerte haben aber häufig nur einen mittelbaren Bezug zu den Produktattributen. Deswegen ist es eine gefährliche Entscheidung, zu sagen, dass man zunächst die Produktattribute bedenkt, entwickelt und optimiert und später, wenn das Produkt erstellt ist, schaut, wie es denn in die Sichtbarkeit gelangen könnte.

Ein gutes Beispiel einer solchen Kette von Attributen und damit über mehrere Zwischenüberlegungen verbundenen Zielen ist der Kauf eines Elektrofahrzeuges: Ein Kunde ist durch die Presseberichterstattung aufmerksam geworden und auch in seinem Bekanntenkreis wird dieses Thema neuerdings heiß diskutiert. Das Thema »Elektromobilität« ist also sichtbar geworden. Nun zieht der Kunde in Betracht, ein Elektroauto zu kaufen. Stellt man sich vor, dass dieser Kunde auf der nächsten Familienfeier auf jemanden trifft, der sich vor Kurzem ein Elektrofahrzeug gekauft hat, dann geschehen häufig interessante Dinge:

Schnell sucht der E-Interessent das Gespräch mit einem E-Fahrer. Wer eine solche Situation schon einmal beobachtet oder miterlebt hat, der wird wissen, dass eine Frage mit fast unausweichlicher Sicherheit kommt: »Wie weit kommst du denn mit deinem Fahrzeug?« Das ist eine Frage nach einem Nutzen und keine technische Produkteigenschaft, kein Attribut. Gerade bei den boomenden Elektrofahrzeugen haben viele Menschen noch viel weniger Zugang zu genau diesen technischen Attributen. Konnte man früher noch eine gute Einordnung zu seinem Fahrzeug geben, indem man beispielsweise einen Verbrauch von 8 Litern Benzin auf 100 Kilometer angab, so hat heute noch kaum jemand eine Ahnung, ob 20 Kilowattstunden auf 100 Kilometer viel oder wenig Verbrauch darstellen. Die Frage nach der Reichweite kommt hingegen sicher. Sie ist ein bereits aus den Attributen abgeleitetes Ziel, für den Kunden ein klarer Nutzen. Allerdings noch ein naheliegender, abgeleiteter Nutzen.

Für den Gesprächsteilnehmer, der sich bereits für ein Elektrofahrzeug entschieden hat, entstehen nun sofort höhere Werte und Nutzen, die er bisher kaum registriert hat: Als Fahrer eines solchen Fahrzeuges kann er sich an diesem Gespräch beteiligen und erweist sich als interessanter Gesprächspartner, bekommt Aufmerksamkeit und Status. Er kann sogar gewisses Expertenwissen für sich reklamieren und gewinnt Autorität in diesem Thema. Allein das ist für den Elektroautofahrer bereits ein interessantes Ziel, das die Ingenieure des Fahrzeugs vermutlich nicht im Auge hatten. Ein Hersteller wird wohl kaum argumentieren: Kaufen Sie unser neues Elektrofahrzeug, dann sind Sie der Mittelpunkt jedes Gesprächs über Elektrofahrzeuge. Und trotzdem kann das ein Motiv für den Kunden sein, ein starkes sogar!

Genau deshalb, weil Entwicklungsteams kaum so weit denken, leisten sich Automobilhersteller ja eine Ingenieursabteilung *und* eine Marketingabteilung (und eine Designabteilung und viele mehr). Selbst die Marketingabteilungen tun sich häufig schwer damit, diesen weit abgeleiteten Kundennutzen zu erkennen und in ihrem Marketing zu verankern.

Man kann mit Fug und Recht behaupten, dass viele E-Auto-Enthusiasten der ersten Stunde auch deswegen ein Elektroauto kaufen, weil sie dann an Gesprächen teilnehmen können, weil sie als »Early Adopter« wahrgenommen werden und das ein gewisses Renommee verspricht. Und weil sie von anderen vielleicht aufgrund ihrer Expertise in diesem Bereich geschätzt werden. So verspricht das E-Auto, ein positives Image auf den Fahrer zu übertragen.

Den Unternehmen ist natürlich durchaus bekannt, dass diese Zusammenhänge bestehen. Es ist falsch, zu denken, dass die Marketingabteilungen nur die Ergebnisse der Tätigkeit der Ingenieure in verständliche und nutzerorientierte Verkaufsbotschaften kleiden sollten. Selbst Unternehmen wie Automobilhersteller haben allerdings durchaus unterschiedlich gute Wege zu dieser Anschlussfähigkeit für den Kunden in Geschichten gefunden.

So haben manche Fahrzeuge der Marke Tesla in der Konfiguration ihres Fahrzeugs einen sogenannten »Ludicrous Mode«, den »aberwitzigen Fahrmodus«. Dieser ist nicht etwa ab Werk immer freigeschaltet, sondern muss durch den Fahrer noch einmal in den Menüs eingestellt werden. Neben dem überraschend agilen Fahrerlebnis in diesem Modus ist allein die Benennung eine klug gesteuerte Handhabe für den stolzen Tesla-Fahrer, einen Nutzen seines Fahrzeuges mit einem kraftvollen Prädikat zu veranschaulichen. Und dann ist »aberwitzig« bewusst und vermutlich besser gewählt als eine technische Beschreibung wie »Höchstleistung«.

Hier wird klug vom anderen Ende der Kette aus Produkteigenschaften und den Ableitungen der Kunden gedacht, was einen klaren Verkaufserfolg brachte – zumindest gibt es reichlich Videos etwa bei YouTube, die zeigen, wie Kunden genau diesen Modus stolz den Mitfahrern und der YouTube-Gemeinschaft präsentieren.

Tesla hat für diese Videos vermutlich gar kein Marketingbudget investiert, aber davon profitiert, dass seine Kunden plötzlich Sichtbarkeit für das Produkt hergestellt haben. Das zeigt, wie mächtig ein gutes Verständnis der Geschichten sein kann. Es kann Druck-Marketing in Sog-Marketing wandeln, die Konsumenten zu Produzenten von Werbung für das Produkt machen und dabei Multiplikatoren der Produkteigenschaften generieren. Im Marketing spricht man dabei von »Evangelists«, treuen Botschaftern der überragenden Eigenschaften eines Produktes oder eines Unternehmens. Das ist werthaltige Sichtbarkeit.

Unternehmen sollten sich vielleicht häufiger fragen: Welches ist mein »Ludicrous Mode«? Ein eigener solcher Modus zahlt sehr in die werthaltige Sichtbarkeit ein, führt zu Evangelisten – und damit zu einem möglichen Viraleffekt der eigenen Sichtbarkeit.

Zwei wichtige Ableitungen daraus für die Sichtbarkeit: Zum einen muss es schon aufgrund der durchaus langkettigen Entscheidungsfindung des Kunden gelten, die Vorstellung einer sehr engen Verbindung von Unternehmensfähigkeiten und Kundenbedürfnissen komplexer zu denken. Es sind nicht einfach Kundenbedürfnisse, für die dann Unternehmensfähigkeiten als Produkt in die Welt treten – und schon wird gekauft.

Es ist schlicht nicht immer möglich, alle Entscheidungsgründe eines Kunden für das eigene Produkt zu erkennen. Eher unwahrscheinlich ist sogar, dass diese in den technischen Details oder den konkreten Produkteigenschaften liegen. Die Entscheidungen werden mehr oder minder komplex aus diesen abgeleitet. Umso wichtiger ist es deshalb, möglichst schnell Sichtbarkeit für das eigene Produkt – oder manchmal bereits für den eigenen Lösungsansatz – zu erreichen. Denn nur so lässt sich früh abklopfen, ob die Eigenschaften des Produktes, auf die das Unternehmen am ehesten in der Entwicklung Zugriff hat, wirklich Schnittmengen zu den Kundenbedürfnissen haben. Der Kunde wird später entscheiden, welche Eigenschaften des Produktes er wie bewertet, aber das lässt sich dann schon besser beobachten, als es vorher blind zu erraten. Und der Moment der Kaufentscheidung durch den Kunden ist die einzige Möglichkeit der objektiven Bewertung der Schnittmenge zwischen Kundenbedürfnissen und den Produkten eines Unternehmens, messbar in Verkaufszahlen oder zumindest in Interessentenzahlen.

Und da schlägt der mutige, schnelle Entrepreneur, der ein Produkt eben nicht mit letzter Perfektion zu entwickeln versucht, vermutlich so manchen ingenieursgetriebenen Profi in der Geschwindigkeit und im Gelingen seines Markteintritts sowie der Umsetzung von Marktchancen in unternehmerischen Erfolg.

Bei den allermeisten Produkten bedeutet ein erster »Product Market Fit«, der vielleicht noch hinter den Erwartungen zurücksteht, auch nicht das Ende der Entwicklung, sondern es kann erst recht auf Basis der Kundenrückmeldungen die weitere Entwicklung des eigenen Produktes betrieben werden.

Daher: Unternehmen sollten Produkte möglichst mit einem gewissen Fokus auf die spätere Sichtbarkeit entwickeln und dann schnell in die Sichtbarkeit gegenüber ihren Kunden treten.

Die zweite Ableitung muss sein, dem Kunden gegenüber Sichtbarkeit für verschiedene Anknüpfungspunkte seiner Ziele und Werte herzustellen. Es genügt eben nicht, technische Daten und Parameter eines Produktes herauszustellen. Es geht vor allem um weiche Faktoren, wie eine mögliche Verbindung des Kunden zum Produkt, eine Geschichte, die das Produkt dem Kunden erzählt und ihn gar zur Weitererzählung verführt, damit er mit diesen Elementen das Produkt seinem eigenen Ziel und Wertekonstrukt zuordnen kann.

Wenn es gelingt, nur einige wenige Kunden zu erreichen, die jedoch perfekt ihre Kundenbedürfnisse und die daraus entwickelten Erwartungen mit den Produkteigenschaften in Deckung bringen können –

und für die dieses Produkt daher die ideale Problemlösungskompetenz darstellt –, dann ist das viel wertvoller als 2 Million Follower, denen das Produkt in den 1,7 Sekunden, in denen sie es sehen, egal ist.

Sichtbarkeit muss nicht teuer gekauft werden

Reine Produktinformationen haben es also schwer in der Werbung und manchmal entsteht eine werthaltige Sichtbarkeit, indem Unternehmen einfach das Richtige tun. Dazu sind manchmal gar keine Marketingbudgets erforderlich.

Das Beispiel der mittlerweile sehr erfolgreichen Marke Tesla und ihrer fast grotesk anmutenden Börsennotierungen kann ein paar Schlaglichter auf diesen Umstand werfen. Die Marke verdankt ihren Erfolg auch der Sichtbarkeit, die sich von allen anderen Automobilherstellern weltweit unterscheidet. So findet man im deutschen Fernsehen beispielsweise gar keine Tesla-Werbespots, also gekaufte Sichtbarkeit, auch in Zeitschriften und in sonstigen klassischen Vertriebswegen ist die Marke weniger präsent als beispielsweise die etablierten deutschen Hersteller. Alle anderen Autobauer werben dagegen mit meist massiven Budgets.

Tesla hat auch viel weniger Autohäuser und teilweise werden die Autos immer noch von kleinen Hinterhofbetrieben angeboten. Noch schlimmer: Die Kommunikation von Tesla mit Journalisten gilt in der Branche als teilweise katastrophal. Und nicht mal die Qualität der Fahrzeuge kann in allen Punkten überzeugen. So wurde Tesla im Jahr 2021 zum wiederholten Male Vorletzter in einem Branchen-Qualitäts-Report von Consumer Report in den USA in der Bewertung seiner Kunden.[10] All das würde man aus klassischer Marketingsicht sicher nicht empfehlen, um zum wertvollsten Automobilhersteller zu werden. Ruhige Nächte für den Wettbewerb also, könnte man denken. Aber das ist ja nicht der Fall – Tesla ist eine der teuersten Automarken der Welt.

Die Marke Tesla hat eine ganz andere Sichtbarkeit. Diese knüpft sich wesentlich an Geschichten. Der charismatische CEO der Firma Elon Musk hat beispielsweise mit der Präsentation des Tesla-Flamethrowers für großes Aufsehen gesorgt. Stellen Sie sich vor, der CEO der Marke

Volkswagen würde auf einer Produktpräsentation plötzlich den neuen Volkswagen-Flammenwerfer präsentieren und auf der Bühne ausprobieren. Vermutlich wäre das sein letzter Auftritt in dieser Funktion. Zu Tesla passt das Produkt, weil es in eine Großerzählung eingebunden ist.

Sehr interessant auch ein weiteres Produkt der Firma Tesla, das Cyberquad, das für Kinder zugelassen ist und ihnen ein elektrisches geländegängiges Quad bietet. Einmal davon abgesehen, dass dieses Produkt ein guter Schachzug in Bezug auf eine frühe Sichtbarkeit gegenüber zukünftigen Kunden darstellen könnte, die dann eine eigene Geschichte zur Marke Tesla aus Kindertagen erzählen können und entsprechend eine hohe Bindung entwickeln mögen, bietet das Cyberquad noch mehr Stoff für Geschichten.

Tesla denkt aus Kundensicht auch an den Spaß ihrer Kinder, stolze Teslafahrer können ihren Nachwuchs an der Begeisterung teilhaben lassen, was vielleicht die Verbindung zu den Kindern stärkt. Und es schwingt ja auch mit, dass dieses Produkt für die Marke eher ein Herzensprojekt ist, das keine riesigen Gewinne produzieren wird. Es ist zugleich anarchistisch, frech und per se anders als die Konkurrenz.

Bei Tesla haben die Geschichten funktioniert und der Marke einen weiteren Push in Richtung der systemsprengenden, innovativen und manchmal gar dreisten und frechen Markenwahrnehmung gegeben, der die Kunden aber vielleicht gerade deshalb zutrauen, endlich die Wende im Energiesektor für Kraftfahrzeuge zu erreichen.

Auch das Raumfahrtprogramm von Elon Musk unterstreicht selbstverständlich solche Wahrnehmungen, in welche die Kunden und Fans der Marke dann Werte hineininterpretieren wie Innovationskraft, technischen Fortschritt und Unangepasstheit. Eine Firma, der es gelingt, der NASA und der russischen, chinesischen und indischen Raumfahrt die Führungsposition im All wegzuschnappen, hat vermutlich hinreichend technologisches, innovatives und wagemutiges Potenzial, um auch alles andere zu schaffen.

Hinter solchen Werten können sich die Kunden versammeln und aus solchen Werten können sie die Autorität der Marke ableiten – und Autorität ist ja eine der drei Leitdimensionen smarter Sichtbarkeit.

Wenn man sich genauer mit der Marke Tesla beschäftigt, dann werfen manche Zusammenhänge durchaus Schatten auf dieses Image. Die

Marke gilt keineswegs als arbeitnehmerfreundlich, ihr Chef als cholerisch und rücksichtslos. Die ökologische Nachhaltigkeit von Raumfahrtprogrammen lässt sich ebenso in Zweifel ziehen wie die Annahme, dass Fahrzeuge mit 600 PS oder Fabriken in brandenburgischen Wasserschutzgebieten besonders gute Umweltbilanzen belegen könnten. Aber all das überstrahlen die Geschichten mit ihrer Kraft und sie spielen mit Sicherheit eine übergeordnete Rolle für die allgemeine Rezeption und Sichtbarkeit der Marke Tesla.

Der Vorteil für Tesla ist: Menschen merken sich diese unangenehmen Details im Zweifel nicht allzu lange. Die Geschichten, dass hier und dort mal die eine oder andere Arbeitnehmervertretung abgelehnt wird oder dass ein paar Naturschützer vor der neuen Fabrik in Brandenburg protestieren, ist in aller Regel längst nicht so stark in ihrer emotionalen Wirkung wie die sonstigen Geschichten, die über Tesla erzählt werden.

Das vierte mächtige W:
Die Frage nach dem Sinn in der Sichtbarkeit

Es gibt ein weiteres W, das zu den drei bisher genannten Ws (wer, was, wie) hinzutritt und das innerhalb der Generation Z als besonders wirkmächtig gilt.

Dieser zusätzliche Baustein ist das Herausarbeiten des unternehmerischen »Warum«, Sinn oder »Purpose«: Warum macht ein Unternehmen das, was es macht? Wie kann das Produkt die Welt verbessern?

Der Autor Simon Sinek behauptet in seinem Buch *Finde Dein Warum*[11], dass Kunden bei Unternehmen immer das »Warum« kaufen. Kunden sollen weniger das Produkt eines Unternehmens kaufen und nicht einmal seine nachgelagerten Attribute, sondern nach Sinek kaufen Kunden etwas, das nur noch sehr lose mit den eigentlichen Produktattributen verknüpft ist.

Diese Aussage ist eine Zuspitzung aller Zweifel, die wir bisher an die einfachen Zusammenhänge von Produktnutzen und Kauf, von Unternehmensfähigkeiten und Kundenbedürfnissen sowie von Unternehmenskommunikation und Marktchancen geknüpft haben.

Aber warum beschreiben Unternehmen dann nicht einfach ihr Warum? Die Antwort ist so einfach wie erschreckend: Die meisten Unternehmen kennen ihr »Warum« gar nicht.

Unternehmen fällt es in der Regel noch recht leicht, zu erklären, was sie tun. Schließlich ist das ihr Kerngeschäft. Firmen produzieren bestimmte Dinge, Dienstleister lösen bestimmte Probleme für ihre Kunden und Berater erbringen bestimmte Beratungsleistungen in einem Fachgebiet.

Die größte Lücke haben Unternehmen aber meistens beim Warum. Warum produzieren sie Schrauben? Warum sind sie Energieberater geworden? Warum haben sie eine Reinigungsfirma gegründet? Warum sollte man bei ihnen kaufen? Warum sind sie besser als andere? Warum sind sie teurer als der Wettbewerb?

Man sieht das häufig auf den Webseiten von Unternehmen oder Dienstleistern. Dort wird den Fragen wer, was und wie viel Raum gegeben. Unterseiten und Überschriften wie »unser Unternehmen«, »Team«, »Unternehmensgeschichte«, »Portfolio«, »Unser 3-Schritte-Beratungsprozess« und viele ähnliche Inhalte beschreiben die drei Ws häufig sicher und ausführlich.

Das Warum fehlt allerdings meistens gänzlich.

Sir Richard Branson ist ein sehr bekannter Unternehmer. Gestartet ist er mit einem erfolgreichen Musiklabel, später gesellten sich viele weitere Unternehmen hinzu. Bekannt ist er vor allem auch für seine Fluglinie. Man könnte Branson also auch als Chef eines Plattenlabels oder einer Fluglinie bezeichnen. Googelt man ihn jedoch und schaut dabei auf die Bildersuche, dann tritt Branson völlig anders auf als beispielsweise der Chef der deutschen Lufthansa. Letzterer erscheint auf fast allen Bildern mit Anzug und Krawatte, seriös und so, wie man sich klischeemäßig einen Unternehmensvorstand vorstellt.

Branson erscheint im Raumfahrtanzug an Bord einer seiner Raketen, fallschirmspringend oder in anderen abenteuerlustigen Situationen.

»Screw it, let's do it!«

Dieses Zitat stammt von Richard Branson. Auf Deutsch bedeutet es soviel wie: »Na und, lass es uns tun!« – es lässt sich aber auch noch verwegener übersetzen. Was Richard Branson und sein Unternehmen Virgin von vielen anderen Unternehmen unterscheidet, ist, dass sie sich einer bestimmten Mentalität und einem Unternehmensmotto verpflichtet haben, das sie auch klar nach außen leben. Richard Branson ist bekannt dafür geworden, dass er häufig neue Unternehmungen gründet.

Branson hält mehrere Weltrekorde in sportlichen Disziplinen, ist für exaltierte Aprilscherze bekannt – so hat er einen als UFO geformten Heißluftballon über London fliegen lassen – und berichtet in vielen Geschichten, Interviews und Formen der Unternehmenskommunikation von seinem Ansatz, eine Unternehmung immer wieder gerne mit dem Anspruch zu starten, Wellen in dieser speziellen Branche zu schlagen. Oder er erzählt von seinen Unternehmensgründungen in neuen Nischen – und damit auch erfolgreich gewesen zu sein.

Tritt dieser Erfolg dann einmal nicht ein, dann gehört es zu seiner Unternehmensphilosophie, darüber nicht zu verzweifeln, sondern mit mindestens dem gleichen unternehmerischen Mut neue Abenteuer anzugehen. Dass er dabei häufig sehr erfolgreich ist, baut seinen Nimbus mit auf. Branson gilt als wagemutiger Macher, der überdurchschnittlich häufig seine Ziele erreicht.

Hinter diesem Warum versammeln sich großartige Identifikationsmöglichkeiten, nämlich nicht zuletzt mit einem charismatischen Unternehmenschef, der die abenteuerlustigen Ziele der unterschiedlichen Unternehmungen auf eine besondere Art verfolgt. Die Fragen Wer, Was und Wie knüpfen an das Warum an, aber ganz leicht und selbstverständlich. Insbesondere das Warum von Richard Branson oder anderen erfolgreichen Firmen – bei Apple war es lange »Think different« – steht stellvertretend für die Idee, mit seiner Firma mutig andere Firmen und ganze Branchen herauszufordern.

Apple hat die Handyindustrie mit seinen Produkten destruktiv aufgemischt. Solche Firmen binden damit bestimmte Werte an sich, die ansonsten kaum in ein Marketingversprechen zu kleiden wären: Innovationskraft, Abenteuerlust, Aufbruch, Höchstleistungen.

Prada Re-Nylon beantwortet die Frage nach dem Warum

Der Luxusmodehersteller Prada hat vor einiger Zeit eine Initiative in der eigenen Produktion gestartet, den Einsatz von Nylonfasern durch nachhaltigere Produktion zu verbessern und dem Kunden das »Warum« zu erzählen: eine nachhaltigere, gesunde Welt. Das ist aus Perspektive der Sichtbarkeit nicht ungefährlich und deshalb eine Betrachtung wert.

So ist der Begriff der Nachhaltigkeit schon deshalb komplex, weil er einerseits von Unternehmen immer wieder gebeugt und gedehnt wird. Trotz oder gerade wegen eines weiten Definitionsspielraumes ist es ein gerne behauptetes Qualitätsmerkmal geworden, nachhaltige Produkte zu produzieren, die diesen Anspruch je nach Genauigkeit und Parametern der Prüfung längst nicht immer halten können.

Zum anderen ist Nachhaltigkeit ein sehr zeitgeistiger Begriff. Er verspricht Marketingvorteile in einer Zeit, in der die Kunden ökologische Gewissenhaftigkeit zu einem Faktor ihrer Kaufentscheidung erheben.

Die Marke Prada steht für Mode-Luxusartikel und diese sind in der Regel in der stereotypen, vereinfachenden Sicht eben nicht verdächtig, besonders nachhaltig zu sein. Luxus wird eher mit Verschwendung assoziiert, Mode überhaupt mit der Wegwerfgesellschaft und Produktionsbedingungen, die der Kunden kritisch sieht. Das könnte ein gutes Beispiel falschen, weil unehrlichen Marketings sein, das sich gegen die Marke wendet.

Anhand solcher Produkte, die sich zeitgeistige Labels anheften und damit um Kunden werben, entstehen häufig interessante Reibungsflächen zwischen Markenkommunikation und Kundenwahrnehmung. Das hat insbesondere etwas damit zu tun, dass die Kunden heute immer weniger Markenopfer sein wollen und immer mehr zu mündigen Analysten des Marketings und der Marken werden.

Prada ist für diesen Spagat eine Partnerschaft mit dem Textilgarnhersteller Aquafil eingegangen und hat begonnen, ein regeneriertes Nylongarn, das aus im Meer gesammelten, recycelten und gereinigten Kunststoffmaterialien, Fischernetzen und Textilfasern hergestellt wird, produzieren zu lassen. Das klingt verdächtig nach »Green-Washing«, jenem Phänomen, bei dem Unternehmen sich einige wenige Merkmale nachhaltigen und ökologisch verantwortlichen Verhaltens besonders groß auf die Fahne schreiben und sich damit erhoffen, von den Kunden entsprechend eingeordnet zu werden.

Darin liegt für die Marke durchaus eine Gefahr. Einige Modemarken haben sich mit eigenen schwachen Labeln für Nachhaltigkeit, die dann deutliche Kritik von Umweltverbänden und Verbraucherschutzorganisationen erfahren haben, geschadet. Wenn Prada nun einen ähnlichen Weg geht, dann geht damit eben auch die Gefahr einher, Sichtbarkeit für kritikwürdige Produkteigenschaften zu erzeugen – und der Aufwand würde sich gegen das Marketing des Unternehmens wenden. Damit aber würde diese Sichtbarkeit nicht hochwertig, sondern liefe Gefahr, toxisch zu werden.

Ein Luxusartikelhersteller mit nachhaltigem Label könnte ein Beispiel fehlgeleiteten Marketings sein. Prada macht allerdings einiges richtig auf diesem gefährlichen Feld.

Interessant ist zunächst einmal die Konsequenz, mit der die Firma Prada den Einsatz der neuen Werkstoffe umgesetzt hat. So hat Prada es zum Ziel erklärt, alle Nylonfasern im Unternehmen zukünftig durch diese Recyclingfaser zu ersetzen. Es hätte schließlich auch eines oder wenige Produkte geben können, die dieses Material in einer alternativen nachhaltigen Produktionslinie anbieten, um auch Kunden anzusprechen, die dieses Merkmal hoch schätzen – und den anderen Kunden hätte es weiterhin egal sein dürfen. So aber wirkt diese Unternehmensentscheidung glaubwürdig und integer; das kann als Kennzeichen ehrlichen Marketings wahrgenommen werden.

Weil die Firma alle Nylonprodukte umstellen will und weil Prada durchaus einen Schwerpunkt in der Produktion solcher Produkte setzt, hat das einen tieferen Einfluss auf die Unternehmensstrukturen und spricht schon allein daher für das starke Bekenntnis zu diesem höheren Ziel und der Frage nach dem »Warum«, das mit dem eigentlichen Produktnutzen einer Tasche ja nur wenig zu tun hat.

Noch bemerkenswerter hat Prada diese Botschaft dann in einer Marketingkampagne umgesetzt. So hat man sich zunächst einmal einen starken Verbündeten in der Marke »National Geographic« gesucht. Diese renommierte gemeinnützige Gesellschaft aus den USA kümmert sich seit 1888 um die Vermittlung von Themen zur Geographie. Zu diesem Zweck werden Forscher und deren Projekte weltweit unterstützt, es wird Wissen vermittelt und nicht zuletzt steht als Aushängeschild das *National Geographic*-Magazin.

Zudem werden auch Videoproduktionen in sehr hochwertiger Form erstellt. Mit Mitarbeitern dieser Gesellschaft hat Prada begonnen, auf allen fünf Kontinenten aufwendige Filme zu produzieren, die auf die Bedrohungen der Ökosysteme und die Gefährdung von Lebensräumen hinweisen – all das unter dem Label des Re-Nylon von Prada. Protagonisten der Filme sind Schauspieler, Journalisten und auch Mitarbeiter.

Pradas Unternehmenssinn hat sich gewandelt: Die Produkte sind nun auf den »Planeten«, auf »Menschen« und »Kultur« ausgerichtet, so behauptet das Unternehmen. Prada begreift sich zugleich als »Antreiber für einen Wandel«.

Quelle: Prada.de

Damit leistet Prada eine Übererfüllung des Anspruchs, Werbung für die eigenen Produkte zu machen, welche die Kunden aber zu schätzen wissen. Anstatt 30-sekündige Werbespots für das Fernsehen zu erstellen, werden aufwendig produzierte Reportagen aus fünf Kontinenten angeboten, die zeigen, wie Nachhaltigkeit dort umgesetzt wird. Das hat manchmal einen engeren und manchmal einen weiteren Bezug zu den Produkten der Firma Prada und den Ansätzen der Nachhaltigkeit, die in den Produkten aufgehen: Recycling, die Bedrohung durch Kunststoff-Fischernetze in den Weltmeeren und vieles mehr. Die Themen sind nicht nur bequem und brechen mit der sonst mit Luxus-Mode-firmen verbundenen Welt. Das wirkt ehrlich.

Ein solch großer Aufwand lädt den Zuschauer mehr ein, Prada mit einem nachhaltigen Marken-Werte-Kern zu identifizieren, als ein billiger Hinweis in einem Werbespot: »Aus nachhaltigen Rohstoffen«.

Die Reportagen aus fünf Kontinenten sind dabei eine gute Geschichte mit mehreren Kapiteln. Interessierte Kunden, die sich mit diesem Thema auseinandersetzen und vielleicht identifizieren, können in einen kleinen Kosmos aus Information, Inhalten und Impressionen eintauchen. Und an vielen Stellen werden auch Angebote gemacht, auf ehrliche Inhalte, Autoritäten und Geschichten zuzugreifen. Die Reporter von National Geographic oder die Produzenten nachhaltiger Werkstoffe aus Slowenien, die dort agieren, sind Real-Life-Testimonials für die Werte, welche die Marke an sich knüpfen möchte.

Und die Marke kann dabei zu einem guten Stück zurücktreten, weil die Geschichte für sie erst einmal Werte transportiert.

So schreiben Sie Ihre eigene Geschichte

Die Strukturen guter Geschichten ähneln sich sehr. Unternehmer können sich daran orientieren und haben damit eine gute Richtschnur zur Entwicklung einer eigenen Geschichte.

Die Grundstrukturen wirksamer Geschichten haben wir uns schon in den bisherigen Kapiteln angesehen. In diesem Praxisabschnitt sollen diese Strukturen um interessante konkrete Anknüpfungspunkte ergänzt werden.

Eine Geschichte lässt sich in fünf Teilen aufbauen:

I. Am Anfang steht die sogenannte Exposition. Hier wird gezeigt, wer der Protagonist der Geschichte ist, wo sich die Geschichte abspielt und in welcher Zeit sie angelegt ist. In vielen Hollywoodfilmen wird am Anfang ein Hubschrauberflug über eine amerikanische Großstadt gezeigt, dann taucht vielleicht ein abgehalfterter Polizist in seinem Alltag auf und die Zeit, die sogenannte »Story-Time«, erschließt sich aus den restlichen Bildern. Wer, Wo und Wann werden hier erklärt. Hier werden zudem die Eckdaten der Geschichte etabliert, daher auch der englische Begriff für diese erste Übersichtseinstellung: Establishing Shot.

II. Daraufhin folgt dann recht zügig der sogenannte »Plot Point«. Der Protagonist wird vor eine Herausforderung oder eine Krise gestellt oder muss sich auf eine Reise begeben. Von diesem Punkt an steigert sich in der Regel die Spannung oder mindestens die Dynamik der Erzählung. Und sie wandert dabei weiter bis zu einem vorläufigen Höhepunkt. Eine Leiche wird entdeckt und der Mörder muss gesucht werden. Im Folgenden steigert sich die Handlung dann beispielsweise beim Kriminalfilm durch die Suche nach dem Täter, bei einem Drama treten vielleicht Schwierigkeiten für die Protagonisten auf, die sie von ihren Visionen abhalten.

III. Der vorläufige Höhepunkt ist eine zunächst logisch wirkende Lösung des Problems. In einem Kriminalfilm beispielsweise wird ein erster Verdächtiger gestellt. Dieser wird nach spannender Heldenreise durch den Kommissar festgenommen und es bildet sich der erste Höhepunkt, der gleichzeitig auch oft eine erste Entspannung für das Publikum bedeutet.

IV. Dann folgt klassisch eine sogenannte Verzögerung. Der festgenommene Verdächtige kann ein Alibi vorweisen und es tut sich eine neue Spur auf, die die Geschichte noch brisanter werden lässt. Die offensichtlich erste Lösung war anscheinend nicht die richtige. Der Protagonist bricht nun zur finalen Entscheidung auf.

V. Und diese finale Entscheidung ist dann die Auflösung der Geschichte. Und dabei ist es noch interessant, zu wissen, dass diese je nach Geschichte in zwei Richtungen ausgehen kann: entweder in die so genannte Katastrophe im Drama oder in eine »Happy End«-Lösung, üblicherweise der Komödie zugeordnet. Das klassische Hollywood-Kino hat sich darauf versteift, sehr spannende und dramatische Wege letztlich dennoch zu einer guten Lösung zu bringen.

Diese Grundmuster sind tief in unserer Gesellschaft verankert, in ihr sozialisiert. Sie sind verankert in den Köpfen aller Kinobesucher, TV-Zuschauer, Romanbegeisterten und damit aller möglichen Kunden von Produkten. Kaufinteressenten sind hochgradig prädisponiert, solchen

Geschichten zu folgen, und sie sind kompetent darin, diese Muster zu lesen. Und schon bei den Jüngsten fängt die Geschichte mit der Exposition an: »Es war einmal …« Und endet meistens gut: »Und wenn sie nicht gestorben sind, dann leben sie noch heute.«

Ein Kinospielfilm benötigt wie jede Geschichte immer eine gewisse Abstraktionsleistung. Ein Kino-Gangster kann niemandem, der im Kinosessel auf die Leinwand schaut, etwas zuleide tun. Und dennoch ist es unabdingbar, sich empathisch auf die Geschichte einzulassen, um beispielsweise den für den angenehmen Thrill so wichtigen »Double Knowledge«-Effekt zu nutzen. Wir wissen, dass die Geschichte für uns nicht unmittelbar Geltung entfaltet, aber wir lieben es, uns darauf einzulassen und die Reise der Protagonisten emotional mitzugehen. Und mit dem Liebesfilm ist es nicht anders.

Dieser Effekt der gedanklichen und emotionalen Teilhabe wiederum schreibt Muster in die Wahrnehmung der Zuschauer. So wie man sich nach einem Horrorfilm auf dem Weg nach Hause vielleicht zweimal öfter umdreht als sonst, wenn man durch eine dunkle Straße geht, so kann auch ein werbender Inhalt, der eine gute Geschichte erzählt, solche Muster aufbauen. Dann werden die duftenden Sonntagsbrötchen aus dem Werbespot, die von einer glücklichen und ebenso viel Wärme ausstrahlenden Familie freudig verspeist werden, eben mit angenehmen Emotionen wie Heimat, Geborgenheit und Verbundenheit aufgeladen. Und dann kaufen sich die Leute später diese Aufback-Sonntagsbrötchen, wenn ihnen nach ein wenig heimeliger Familienzeit ist. Im Zweifel selbst dann, wenn sie alleine in der Studentenbude sitzen.

In 6 Stufen

zur smarten Sichtbarkeit

Seth Godin hat ein Modell entwickelt, das in sechs aufeinander aufbauenden Stufen Wertmaßstäbe an das Marketing anlegt.[1]

In den sechs Seth-Godin-Stufen wird Marketing von Stufe zu Stufe wertvoller; die zunehmend smarte Sichtbarkeit macht dann den Mehrwert dem Kunden gegenüber bekannt.

Quelle: Eigene Darstellung

Unter dem Begriff des Marketings lassen sich alle Methoden zusammenfassen, die auf den Produktverkauf abzielen – daher wird der Marketingbegriff in den Wirtschaftswissenschaften sehr weit gefasst.

Das Seth-Godin-Modell lässt sich gut anwenden und erweitern um das Ziel, möglichst werthaltige Sichtbarkeit in den Marketingprozess einzubeziehen. Dieses Kapitel zeigt, wie die drei Elemente Relevanz, Autorität und Storytelling mit dem Seth-Godin-Modell kombiniert werden können und dabei immer besser zu smarter Sichtbarkeit und erfolgreichem Marketing »veredelt« werden.

Stufe 1: Störendes Marketing

Spam ist die unterste Stufe des Marketings nach Seth Godin: Damit verbunden ist Sichtbarkeit, die den Kunden stört und ihn nervt. Sie erfüllt nur niedrigschwellig die Dimensionen der Relevanz, der Autorität und des Storytellings.

Beispiele für dieses Marketing sind etwa nervende Telefonakquise oder viele Formen von Printwerbung. Auch Plakatwerbung und Fernsehspots, ebenso die Ansprache durch Organisationen in der Einkaufsstraße oder der Uhrenverkäufer am Urlaubsstrand haben deutliche Züge dieser untersten Stufe des Marketings.

Insbesondere die beiden letzten Beispiele haben manchmal ein so geringes Maß an Seriosität, dass man ihr Ansehen als Unternehmer für sein Marketing keineswegs teilen möchte. Leider tun viele Unternehmen das dennoch. Unternehmen sehen oft nicht, dass sie klare Merkmale des Spam in ihrem Marketing führen, und übersehen dabei bessere Möglichkeiten. Dann aber wird Sichtbarkeit störend: »*Darf ich Sie kurz ansprechen?*« – »*Danke, ich bin in Eile!*«

Alle Beispiele des Spam teilen ein Merkmal: Sichtbarkeit ist meistens Werbung, die ihre Empfänger unerwünscht erreicht; damit ist das wichtigste Kriterium der Relevanz verletzt. Diese Form der Werbung wirkt auf einen Großteil der Nutzer so belästigend und fehl am Platze, dass es sie ausdrücklich zu vermeiden gilt.

Dennoch hat ein Großteil der Marketingbotschaften klare Züge von Spam und dieser bildet damit in der Gesamtheit der Werbung so etwas wie den Tinnitus der Werbebotschaften – immer da, nervig, aber man gewöhnt sich irgendwie auch dran und muss lernen, ihn auszublenden.

So unbegrenzt und allgegenwärtig die Sichtbarkeit dieser Stufe auch ist, so limitiert sind ihre Erfolgsaussichten. Dieses Marketing ist daher nicht nur für die Adressaten unangenehm; der Grund dafür, dass Spam-Marketing so übergriffig nervig ist und teilweise sogar gesetzlich geregelt werden muss, liegt gerade im inflationären Gebrauch solcher Werbeformen – und schon das wirft ein deutliches Schlaglicht auf die unangenehmen Folgen dieser Werbung für die Werbetreibenden: Es gibt schlicht immer mehr Konkurrenz um diese schwache Form der Aufmerksamkeit, die zwar in den meisten Fällen anteilig am wenigsten Erfolg verspricht, die aber auch am einfachsten herzustellen ist.

Eine Werbeform, die sehr häufig ist, die austauschbar und wenig wirksam ist und die Unternehmen leicht umsetzen können, ist aber im Kern schwach: Die Resonanz beispielsweise auf Postwurfsendungen oder Massenmails als verbreitetes Mittel der Spam-Werbung ist in der Regel ziemlich gering. Solche Werbeformen sind nur deshalb für den Versender interessant, weil etwa Flyer heute für geringste Werbebudgets gedruckt und verteilt werden können. Selbst dann ist das Geschäftsmodell, hierüber ein paar Kunden zu gewinnen, knapp kalkuliert; es reagieren meist so wenige Kunden positiv, dass es sich nur geradeso lohnt, direkt und einzig auf dieses Marketing zu setzen. So ist Spam-Marketing nicht mehr als ein schwacher Versuch, beispielsweise durch Massen an Werbebotschaften sehr ungezielt im Gießkannenprinzip ein wenig Aufmerksamkeit zu generieren.

Wie ein schlechter Schütze mit einem Schrotgewehr vielleicht hoffen kann, eher das Ziel zu treffen, dann aber eine geringere Wirkung entfaltet, so landet auch Spam-Marketing manchmal einen Treffer. Ein paar Kunden werden wohl kaufen, sonst wären nicht über 50 Prozent aller Mails an Unternehmen und geschätzte 90 Prozent des weltweiten E-Mail-Traffics Spam.[2]

Eigentlich sind das jedoch Methoden, von denen sich Unternehmen klar distanzieren würden, wenn sie befragt werden, wie sie ihre Sichtbarkeit planen.

Aber Vorsicht: Schon der Versicherungsagent mit dem ungebetenen Akquiseanruf am Abend hat für den Kunden auch eine gewisse Nähe zum Spam, nur weil er vielleicht keine zeitliche Relevanz für sein Angebot reklamieren kann. Ist er deshalb ein Spammer?

Dieser ehrbare Dienstleister wäre doch vermutlich gekränkt, würde man ihm Spam-Marketing unterstellen – aber objektiv ist das eine Frage der Definition, nicht der bösen Absicht. Und viele Unternehmen laufen Gefahr, Spam auszusenden, einfach weil sie Relevanz, Autorität und Geschichten nicht für ihr Marketing aktivieren können.

Mehr noch: Es gibt sogar hoch seriösen Spam.

Spam-Marketing zeichnet sich nämlich häufig dadurch aus, dass es weder zeitliche noch inhaltliche Relevanz ausüben kann – nicht jetzt und auch nicht in der Zukunft. Das ist das zweite klare Kriterium für Spam. Ein Angebot für eine Hundehaftpflichtversicherung ist zweifelsohne ein seriöses Produkt – aber für einen Katzenbesitzer dennoch klarer Spam mangels Relevanz.

Spam ist keineswegs nur auf digitale Sichtbarkeitsformen begrenzt: Der Kunde empfindet diese Form des Marketings fast immer als störend, weil es ihn beispielsweise bei anderen Handlungsabläufen unterbricht. Jemand möchte eine Zeitschrift durchblättern und die spannenden Artikel werden durch Werbung für Produkte unterbrochen. Oder er möchte einen Spielfilm schauen und an der spannendsten Stelle wird dieser unterbrochen, um Werbespots zu senden, von denen der Fernsehsender zu einem guten Teil seine Umsätze bestreitet. Gerade ist etwas anderes relevant, diese Werbung jedenfalls nicht!

Viele Unternehmen träumen sogar davon, einmal einen TV-Werbespot zu senden. Weil dieser aber längst nicht den unternehmerischen Erfolg garantiert, sondern Spam für die Zuschauer darstellt und im Grundrauschen der ewig gleichen Werbebotschaften untergehen kann, ist das keine Carte Blanche für Erfolg.

Eine überblätterte Annonce in einer Zeitschrift oder einer von Dutzenden Fernsehwerbespots am Abend können eher nicht das Maximum an Aufmerksamkeit der Zuschauer oder Leser garantieren. Warum wohl gehen viele Zuschauer in der Werbepause anderen Dingen nach?

Natürlich wissen die Werbetreibenden um diese Zusammenhänge, mindestens im Groben, und sie wissen, dass sie gut beraten wären, mit ihrer Werbung die Aufmerksamkeitsschwelle der Kunden besser zu überwinden.

Am Beispiel des TV-Spots ist besonders auffällig, dass Werbung im Streumarketingbereich auf der Suche nach Auswegen aus diesem Dilemma beispielsweise am liebsten dort platziert wird, wo der Zuschauer grundsätzlich eine hohe Aufmerksamkeit für die (anderen) gesendeten Inhalte hat. Damit versucht Spam-Marketing, sich durch »geerbte« Aufmerksamkeit sichtbarer zu machen: Der Zuschauer folgt hoch aufmerksam dem spannenden Inhalt eines Spielfilms und es spitzt sich nun eine dramatische Situation zu, die den gebannten Zuschauer in einen Flow zieht; er will einfach wissen, wie es weitergeht.

Eine solche Szene in einem Film ist dann häufig der »Cliffhanger«, jene Situation, bei der die Geschichte im dramatischen Höhepunkt kurz vor ihrer Auflösung steht. An einem solchen Punkt platzieren werbende Unternehmen seit jeher gerne ihre Spam-Spots – schließlich wissen sie, dass der Zuschauer hier am wahrscheinlichsten dranbleiben möchte, um nur ja nicht zu verpassen, wie die ganze Geschichte ausgeht.

Die Unternehmen versuchen also, ihre Werbebotschaften mittels der interessanten Inhalte wie ein trojanisches Pferd zu den Kunden zu schleusen, und hoffen dann, dass sie dort dennoch Wirkung erzeugen. Das aber wirkt bei näherer Betrachtung doch reichlich verzweifelt. Denn damit ist das Produkt an dieser Stelle auch am meisten dem Spam-Vorwurf ausgesetzt. Der Zuschauer wird sich zwar in dieser Werbepause, wo der Spielfilm auf seinen Höhepunkt zuläuft, wahrscheinlich am wenigsten trauen, sich noch ein Getränk zu holen – das hebt sogar etwas die Chance auf Aufmerksamkeit auch für die Inhalte der Werbepause.

Allerdings gibt es auch keinen Zeitpunkt, an dem der Zuschauer weniger unterbrochen werden möchte. Entsprechend genervt oder enttäuscht wird er auf den Werbespot reagieren. Die Empfänger des trojanischen Pferdes waren sicher auch wenig erfreut, als sie bemerkten, was sie da in ihre Stadt gezogen hatten – sicher kein Geschenk, wie sie dachten.

Eine ähnliche Logik, sich in spannende Informationen zu kleiden, verfolgen die Prospekte, die mittig in der kostenlosen Sonntagszeitung liegen oder von der Post neben allen interessanten Rechnungen sauber eingeschweißt mitverteilt werden. Meist werden sie sofort weggeworfen.

Dabei wird akzeptiert, dass gleichzeitig ein Gros der Zuschauer sogar genervt wird oder viele die Inhalte bestenfalls gleichgültig ertragen. Werbung in solch einem Umfeld zu schalten ist daher die unterste Stufe des Marketings nach Seth Godin.

Sichtbarkeit wird es immer schwer haben, Zuschauer positiv zu beeinflussen, wenn sie:

- wie Postwurfsendung an reines Streumarketing gebunden ist, das an alle Haushalte einer Stadt ausgespielt wird, um vielleicht ein paar Interessenten zu erwischen;
- austauschbar und vergleichbar ist, weil sie gar nicht an bestimmte Kunden gerichtet sein kann. Damit ist das Relevanzkriterium verletzt;
- wie TV-Werbespots die gelenkte Aufmerksamkeit der Zuschauer, die sich gerade brennend für eine andere Sache interessieren, durchbricht, um Aufmerksamkeit zu erregen.
- Und wenn es ihr nicht gelingt, die Kunden in gewisser Weise »vorzuqualifizieren«, beispielsweise indem die Vorlieben der Kunden getestet oder gemessen werden, um dann personalisierte Werbung anzubieten.

Stufe 2: Situatives Marketing

Auch in der Stufe 2 sucht der Kunde nicht konkret nach einem Angebot, das mit dem Produkt eventuell eingelöst würde. Durch Zufall allerdings wird der Kunde auf das Marketing aufmerksam und in diesem Moment seine Bedürfnisse adressieren.

Das ist insofern ein Unterschied, als die zeitliche Relevanz hier tatsächlich gegeben ist. Der Kunde schaut vielleicht auf die Werbung und sagt: »Schau mal an, das trifft sich ja gut, was für ein Zufall!« Damit ist die zeitliche Relevanz dieses Angebotes gegeben. Und mehr sogar noch: Auch die inhaltliche Relevanz tritt in diesem Moment hinzu. Schon ist eine höhere Stufe des Marketings erreicht, bezogen vor allem auf die Erfolgsaussichten. Dennoch sind solche Ergebnisse dem Zufall geschuldet; das aber macht das Ergebnis kaum planbar.

Ein typisches Beispiel für solches Marketing sind Impulskäufe, beispielsweise Snacks an der Kasse im Supermarkt. Der Kunde ist nicht darauf aus, in diesem Moment ein Kaugummi oder Ähnliches zu kaufen. Auch steuert er in den meisten Fällen die Tankstelle nicht an, um vordringlich eine Sportzeitschrift zu kaufen. Aber auf dem Weg zum Bezahlen des Benzins, das er gerade getankt hat, ist es für den Kunden eine gute Gelegenheit, da dieses Angebot gerade auf ein grundlegendes Bedürfnis trifft. Es genügt dann ein kleiner Impuls.

Übrigens ist das nur aus Sicht des Konsumenten ein »Zufall« – aus Sicht des Tankstellenpächters steckt durchaus Absicht dahinter, diese Produkte exakt dort zu platzieren.

Die Schokolade ist auch deshalb ein gutes Beispiel für ein solches Produkt, weil sie bei den Konsumenten häufig auf eine niedrige Reizschwelle trifft. Wer Schokolade mag und sie entdeckt, kauft sie: Gelegenheit macht handelseinig. Zudem fällt die Schokolade neben der Spritrechnung preislich kaum ins Gewicht – und damit wird sogar ausgeblendet, dass sie genau an diesem Ort eigentlich teurer ist, als sie üblicherweise am Markt ist. Es gibt also auch noch wenig Hindernisse für den Impuls.

Der Impulskauf hat natürlich auch eine Kehrseite für die Anbieter. Zum einen funktioniert er längst nicht für alle Produkte. Einen Satz Winterreifen oder ein 24-teiliges Kaffeeservice würde der Tankstellenpächter an der gleichen Stelle bei der gleichen Person und in der gleichen Situation kaum verkaufen können; die Impulsschwelle ist zu hoch.

Entweder ist der Preis zu hoch, die inhaltliche Bindung zu diesem Produkt ist in dieser Situation nicht gegeben oder es fehlen dem Kunden schlicht weitere Anknüpfungspunkte, um sich diesem Angebot gegenüber sicher zu sein. Produkte, die nicht beim ersten Kontakt aus einem Impuls heraus gekauft werden, haben es schwer im Zufallsmarketing.

Der Kunde prüft also die inhaltliche Relevanz bei vielen Produkten lieber mehr, als ein kurzer flüchtiger Kontakt, der hier zufällig entsteht, es hergibt. Das hat vor allem etwas mit der fehlenden Autorität der Marke beziehungsweise des Anbieters zu tun. Diese Säule der smarten Sichtbarkeit steht zurück beim Zufallsmarketing, deshalb ist auch dieses Marketing nur schwach wirksam für den Anbieter.

Dem Kunden fehlen schlicht Möglichkeiten, Bedenken gegenüber dem Produkt auszuräumen, es zu vergleichen und es aus einer für ihn möglichst objektiven Warte heraus einzuschätzen. Handelt es sich um ein hochpreisiges Produkt, dann ist dem Kunden eventuell das Risiko zu hoch, weil er zu viel Geld in die Waagschale werfen soll für einen Deal, den er kaum überblicken kann.

Und schließlich ist auch das Storytelling als Faktor der Sichtbarkeit dieses Produktes und seiner Vorzüge für den Kunden stark eingeschränkt. Storytelling aber ist das Medium, das Produktvorzüge explizit an Kunden vermitteln kann. Ein Satz Winterreifen zwischen Dutzenden anderer Produkte im Verkaufsraum einer Tankstelle erzählt schließlich keine gute Geschichte.

Ein kleiner Ausblick auf die weiteren Stufen: Schon wenn der Tankstellenpächter persönlich den langjährigen Kunden ansprechen und informieren würde, dass der Satz Winterreifen, der dort in der Nähe der Kasse platziert wurde, von einem anderen Kunden erworben wurde, der als Rentner diese Reifen gekauft und nie benutzt hat, und die deshalb in tadellos gepflegtem Zustand seien, würde das Verkaufsgespräch schon ganz anders aussehen. Und wenn der Tankstellenpächter mit seiner Autorität, die sich aus der jahrelangen Vertrautheit und seinem stets einwandfreien Auftreten diesem Kunden gegenüber nährt, diese Reifen auch noch ausdrücklich für sein Fahrzeug empfehlen würde, dann käme noch Autorität zum Storytelling hinzu.

Aber Autorität und Geschichten sind im Zufallsmarketing stark unterrepräsentiert; treten sie hinzu, steigt das Marketing automatisch auf höhere Stufen – dazu gleich mehr.

Ein anderer Faktor stört außerdem wesentlich: Die »Customer Journey« ist unterbrochen. Dieser Begriff beschreibt die Reise eines Kunden und steht ebenfalls in engem Zusammenhang mit der Sieben-Kontakt-Regel. Kunden wollen in der Regel das Produkt an mehreren Stellen kennenlernen, ohne dass sie dieses Bedürfnis empfinden. So wie ein Kunde mehrfach durchs Autohaus läuft, Probefahrten macht und Kataloge wälzt, Automobil-Zeitschriften liest und seine Nachbarn befragt, bevor er sich zum Kauf eines neuen Fahrzeugs entschließt, so muss bei vielen Produkten der Kunde verschiedene Kontaktpunkte zum Produkt und zum Hersteller erleben, damit die Kaufwahrscheinlichkeit steigt.

Beim Zufallsmarketing aber treffen die Kunden per Definition unabsichtlich auf das Produkt. Das alleine ist eine schlechte Voraussetzung dafür, dass der Kunde Anschluss zu diesem Produkt suchen wird. Es startet im Zweifel immer am ersten Kontaktpunkt, der selten kaufentscheidend ist; das aber ist so mühsam wie erfolglos.

Kunden kaufen nach der Vorstellung der Customer Journey beispielsweise Produkte eher, wenn sie im gleichen Umfeld präsent sind wie die Produkte, die der Kunde eben schon gekauft hat oder für die er sich schon früher interessiert hat. So kauft er Werkzeug eher im Baumarkt. Die Kundenreise sollte in einem bestimmten einheitlichen Themenraum erfolgen.

Ein Paar Arbeitshandschuhe an der Kasse im Baumarkt erfüllen diesen Anspruch und sind daher dem Situationsmarketing zuzuordnen; sie bewegen sich im gleichen Thema wie die Holzplatten zum Innenausbau, die der Kunde gerade zur Kasse schiebt, und sind praktisch, um sich beim Verladen keine Splitter zu holen.

Beim Schokoriegel in der Tankstelle funktioniert das ähnlich. Dieser gibt vielleicht dem Fahrer neue Energie für die Weiterfahrt.

Ein Produkt, das einen inhaltlichen Bruch zu den bereits erfolgten Verkäufen darstellt oder das nicht an den Verkaufsort oder zum Verkäufer passt, hat es dann eben schwerer. Deswegen muss auch aus der Betrachtung dieser Stufe des Marketings die Ableitung sein: Vermeiden Sie so gut es geht, Zufallsmarketing zu betreiben.

Wenn beispielsweise ein höherer Preis für das Produkt erzielt werden soll oder der Nutzen des Produkts dem Kunden nicht schlafwandlerisch klar ist, können in aller Regel nur noch ganz besondere Eigenschaften des Produktes zu einem Impulskauf führen, die aber selten im Sinne des Anbieters sind: extrem niedrige Preise, fabelhafte Rabatte oder ein aufwendiger Verkaufsprozess mit Erklär-TV-Stationen wie im Baumarkt, der sich an diese zufällige Situation umgehend anschließen muss.

Stufe 3: Marketing durch die Marke

Die dritte Stufe des Marketings nach Seth Godin liegt in der Marke.

Diese Stufe ist für die Sichtbarkeit besonders interessant, weil Geschichten und Autorität gegenüber der Relevanz stärker akzentuiert werden und dennoch das Marketing hier besser funktioniert als bei den Stufen zuvor. In Summe hat diese Sichtbarkeit mehr Kraft, sodass Relevanz sogar etwas zurücktreten kann.

Wir haben festgestellt, dass beim Spam-Marketing nur höchst unwahrscheinliche inhaltliche Relevanz den Kaufimpuls retten kann. Beim Zufallsmarketing können durchaus durch einen glücklichen Umstand zeitliche und inhaltliche Relevanz hinzutreten.

Relevanz ist beim Marketing mit Marken gar nicht so stark notwendig, weil der Kunde aus anderen Beweggründen seine Kaufentscheidung trifft: Er vertraut einer Marke.

Ein Beispiel für solche Sichtbarkeit könnte ein Kunde sein, der bei seiner favorisierten Automarke im Autohaus oder im Store vorbeischaut, der vor allem bei Luxusmarken immer mehr aufkommenden Form der Auto-Erlebniswelt, die, aufgebaut wie ein Applestore, Autos und mehr als ein »Markenerlebnis« präsentiert. Es ist nicht einmal notwendig, dass der Kunde hier gerade ein Auto gekauft hat und sich nun für andere Produkte interessiert.

Vielleicht bietet der Händler ihm ein paar Winterreifen auf Alufelgen an. Der Kunde weiß, dass auch andere Anbieter wie Zweitausrüster Alufelgen und Winterreifen verkaufen und dass diese in der Regel günstiger sind als jene der Hersteller. Der Kunde nimmt aber hier die Orientierungsfunktion des Herstellers gerne in Kauf. Die Winterreifen und Felgen werden vom Hersteller seines Vertrauens sicherlich gut geprüft sein und gut zu seinem Fahrzeugmodell passen. Das spart dem Kunden Rechercheaufwand und damit Zeit. Bei Marken, die besonders an ein Renommee gebunden sind, gilt es zudem als angemessen, auch auf Markenfelgen vorzufahren und vielleicht höherpreisige Sport-Reifen zu nutzen.

Solch optimierte Reifen, mit denen der Autokunde die Referenzrunde auf dem Nürburgring mit seinem Porsche dann 1,5 Sekunden schneller absolvieren könnte als mit nicht optimierten Reifen, präsentiert der Käufer auch gerne auf dem Weg zum Wocheneinkauf. Kunden achten eben gerade bei Marken eher auf deren Versprechen als auf realen Nutzen.

Und noch deutlicher wird dieser Umstand, wenn der Autohersteller dem Kunden plötzlich Produkte anbietet, die mit dem eigentlichen

Themenkomplex noch weniger zu tun haben, zum Beispiel Sonnenbrillen oder Reisetaschen. Zugegeben, eine Reisetasche, die optimal in den Kofferraum eines Porsche 911 passt, klärt sich noch aus dem Kontext. Und eine Sonnenbrille für die Fahrt in den Sonnenuntergang im Cabrio auch noch. Der Wert eines Porsche-Kugelschreibers oder eines Audi-Espressoautomaten aber nährt sich ausschließlich aus der Marke des Autos.

Die inhaltliche und zeitliche Relevanz treten in diesem Falle aber vor allem auch deshalb zurück, weil der Kunde im Grunde vordergründig gar keinen Produktnutzen sucht. Er sucht stattdessen einen Markennutzen.

Dass Porsche mit der eigenen Sub-Marke »Porsche Design« die untrennbar mit der Marke verbundene Kompetenz für Design auch an andere Hersteller lizenziert, die damit besonders gutes Design mit Renommee einkaufen können, ist vielleicht noch vielen Kunden bekannt. Dann ist es positiv, wenn Porsche eben andere Produkte des täglichen Lebens designt. Aber tatsächlich zahlt der Kunde für den Markenaufdruck einen Mehrpreis.

Ob Audi besonders gut Espressoautomaten bauen kann? Technische Qualität zeichnet die Fahrzeuge dieser Marke aus, aber ob sich diese auf alle Produktbereiche ausdehnen lässt? Es geht hier vorrangig um die Marke, die in eine seltsame Verbindung zum Produktnutzen tritt. Scheinbar kaufen die Kunden den Markennutzen, wollen aber offenbar mehr das Label als das Produkt nutzen und einen abstrakten Nutzen daraus ziehen.

Solange die Marke keine große Rolle spielen kann oder soll, sieht der Produktnutzen recht übersichtlich aus: Der Nutzen eines Produktes ist dann direkt an seine Funktion gebunden: Ein Paar No-Name-Schuhe schützt die Füße seines Trägers und kann je nach funktionaler Auslegung beim Sport, beim Wandern oder bei einer Theaterpremiere getragen werden. Dieser Produktnutzen steht dann höchstens in einer schwachen Verbindung zur Marke des Unternehmens, das dieses Produkt herstellt – jedenfalls solange es sich nicht um die Schuhe einer gefragten Marke handelt.

No-Name-Produkte oder Eigenmarken von Discountern zeigen dabei eine schwache Aufladung mit höheren Attributen: Produkte, die bei

Eigenmarken von Supermarktketten in verschiedenen Produktlinien versammelt werden, zeichnen sich in aller Regel vor allem durch einen niedrigen Preis aus. Die von den Supermärkten erfundenen Marken stützen bis in das Design der Produkte (bei der Eigenmarke »Ja!« etwa sind die Verpackungen stets schlicht weiß) und sogar bis in die Namensgebung hinein den wesentlichen Kernwert des niedrigen Preises: »Gut und günstig« bei der Edeka-Gruppe zum Beispiel. Hier unterstreicht der Markenname schlicht nur, dass es sich hier aufgrund des Preises um einen guten Deal für den Kunden handelt. Aber niemand kauft eine Milch von »Ja«, um damit ein wenig den Glanz dieser Marke auf sich abstrahlen zu lassen.

Produkte mit schwachen Marken erheben eindeutig den Preis zum wichtigsten Unterscheidungsmerkmal gegenüber dem Wettbewerb um die Kundengunst, die Marke ist eher ein Niedrigpreisanzeiger.

Bei vermeintlich hochwertigen Marken wie Mercedes Benz oder Louis Vuitton ist dieser Zusammenhang ganz anders.

Wird eine Marke in diesem Spiel stärker positioniert, dann beginnt diese zunächst einmal, sich selbst »aufzuladen«. Diese Aufladung geschieht aus den verschiedensten Quellen heraus. Das können berühmte Markengesichter sein, die in der Werbung auftreten. Eine große Markensichtbarkeit kann beispielsweise bei Sportveranstaltungen hergestellt werden. Die Marken können sich auch durch die Zuschreibung besonderer Qualität aufladen lassen, wie beispielsweise Schweizer Taschenmesser von Victorinox oder besonders hochwertige Armbanduhren von Jaeger-LeCoultre.

Den Attributen des Produktes, die eng an seine Funktion gebunden sind, werden plötzlich sekundäre Attribute zur Seite gestellt. Man kann das gleiche Produkt benutzen wie eine berühmte Persönlichkeit und sich damit zumindest gefühlt in ihrem Glanz sonnen; der Prominente wird damit eine Projektionsfläche. Oder aber die primären Attribute des Produkts, wie hohe Präzision oder hochwertige Verarbeitung, strahlen auf den Kunden als Technikliebhaber, wohlhabenden Menschen oder Kenner dieser speziellen Materie als sekundäres Produktattribut und als Nutzen ab.

Das Konzept der Marke ist dabei in aller Regel fast undenkbar ohne eine Geschichte. Damit tritt das dritte große Element der smarten

Sichtbarkeit kraftvoll zum Konzept hinzu. Marketing mit Marken hat also in der Regel viel Autorität und viel Storytelling zu bieten, besitzt dabei aber sogar weniger Relevanz im Einzelfall – zumindest bezogen auf den primären Produktnutzen.

Uhren der Marke Breitling beispielsweise erzählen einige Geschichten, die sich wesentlich an die Herstellermarke binden. Das ist zunächst einmal die Produktion in der Schweiz, die als ausgezeichneter Produktionsort für feinmechanische Instrumente gilt und traditionelle Werte wie Sicherheit, Wohlstand und sicher auch eine gewisse kosmopolitische Denkweise in sich trägt. Etliche Schweizer Uhrenhersteller gelten gemeinhin als Symbol für einen gewissen Wohlstand, weil sie sich ihre oftmals in Handarbeit hergestellten Produkte teuer bezahlen lassen. Weitere Geschichten, die sich an die Marke binden, sind beispielsweise berühmte Schauspieler, die immer wieder als Werbegesichter in Szene gesetzt werden.

Und auch aufgrund der eigenen Historie, in der insbesondere Piloten aus verschiedensten Gründen Uhren der Marke Breitling bevorzugten, lädt sich die Marke mit der Geschichte als »Fliegermarke« auf. Unter heutigen Breitling-Käufern kursiert als Running Gag, dass kaum jemand in der Lage ist, mit der stilbildenden Rechenschieber-Lünette des Modells Navitimer, die deutlich auf die Fliegerhistorie referenziert und zahlreiche Berechnungen der Aviatik erlaubt, die Geschwindigkeit eines Flugzeuges oder was auch immer abzulesen. Dafür ist dieses Teil zwar gedacht, aber der Produktnutzen ist eben völlig nachrangig, interessant ist nur der »Markennutzen«.

Die Piloten und die Schauspieler bringen bei alledem eigene Attribute mit, die in einem von geschicktem marketinggesteuerten Wechselspiel die positive Rezeption der Marke und die Aufladung mit vielen positiven Assoziationen bewirken.

All das hat mit dem Produktnutzen häufig nur noch wenig zu tun, bis hin zu grotesken Brüchen wie beim Breitling Navitimer. Die Zeit anzeigen kann beispielsweise auch eine Uhr, die zehn Euro kostet und mit einem Quarzwerk und Batterie ausgestattet ist, ebenso wie eine 10 000 Euro-Breitling mit Manufakturkaliber, Aufzug durch die Armbewegung und einer Lagerung der beweglichen Teile in Dutzenden kleiner Edelsteine. Amüsanterweise beherrscht die günstige Uhr übrigens genau das, was man als Produktnutzen einer Uhr beschreiben würde, meistens sogar präziser als die Schweizer Manufakturuhren dieses zu tun in der Lage sind. Bei diesen darf schon eine Abweichung von nur einigen Sekunden am Tage als hoch präzise Zeitmessung durchgehen – geschuldet der eigentlich hochwertigen mechanischen Bauweise. Quarzuhrwerke leisten diesen Produktnutzen – das Messen der Uhrzeit – viel, viel präziser.

Was die Kunden an solch einem Produkt aber schätzen, ist ja eben viel mehr der Markennutzen. Die Marke bindet all die positiven Eigenschaften, wie die Nutzung durch prominente Personen, die ausgefallene technische Raffinesse oder die besondere Markenhistorie, den hohen Preis und das Prestige, und macht diese Eigenschaften vor allem sichtbar. Für viele Menschen sind beispielsweise eine Luxusuhr, ein paar Marken-Turnschuhe oder eine teure Handtasche lesbar, sie konnotieren all die vorgenannten positiven Eigenschaften, die deutlich stärker an die Marke als an das eigentliche Produkt geknüpft sind.

Die Kunden schätzen, dass die Marke diese Werte sichtbar macht. Eine Luxusuhr zeigt, dass der Träger in der Lage war, den Kaufpreis dafür zu investieren.

Auch ein Paar Turnschuhe kann für seinen Nutzer bestimmte Qualitäten sichtbar machen. Unter Jugendlichen könnten die Schuhe als Status- und Zugehörigkeitssymbol zu bestimmten Subkulturen gelesen werden, während das gleiche Paar Turnschuhe einen Anzugträger durch den kleinen Bruch der üblichen Etikette als progressiven, jugendlichen und dynamischen Macher auszeichnen könnte. Dass man allerdings als Unternehmensberater nicht zwingend Sneaker tragen muss und dass diese Schuhe vermutlich unter den gleichen Produktionsbedingungen hergestellt werden wie die günstigen No-Name-Sportschuhe, tritt hinter dem Glanz der Marke zurück.

Die Herausbildung einer Marke, ohne den Faktor Zeit und lang andauernde Sichtbarkeit zu bedenken, ist kaum vorstellbar. Weil Traditionen, Erfolge und schlicht die Erfahrung einer Marke ebenso wie die Sichtbarkeit in verschiedensten Kontexten eben diese Eigenschaften der Marke und damit letztlich die Marke selbst über die Zeit aufladen. Sie können zu sekundären Produktattributen für alles werden, was die Marke anbietet.

> Marken bilden sich vor allem aus Geschichten und lang andauernder Sichtbarkeit, die beide Zeit benötigen, um zu entstehen.

Und dennoch ist das Marketing mit Marken nicht die höchste Stufe des Marketings, auch wenn es bereits viele sehr erstrebenswerte Eigenschaften aufweist, weil mehr Relevanz, mehr Autorität und noch mehr Geschichten hinzutreten. Sie können verstärkend für das Marketing wirken, wie auch ein einzelner dieser Faktoren so stark werden kann, dass er alles andere überstrahlt.

Es kann aber durchaus sein, dass das Marketing mit Marken die höchste erreichbare Stufe für ein Unternehmen ist – und es ist keine schlechte Stufe! Womöglich kann es aufgrund der spezifischen Marktsituation oder der Unternehmensstruktur nicht über diese Stufe hinausgehen – und das ist unter Umständen noch nicht einmal nachteilig, sondern markiert eine natürliche Grenze der Sichtbarkeit. Denn diese Form des Marketings hat bereits eine ganz eigene Kraft und kann je nach Marktsituation bereits den Unterschied machen.

Stufe 4: Vertrauensmarketing

In der vierten Stufe des Marketings wachsen dann die drei Kräfte der smarten Sichtbarkeit noch mehr zusammen. Die Verbindung zwischen Relevanz, sowohl zeitlich als auch inhaltlich, Storytelling und Autorität intensiviert sich und bildet eine starke Basis smarter Sichtbarkeit.

Damit ist auch deutlich, dass Vertrauensmarketing eigentlich eine Steigerung des Marketings mit Marken darstellt, beide teilen sich viele Eigenschaften und Kriterien. Vertrauen bildet sich darüber hinaus meist aus einer besonders gut und lang gepflegten Marke.

Es ist gut, wenn Kunden die Marke Nivea schon lange kennen, aber es ist besser, wenn sie ihr vertrauen. Weil sie selbst sie nutzen und gute Erfahrungen haben und weil die Oma sie auch schon nutzte.

Zunächst ist Autorität für Vertrauensmarketing der zentrale Faktor und wird gegenüber der Marke noch einmal stärker; damit rutscht Vertrauensmarketing auf die höhere Stufe 4. Vertrauensmarketing bindet sich stark an die Autorität von Personen oder Unternehmen. Autorität beruht ihrerseits auf verschiedenen Eigenschaften einer Person oder eines Unternehmens und schöpft seine Kraft daraus.

Das ist zum einen der Rahmen, in dem man diesen begegnet, zum Beispiel Zertifikate und Ausbildungen einer Person und die Funktion, in der diese Person jemandem gegenübertritt. Oder auch die Bekanntheit und das Renommee des Unternehmens, das als Qualitätsmarke einen guten Namen hat.

Ein Beispiel für die Autorität einer Person: Ihrem behandelnden Kardiologen würden Sie wahrscheinlich bei der Untersuchung ihres Herzens in seiner Klinik mehr Autorität zuschreiben, als wenn er Ihnen im Fußballstadion ungefragt eine Schiedsrichterentscheidung erklärt. Bei der Untersuchung im Rahmen seiner Praxis und aufgrund seiner Funktion würden Sie seine Diagnosen angesichts seiner Expertise vermutlich sehr ernst nehmen, beim Fußball vielleicht weniger. Einem professionellen Fußballtrainer wiederum würden Sie eher abnehmen, dass er das Spiel der Mannschaften korrekt analysiert, aber ihn offenkundig nicht an Ihr Herz lassen.

Die Autorität gibt diesen Personen, Unternehmen oder Marken eben eine Deutungsmacht. Wenn eine renommierte Marke ein Produkt anbietet, dann kann diese sogar zu einem Teil bestimmen, was Relevanz in diesem Bereich hat und was nicht. Die Kunden vertrauen dieser Deutung dann vielfach schnell und zuverlässig und damit bekommt die Sichtbarkeit in diesem Bereich Wind unter die Flügel.

Autorität ist also der absolut maßgebende Faktor für Vertrauensmarketing. Auch die anderen beiden Faktoren der smarten Sichtbarkeit sind hier stark.

Relevanz tritt als Grundlage für Entscheidungen auch beim Vertrauensmarketing durchaus deutlich hervor. Kunden fragen insbesondere bei Produkten, die eine hohe Relevanz für sie haben, nach Vertrauen. Allerdings spielt auch die Art der Angebote eine Rolle. Bei einem Coffee-to-go am Bahnhof auf der Durchreise wird der Kunde weniger auf Vertrauen setzen und den Verkäufer erst auf Herz und Nieren prüfen – vielleicht sucht er allerdings eine Bäckereikette auf, deren Marke er vertraut –, bei der Wahl des Kinderwagens oder des Hausarztes spielt Vertrauen dagegen eine wesentlich größere Rolle.

Die Frage, wie wichtig Vertrauen ist, hängt also von vielen Kriterien ab, wie der Relevanz, dem Preis, dem Einfluss des Produktes auf das Leben des Kunden und die Dauer der Nutzung, der Häufigkeit dieses Kaufs und vielem mehr. Wo Vertrauensmarketing möglich ist, da können Unternehmen und Anbieter gut Produkte verkaufen, die besonders hohe Relevanz haben, eigentlich argwöhnisch geprüft werden und einen großen Einfluss auf die Kunden haben – und die sind häufig lukrativ.

Und wie gerade beschrieben deuten Unternehmen, die Vertrauen und eben auch Autorität bei ihren Kunden genießen, ein Stück weit aus, was überhaupt Relevanz hat. Daher sind diese beiden Säulen der smarten Sichtbarkeit stark ausgeprägt im Vertrauensmarketing und bedingen sich gegenseitig. Produkte, bei denen die Kunden Vertrauen aufbauen wollen, sind in aller Regel Produkte oder Dienstleistungen, die relativ große Probleme für diese Kunden lösen sollen, also besonders relevant sind.

Ein Gegenpol zu solchen Produkten mit einer hohen Anforderung an das Vertrauen sind Impulskäufe. Produkte, die im Vertrauensmarketing erfolgreich beworben werden können, entstehen sehr selten aus einem Impuls heraus. Dennoch kann Vertrauensmarketing sehr gut dafür sorgen, dass Kunden sich sehr schnell für ein Produkt entscheiden, aber viel smarter als beim Impulskauf.

Nehmen Sie beispielsweise den Mechaniker einer Autowerkstatt. Wenn dieser für Ihr Fahrzeug ein hochwertiges Motorenöl empfiehlt, dann hat das eine große Kraft für Kundenentscheidungen. Der Mechaniker des Vertrauens erbt Autorität von der Marke, die er vertritt. Schließlich hat diese Marke den Mechaniker ausgebildet, für Fahrzeuge genau dieser Herkunft die besten Entscheidungen zu treffen in Bezug auf Pflege, Reparatur und Wartung.

Wenn dann idealerweise der Kunde den KFZ-Mechanikermeister zu einer Kaufentscheidung befragt (der Meistertitel ist eine weitere Insignie seiner Autorität), den er schon lange kennt, dann ist die Wahrscheinlichkeit groß, dass er dessen Empfehlung folgt.

Auch hier spielt der Faktor Zeit mit hinein, und zwar in Form von Geschichten, die beide verbinden und die auch die Marke mit Vertrauen aufladen. Der Kunde kennt den Mechaniker schon eine Weile und hat gute Erfahrungen mit ihm gemacht. Seine Kompetenz und Autorität haben sich im bisherigen Kundenverhältnis gezeigt. In der Schnittmenge zwischen guten Geschichten, dem Rahmen der Markenwerkstatt und dem Meistertitel, und sicher nicht zuletzt auch auf Basis der kompetenten, stets korrekten Persönlichkeit des Mechanikers, kann sich eine große Autorität bilden.

Der Kunde findet wenig Anlass zum Zweifel bei der Entscheidung für ein teures Premium-Motorenöl. Er kann sich in diesem Moment kaum selbst Orientierung über die Produkteigenschaften und vergleichbare Produkte verschaffen und vertraut blind. Dieses Vertrauen, das ihm Orientierung verspricht, ist an die Person des Werkstattmeisters gebunden, kann aber auch durch den kundigen Nachbarn oder den Bericht einer Automobilzeitschrift ersetzt werden.

Menschen vertrauen gerne Menschen, weil sie sich auf die eigene Kompetenz verlassen, jene einzuordnen. Das Urvertrauen, seinen Mitmenschen mindestens ein Stück weit vertrauen zu können, macht Gesellschaften, die sich Arbeit, Aufgaben und Macht teilen, erst möglich und ist tief verwurzelt.

Alle drei Faktoren der smarten Sichtbarkeit sind also sehr gut vertreten in der vierten Stufe des Marketings. Deswegen könnte man sich fragen, warum dann nicht die höchste Form des Marketings entsteht, wenn doch Relevanz, Autorität und Storytelling in ihrer Schnittmenge die beste Sichtbarkeit ergeben.

Das liegt zum einen an der Gewichtung. In der Relevanz, welche die Kunden in der Regel im Vertrauensmarketing mitbringen, gibt es durchaus noch Steigerungspotenzial. Es gibt allerdings Probleme, die so dringend sind, dass durch ein Übermaß an Relevanz für den Kunden tatsächlich Autorität und vor allem Storytelling wieder an Bedeutung verlieren – und dennoch eine höhere Stufe des Marketings erlauben. Was vor dem Modell der drei Faktoren der smarten Sichtbarkeit zunächst gegenintuitiv klingt, löst sich in den letzten beiden Stufen auf – dazu gleich mehr.

Aber auch die Themen Autorität und Geschichten, die so wichtig für Sichtbarkeit sind, können noch stärker hervortreten als beim Vertrauensmarketing. Insbesondere da, wo der Kunde heute mündig agiert und sich ein möglichst objektives Bild von Produktattributen verschafft, ergibt sich häufig ein Angriff auf die Marke und das Vertrauen gegenüber Verkäufern, Beratern und anderen Autoritäten.

Der Werkstattmeister wird sich beispielsweise dem berechtigten Verdacht ausgesetzt sehen, dass er nur manche Öle für den Motor empfiehlt, die dem Unternehmen eine bessere Marge erlauben. Ganz voreingenommen ist er selbstverständlich in seiner Rolle nicht. Das beschränkt seine maximal mögliche Autorität als Orientierungspunkt für den Kunden und damit das Vertrauen.

Dennoch: Wenn es Unternehmen gelingt, in ihrem Marketing eine eigene Marke zu etablieren – und dabei spielt es im Grunde keine Rolle, ob es sich um Einzelanbieter oder ganze Unternehmen handelt –, dann ist das eine hohe Stufe des Marketings, die Aussicht auf Erfolg hat. Es ist daher eine Stufe des Marketings, die vielen Wettbewerbern überlegen ist.

So ist eine gute Marke, die Relevanz, Storytelling und Autorität im Griff hat und der die Kunden vertrauen, ein hohes Ziel, dem es nachzueifern gilt. Wenn ein Unternehmen diese Stufe erreicht, dann hat es vieles richtig gemacht.

Die beiden folgenden Stufen der Sichtbarkeit sind letztlich Sonderfälle der vierten Stufe der Vertrauenssichtbarkeit. Hier treten Faktoren besonders stark hervor oder die Begleitfaktoren des Marktes oder des Problems des Kunden sind speziell. Diese Stufen bilden aber interessante Ansatzpunkte ab, um an der eigenen Sichtbarkeit dann noch eine Feinjustierung vorzunehmen.

Stufe 5: Bindungsmarketing

Die fünfte Stufe beschreibt die enge Bindung der Kunden zu einem Anbieter. Augenfälliges Beispiel sind dabei Influencer, die ihren Followern sehr erfolgreich solche Bindungsangebote machen. Wenn eine Marke mit einer hohen Bindung zu ihren Kunden ein neues Produkt herausbringt, dann werden die Produkte weniger geprüft und hinterfragt und haben viel weniger Marketinghindernisse zu überwinden.

Gleiches gilt, wenn ein YouTube-Kanal, zu dem der Kunde eine vertrauensvolle Bindung hat und Fan ist, oder wenn Kunden sich mit einer Marke aus anderen Gründen sehr stark identifizieren. Es ist sogar so, dass das Marketing in diesen Fällen gar nicht mehr so stark als Werbung hervortritt, zumindest aber auf dieser Stufe viele negative Assoziationen verliert, die Kunden mit Marketing verbinden. Deswegen darf Bindungsmarketing als sehr erfolgreich eingestuft werden.

Wenn eine starke Bindung zu einer Marke besteht, dann hinterfragen die Kunden häufig nicht mehr die Produkte, weil sie etwa fürchten würden, damit einen Fehler zu machen. Kunden erleben die Botschaften der Werbung auch nicht mehr als Versuch, geworben oder gar überzeugt zu werden: Das sind sie bereits.

Vielleicht erleben sie diese Inhalte vielmehr als willkommenes Angebot, sich zu informieren und sich Orientierung zu verschaffen. Sie erleben die Produkte und Unternehmen als privilegierten Zugang zu Lösungen für ihre dringendsten Probleme. Und sie haben ein tiefes Vertrauen in die Marke und ihre Angebote, dass diese auf verschiedenen Ebenen ihre Kundenbedürfnisse befriedigen kann – gerade auch die sekundären Produktattribute, die sonst so schwer zu greifen sind für die Werbetreibenden.

Im besten Fall wird der Erwerb der Marke zu einem eigenen Wert: Der Kauf einer Gucci-Handtasche beispielsweise macht den Prozess des Kaufs möglicherweise zu einem gehobenen Erlebnis.

Bei engen Bindungen zu einer Marke oder solchen Multiplikatoren entstehen dabei spannende Wechselwirkungen, insbesondere an der Schnittstelle zwischen dem Orientierungsbedürfnis der Kunden und den Orientierungsangeboten der Unternehmen oder den Multiplikatoren von Informations- und Werbeangeboten. Denn diese enge Bindung wirkt sich sehr positiv aus: Die Autorität der Unternehmen und Personen, an die sich die Kunden binden, motiviert diese, sich vertrauensvoll an den Angeboten zu orientieren. Einfacher gesagt: Die Kunden folgen den Empfehlungen lieber und einfacher, je enger und vertrauensvoller die Bindung ausfällt.

Wenn in diesem Maße eine gute Bindung hergestellt werden kann, dann werden Kunden bereitwillig die Orientierungsfunktion des Unternehmens akzeptieren, schließlich trifft sie auf ein klares Orientierungsbedürfnis. Und das ist dann in der Summe eine Win-Win-Situation für Kunden und Unternehmen – sofern die Unternehmen den Kunden wirklich gute Angebote machen und die Kunden die Produkte des Unternehmens suchen.

Jedes Unternehmen, das sich um die Sichtbarkeit seiner Angebote sorgt oder diese verbessern möchte, sollte einen Blick auf diese höchsten Stufen des Marketings werfen.

Insbesondere Marken, die sich auf eine hohe Bindung ihrer Kunden stützen, können ihre Autorität den Kunden gegenüber in einem Maße steigern, dass sowohl Produktattribute als auch die üblichen Bewertungskriterien der Kunden gleichsam entkoppelt werden. Wenn eine Marke mit immenser Bindungskraft oder auch eine erfolgreiche Influencerin als Vermittlungsinstanz ihren Followern Produkte vorstellt, dann ist es sicher nicht selten der Fall, dass jene die Angebote zur Information, aber auch zum Konsum ungeprüft für relevant erachten.

Gleiches lässt sich auf den höchsten Stufen des Marketings auch für Unternehmen beobachten, die ihren Fans die Produkte teilweise ungeprüft verkaufen können. Bekannt sind die Bilder von Warteschlangen vor Apple-Stores, wenn ein neues Gerät kurz vor der Markteinführung steht.

Apple-Produkte beispielsweise können nicht nur Marketing mit der eigenen Marke machen, die sich in der beschriebenen Art und Weise zuvorderst um Produktattribute zweiter Ordnung dreht (also solche, die kaum oder gar nicht mit der Funktion des Produktes in Verbindung stehen), sondern diese sekundären Attribute werden noch so weit gesteigert, dass die Konsumenten kaum durch Wettbewerber von ihrer Markenbindung abzubringen sind.

Einen Apple-iPhone-Nutzer beispielsweise zum Wechsel zu Xiaomi oder Samsung zu bewegen ist nahezu unmöglich. Apple hat durch eine extrem starke Kundenbindung und ein eigenes Eco-System einen Zaun um seine Kunden gezogen. Selbst wenn ein Kunde beabsichtigte, den Apple-Produktkreis zu verlassen, so ergäben sich daraus nachgelagerte Probleme: Was passiert mit den Käufen im App-Store? Wie lassen sich Fotos oder Kontakte übertragen?

Gerade dieses Beispiel zeigt aber auch, dass die Leistungsparameter des Produktes ebenso wie das Preis-Leistungs-Verhältnis und die Relationen zu den technischen Ausstattungen von Wettbewerbsprodukten an Bedeutung verlieren. Rein an den Parametern, dem Preis-Leistungs-Verhältnis und der technologischen Kompetenz gemessen, dürfte Apple seine Wettbewerber fürchten.

Autorität kann hier in ihrer stärksten Ausprägung eine lenkende Funktion einnehmen, die auf die anderen Faktoren zurückwirken kann. Sie bestimmt schlicht, was für die Follower – oder für die Markenjünger – relevant ist. Und dann hält dieses Konstrukt sogar aus, wenn die Geschichten eher schwach sind. Wichtig ist, dass die Helden der Geschichte besonders stark sind – beispielsweise die hoch verehrte Influencerin oder der bewunderte Sänger mit Instagram-Kanal oder die starke Marke Apple.

Nun sind Instagram-Kanäle in vielerlei Hinsicht auch Storytelling-Kanäle, auch wenn der Plot (Helden, Wendepunkte, Herausforderungen etc.) häufig eher flach erzählt ist. Aber ein Wohnmobilist, der in jedem Video ein kleines Abenteuer besteht und Produkte testet, die sein Leben besser machen, erzählt eben auch eine anschlussfähige Geschichte.

Seine Autorität aber, die authentische Art zu erzählen, die Unvoreingenommenheit, weil er eben kein Hersteller ist, und die Machart der Videos, die eben nicht Kinoqualität liefern müssen, lässt eine enge Bindung seiner Zuschauer zu, die ihm diese Erzählung als unantastbar glaubwürdig abnehmen. Das ist der Hauptgrund, warum große, aber auch kleine und mittlere Unternehmen zunehmend davon Abstand nehmen, aufwendig produzierte Streuwerbung zu erstellen, und sich immer mehr Hilfe von Influencern suchen. Wenn diese Form des Marketings günstiger, einfacher und zudem noch erfolgreicher ist, wird es argumentativ ziemlich einfach.

Auch Unternehmen haben die vielfältigsten und teilweise bemerkenswerte Konzepte entwickelt, um Bindung zu ihren Kunden herzustellen: So können Ferrari-Kunden manche Modelle nur kaufen, wenn sie vorher an Events der Marke teilgenommen haben, bereits andere Modelle des Herstellers gekauft haben und durch das Unternehmen aufgrund des persönlichen Kontaktes als gute Markenbotschafter iden-

tifiziert wurden. Wer nun einen speziellen Ferrari kaufen möchte –
etwa weil andere Mitglieder der Community dieses Zeichen dann lesen können und weil dieser einen Seltenheitswert hat –, der muss sich
stark an die Marke binden. Mit der Erbringung des Kaufpreises ist es
da nicht getan. Da ist der örtliche Opel-Händler sicher weniger streng,
wenn Sie einen Wagen bei ihm kaufen wollen.

Das ist eine außergewöhnliche Form des Marketings, sich von den
Kunden förmlich durch starke Bindung an das Produkt bitten zu lassen,
dass man ihnen ein Produkt zuteilen möge. Aber es funktioniert, wenn
das Produkt außergewöhnlich ist und manche Bedürfnisse des Kunden
gut lösen kann, weil Marke und Produkte eine besondere Sichtbarkeit
haben und auf den Kunden abstrahlen können.

Stufe 6: Infusionsmarketing

Infusionsmarketing ist die höchste Form der Veredelung in Anlehnung
an das Seth-Godin-Modell. Diese Stufe kann man kaum ohne sein be-
deutendstes Beispiel erklären, das schließlich namensgebend für die
dahinterstehende Metapher ist.

In dieser Story kommt ein Patient mit einem Herzinfarkt in die Not-
aufnahme eines Krankenhauses. In seinem Herzen hat sich ein Infarkt
festgesetzt, der nun lebensbedrohlich ist. Der Patient hofft dort auf
Hilfe. Damit wird er also Kunde dieses Krankenhauses und des behandelnden Arztes und ist dem Krankenhaus gegenüber sichtbar.

Der Arzt schlägt dem Patienten vor, ihm eine Infusion zu legen und
eine Medizin in den Körper zu leiten; der Patient stimmt selbstverständlich zu und lässt sich den Zugang legen. Danach leitet der Arzt in
der Folge alle für medizinisch notwendig erachteten Produkte und Angebote der Klinik direkt dem Patienten zu, ohne ihn dafür noch einmal
um Erlaubnis zu fragen. Der Patient ist guten Glaubens und auch darauf angewiesen, dass der Arzt schon das Richtige tun wird.

Was der Patient in dieser Situation sicher nicht tun wird, ist das Angebot zu hinterfragen oder zu vergleichen. Er wird die Behandlung
kaum ablehnen und verlangen: Fahren Sie mich doch noch in ein anderes Krankenhaus, ich würde gerne die Angebote dort mit den hier

angebotenen lebensrettenden Maßnahmen vergleichen, preislich und inhaltlich.

Vor allem die Relevanz des Angebotes steht hier über allem und ist maximal ausgeprägt. Dem Kunden geht es um sein Leben; mehr Relevanz ist also nicht denkbar. Und diese Relevanz hat auch eine starke zeitliche Komponente, die Lösung ist absolut dringlich.

Diese Relevanz ist damit so stark, dass auch die Autorität und die Geschichten hinter dieser zurücktreten. Auch wenn durch das Verhalten des behandelnden Arztes beim Legen des Venenzugangs ein leichter Zweifel an seiner Kompetenz aufkäme – Relevanz und die Hoffnung auf die Lösung des Problems können diesen Zweifel an der Autorität lange überstrahlen.

Und auch die Geschichten, die der Arzt im Marketing für seine Behandlung nutzen könnte, sind vermutlich überschaubar. In diesem Moment geht es für Arzt und Patient in erster Linie um die überaus dringliche Relevanz.

Diese Art des Marketings würde sich also, gemessen an drei Dimensionen einer smarten Sichtbarkeit, schwächer zeigen als beispielsweise das Vertrauensmarketing. Aber das stimmt nur teilweise.

Zunächst einmal ist Infusionsmarketing aus anderen Gründen bei Godin die höchste Form des Marketings. Schließlich hört der Kunde in seiner Metapher gänzlich auf, irgendein Produktangebot des Anbieters zu prüfen, und gibt ihm einen Freibrief, ihm alle Produkte gerne zu liefern, im tiefsten Vertrauen und dem Glauben, dass diese für ihn größte Relevanz haben.

Der Blick auf tatsächliche Marketingbeispiele zeigt, dass das gar nicht so selten der Fall ist und auch nicht zwingend lebensbedrohliche Zustände voraussetzt.

Stellen Sie sich beispielsweise ein Produkt vor, das Ihnen im Internet angeboten wird. Dort sollen Sie eine App kaufen, die Ihnen ein Problem lösen würde, beispielsweise Ihr Golfspiel verbessert wie die App »Hole 19«. Einen Monat können Sie diese kostenlos nutzen (das ist die Genehmigung, Ihnen die Kanüle der Infusion zu legen); danach bucht der Anbieter (bis zu Ihrer Kündigung) eine monatliche Abo-Gebühr ab.

Ganze Industrien fußen auf diesem Modell: Spotify beispielsweise, Netflix oder Ihr Sky-Fußballabonnement. Viele solcher Produkte sind sehr erfolgreich im Internet, und häufig funktionieren sie dabei als Abonnementmodell. Und auch außerhalb solcher digitalen Kontexte sind Abos ja ein seit Langem bewährtes und von den Unternehmen geliebtes Modell der Kundenbindung.

Auch hier gibt schließlich der Kunde einmalig sein Einverständnis, zukünftige Produkte von diesem Anbieter zu erhalten. Sei es digital oder physisch – der Kunde bestellt einmal ein Abo und lässt sich fortan von diesem Anbieter berieseln.

Oder er wird einmal »Amazon Prime«-Kunde und nutzt ab da bereitwillig die Vorteile seines Abos, wie den Zugriff auf Medien, bevorzugten Versand von Paketen – an denen dann wiederum Amazon verdient –, und bietet zudem noch bereitwillig reichhaltige Informationen über sein Nutzungs- und Kaufverhalten, das der Konzern wiederum gewinnbringend nutzen kann.

Diese Art der Verbindung des Kunden mit der Firma Amazon hat klare infusionäre Züge und ist klug ausgesteuert. Der Kunde gibt einmal sein Einverständnis, Kunde zu sein, und genießt eine Reihe von Vorteilen. All diese Vorteile sind so strukturiert, dass stets auch das Unternehmen von der jeweiligen Interaktion zwischen Kunde und Firma profitiert. Es ist ein Geben und ganz gewiss auch ein Nehmen für die Firma.

Auch die genannten Abo-Modelle für Infoprodukte kennen solche infusionären Folgedeals. Upselling ist so ein Beispiel. So geht man im Marketing davon aus, dass höherpreisige Produkte beim ersten oder zweiten Kontakt mit einem Kunden schlechte Chancen haben. Dann braucht es schon eine hohe Energie des Anbieters, um bei einem solchen frühen Kontakt mit einem Kunden ein hochpreisiges Produkt zu verkaufen.

Gerade im digitalen Marketing scheuen aber viele Anbieter solch hohe Energieleistungen, weil sie etwa Personalaufwand bedeuten und damit teuer sind. Also gehen sie einen anderen Weg und bieten dem Kunden zunächst ein günstiges Produkt an, das einen Impulskauf für zum Beispiel einen einzigen symbolischen Euro darstellt. Es gibt ein Basisangebot, das aber hohe Erwartungen erfüllt. Der Kunden ist dann angesichts dieser großartigen Offerte bereit, seine Bedenken wegzuwischen, weil der Impuls so stark wird: Plötzlich erscheint es als ein Fehler, das Produkt nicht zu kaufen.

Dieser initiale Deal funktioniert wahrscheinlich deshalb, weil der Deal wenig Risiko birgt. Es handelt sich um einen günstigen Kauf oder das Angebot ist einfach unglaublich gut. Dem Kunden, der gerade gekauft hat, wird danach ein weiteres Angebot direkt im Anschluss gemacht, beispielsweise eine Premium-Mitgliedschaft wie bei XING. Und damit verbindet der Kunde schon jetzt unbewusst verschiedene positive Eigenschaften mit dem Anbieter, darunter Autorität und Storytelling.

Der Kunde ist plötzlich sein eigenes Testimonial, denn er hat bereits bei diesem Anbieter gekauft und dafür ein reichhaltiges Angebot für einen geringen Preis bekommen. Zudem kennt er den Anbieter schon; vielleicht hat er bei XING schon sein Profil angelegt.

Die vorgestellte Art, das Infusionsmarketing umzusetzen, ist ein Weg, die Vorteile dieses Marketings für das eigene Unternehmen zu nutzen. Das ist ausdrücklich auch ein fairer Deal für beide Seiten: Der Kunde bekommt für seinen initialen Impulskauf sehr viel, schließlich soll ihm dieser attraktiv erscheinen.

In der moralischen Bewertung dieses Geschäftsmodells geht es danach vor allem darum, ob die Infusion dabei missbraucht wird. Und das ist manchmal sogar bei den alten Medien in der Tageszeitung eher ausgeprägt als in digitalen Kontexten: Dann werden Kunden mit einem 14-tägigen Probeabo einer Tageszeitung an die Infusion gelegt. Und ehe sie sichs versehen, hängen sie bis zum Ablauf einer langen Kündigungsfrist an dieser fest.

Grundsätzlich ist Infusionsmarketing aber auch ein gutes Bild dafür, wie man mit seinen Kunden zusammenarbeiten kann, wenn ein Unternehmen die Erwartungen seiner Kunden gut kennt, wenn es seine Probleme häufig und zuverlässig sehr gut löst, wenn die Zusammenarbeit beiden Seiten nutzt und ein tiefes Vertrauensverhältnis und Bindung entstehen.

Der größte Vorteil aber ist ein laufender Einnahmestrom aus wiederkehrenden Abonnementzahlungen.

Peloton: Ein Beispiel für ein infusionäres Produktuniversum

Peloton hat zahlreiche Merkmale der Infusionssichtbarkeit sehr gut in das eigene Geschäftsmodell integriert. Damit ist die Marke in kurzer Zeit erfolgreich geworden und hat sich auf dem deutschen Markt hohe Sichtbarkeit und großen Umsatz gesichert: Die Zahl der Kunden ist von 2019 auf 2020 weltweit um insgesamt 113 Prozent gestiegen; zum Jahresbeginn 2020 hatte Peloton schon 1,1 Millionen Kunden.

Der Wert des Unternehmens wird inzwischen auf über 8 Milliarden Euro geschätzt.[3]

Die Marke Peloton bietet Indoor-Fitnessbikes und -Laufbänder. Soweit ein alter Schuh, denn solche »Ergometer« hat man sich schon im Zuge der »Trimm dich«-Welle in den 50er-Jahren in die Wohnzimmer und Hausarbeitsräume des Wirtschaftswunders gestellt. Das Geschäftsmodell ist daher in seinem Grundkern nicht neu.

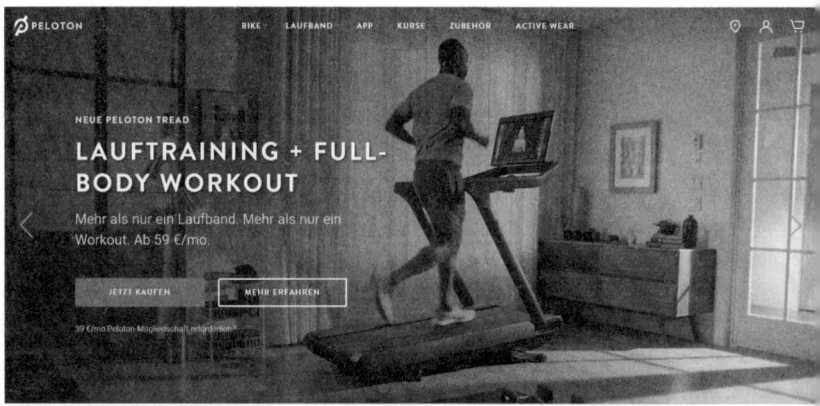

Auch Laufbänder gehören zum Portfolio Pelotons. Der Hersteller schreibt: »Mehr als nur ein Laufband«. Zusätzlich zum Laufband (2 495 Euro Kaufpreis, der auch in Raten von 59 Euro pro Monat finanziert werden kann) fällt eine monatliche Membership-Gebühr in Höhe von 39 Euro pro Monat an.

Quelle: Peloton.de

Die Bikes von Peloton jedoch sind mit einem großen Display ausgestattet, mit dem Internet verbunden und auf den Displays laufen Online-

Kurse. Das ist mehr als ein bloßes Aufsatteln auf die Möglichkeiten der Digitalisierung: Das hat dieses Geschäftsmodell und die Sichtbarkeit des Produktes neu erfunden.

On Demand oder sogar live sind die Trainierenden über das Fahrrad mit echten Trainern und echten Trainingsgruppen aus anderen digital vernetzten Kunden verbunden. Während die Kunden also auf ihrem heimischen Fitnessrad sitzen, sehen sie den Trainer oder die Trainerin. Damit wird das Aufwärmtraining auf dem Fitnessgerät koordiniert, danach wird die Schwierigkeitsstufe erhöht und verschiedene Intensitäten werden in das Training eingestreut.

Auch das ist noch nicht allzu spektakulär, das könnte letztlich auch eine DVD oder ein gutes Fachbuch mit einem Trainingsplan und einer Stoppuhr leisten. Peloton aber denkt die Kundenbindung weiter zur Infusionssichtbarkeit.

So erfolgt die Ansprache der Trainerinnen (meistens sind es tatsächlich Frauen, die diese Kurse geben) direkt an die ganze Gruppe, persönlich. Tempowechsel werden angesagt und es gibt eine allgemeine Motivationsansprache. Schon allein dadurch werden psychologische Muster angesprochen, die eine Bindungskraft gegenüber diesem Angebot erzeugen. Die Gruppendynamik motiviert dazu, mit der bekannten Trainingsgruppe zum Beispiel donnerstags morgens einen Kurs mitzumachen. Zwar sehen die Teilnehmer sich untereinander nicht, aber die Gruppendynamik funktioniert dennoch ähnlich wie in realen Zusammenhängen, dafür sorgen auch die Trainer. Wenn eine Veranstaltung in der Gruppe regelmäßig angeboten wird, dann kostet es mehr Überwindung, dieser fernzubleiben, als vielleicht die eigentliche Anstrengung. Das ist nicht zuletzt die Magie von Verabredungen fürs Fitnessstudio oder von gemeinsamem Joggen.

Die Trainer sehen die Heim-Athleten dabei auch nicht direkt, wohl aber deren Leistungsdaten. Wer dann nicht wie die anderen oder weniger als zuvor in die Pedale tritt, fällt auf und kann sogar direkt mit Namen angesprochen werden. Das klingt beim Lesen dem einen oder anderen nach einer von George Orwells Dystopien, ist aber die von den Kunden gesuchte notwendige Transparenz ihrer Motivation inklusive der Möglichkeit der Trainingskorrektur und des Ansporns.

Die Kunden können das Problem der Motivation beim Sport damit auslagern und kaufen sich für 39 Euro im Abonnement von dieser Last frei. Das ist ein direkt umgesetzter Kundennutzen und infusionäres Marketing, weil ein Abonnement entsteht. Die Tatsache, dass die Kunden diese Daten nicht übertragen müssen, die anderen Teilnehmer nur vermittelt wahrnehmen (auch die Teilnehmer untereinander können ihre Daten einander sichtbar machen) und auch einfach das Gerät ausgeschaltet lassen können, scheint das richtige Maß an Freiheit und Kontrolle widerzuspiegeln.

Auf diesem Wege treten die Kunden jedoch aus der Anonymität der Nutzung heraus und werden für das Unternehmen sichtbar. Das ist im Grunde die Logik eines Fitnessstudiokurses, bei dem die Trainer nach einer Weile auch ihre Kursteilnehmer kennen, ihre individuellen Leistungsentwicklung beobachten und sie motivieren können. Dieser Teil wurde, weil er offline gut funktioniert, online übernommen.

Die Trainer sind dabei in besonderer Weise sichtbar. Auf der Website der Firma Peloton kann man sich die Profile der Trainer anschauen. Diese sind häufig detailliert ausgeführt, es soll der Mensch erkennbar sein und die Kunden sollen das Gefühl bekommen, mit guten Bekannten zu trainieren.

Abseits der Frage, ob diese Beschreibungen denn immer zutreffend und ehrlich sind, können die Kunden ihre Trainer kennenlernen und selbst auswählen. Auch laden die Trainer persönliche Streaming-Listen für Musik hoch, die dann bei allen Kursteilnehmern zum Training abgespielt werden, weiter motivieren und außerdem auch persönlich von diesem Trainer für seine Schützlinge ausgewählt wurden.

Peloton bindet also nicht nur Kunden an seine Produkte, sondern bietet ihnen auch Vertreter der Marke zur persönlichen Verbindung an. Bindungen zu Menschen geben die Kunden vielleicht weniger gerne auf als die Bindung zu einem schnöden Produkt, selbst wenn es gut 2 000 Euro gekostet hat.

Für die Idee der smarten Sichtbarkeit ist diese Form der gegenseitigen Sichtbarkeit aufsehenerregend: Der Kunde wird plötzlich in der Nutzung des Produktes für das Unternehmen sichtbar. Und das Unternehmen motiviert – sichtbar in Person der Trainerin – nicht nur dazu, an den eigenen Zielen weiterzuarbeiten. Das Unternehmen motiviert auch dazu, das Produkt zu nutzen, und kann diese Nutzung kontrollieren. Das ist insbesondere deswegen interessant, weil die Nutzung der Kurse als Abonnementmodell erfolgt, Peloton also automatische Einnahmen neben dem teuren Bike sicherstellt.

Für über 2 000 Euro bekommen die Kunden nämlich nur das Peloton-Bike, das zudem noch in zwei Varianten erhältlich ist: Bei der höherpreisigen Variante beispielsweise wird der Kraftaufwand direkt durch den Trainer eingestellt. Bei der günstigen Variante muss der Radfahrer selbst am Rädchen drehen.

Die Kurse jedoch müssen immer hinzugekauft und monatlich bezahlt werden. Wird das Abo gekündigt, dann bleibt das Display schwarz, zumindest was die Kurse und die externe Überwachung der Zielerreichung angeht. Damit aber verliert das Peloton auch sein Alleinstellungsmerkmal gegenüber den normalen Ergometern. Die Motivation durch den Trainer ist dann nicht mehr gegeben, Gleiches gilt für die Regelmäßigkeit der Trainingsgruppen und das Gemeinschaftsgefühl. Mit Kündigung seines Abonnements würde der Kunde einen wesentlichen Kaufaspekt aufgeben.

Das wissen die Kunden sehr genau, denn sie wollen mit dem Peloton-Bike das Beste aus zwei Welten verbinden: Zum einen wollen sie vielleicht nicht ins Fitnessstudio; die Gründe hierfür können vielfältig sein. Andererseits wollen sie aber auch nicht auf die motivierende Kraft der Kurse mit den Trainern und den anderen Teilnehmern verzichten. Vielleicht wollen sie das Training besser in ihren Alltag integrieren, die Nachteile der Infrastruktur eines Fitnessstudios aber vermeiden. Sie wollen außerdem motiviert werden und benötigen für ihr Training vielleicht einen Ansporn.

In der Summe also kaufen die Kunden das hochpreisige Ergometer und zahlen dann noch monatlich für die Kurse. Darüber hinaus werden noch zusätzliche Gewichte, extra angepasste Schuhe und weitere Gimmicks hinzugegeben, die sich in preislich attraktiven Paketen bündeln lassen.

Den Marketingsatz »The best buyer is the buyer« hat Peloton offenbar gut verstanden und damit zur Anwendung gebracht; denn was könnte ein größerer Vertrauensbeweis des Kunden gegenüber dem Unternehmen sein, als dass er sein angebotenes hochpreisiges Produkt erwirbt. Auf dieser Ebene können leicht weitere Angebote gemacht werden. Das Unternehmen hat eine hohe Sichtbarkeit diesem Kunden gegenüber und der Kunde ist hoch interessiert – das hat er abschließend bewiesen.

Die Relevanz der Lösung wurde verständlich transportiert und ein hinreichend drängendes Problem des Kunden adressiert. Mit solchen Kunden weitere Geschäfte zu machen ist für Peloton hoch attraktiv und damit eine Form der smarten Sichtbarkeit. Kunden in solchen Modellen sind meist in hohem Maße bereit, weitere Produkte zu erwerben.

Dienstleister kennen solche Kundenverhältnisse, wenn es gut läuft. Sie erbringen für ihre Kunden eine Leistung und der Kunde ist damit zufrieden; und wenn auch die weiteren Parameter dieser Geschäftsbedingungen passten, wie der Preis, die Ausführungsqualität und die Geschwindigkeit etwa, dann ist die Wahrscheinlichkeit hoch, dass der Kunde nachbucht, sofern es sich etwa um ein regelmäßiges Problem handelt.

Marketing oder Dienstleistungen an Haus und Garten sind zwei Beispiele aus sehr unterschiedlichen Bereichen, die in jahrelange Regelmäßigkeit einer Kundenbeziehung überführt werden können. Beide eint, dass der Kunde auch hier auf der Suche nach Bequemlichkeit und Orientierung mit einer einmal gefundenen Lösung in der Regel lange zufrieden ist und weitere Dienstleistungen dieser Art gerne annimmt.

Dennoch lohnt ein Blick auf die Frage, wie »Peloton-ähnlich«, infusionär also, das eigene Kundenmodell ist. Das ist nicht auf Dienstleister beschränkt: Bei der Erstellung von Webseiten oder digitalen Angeboten für Kunden etwa können Agenturen immer überlegen, vielleicht einen Pflegevertrag anzuschließen. Das kann eine Win-Win-Situation sein, in welcher der Kunde späteren Pflege- und Sicherheitsaufwand seiner Webseite an die Agentur abgibt, damit hat er das Problem für die Zukunft gelöst.

Aber auch Hersteller physischer Produkte können in solchen Produkt-Universen denken. Durch den Kauf eines Produktes ist der Prozess idealerweise nicht abgeschlossen, sondern erst hoch qualifiziert angestoßen. Allein mit dieser Denkweise kann sich ein Geschäftsmodell von dauerhaftem, um initiale Sichtbarkeit bemühtem Marketing hin zu einem angenehm entspannten Marketing mit smarter Sichtbarkeit gegenüber motivierten, guten Kunden entwickeln.

Gamification zur Kundenbindung

Abschließend noch ein Gedanke zu Peloton, der auch lehrreich für das eigene Marketing sein kann. Peloton nutzt in seiner Kundenbindung – der fortgesetzten Sichtbarkeit der Produktvorteile den Kunden gegenüber – Elemente der Gamification. Computerspiele oder auch Brettspiele kennen Szenerien, die wir im Rahmen des Storytellings angeführt haben und die Menschen stets faszinieren und häufig auch motivieren: Es gibt ein klar formuliertes Ziel und bestimmte Herausforderungen auf dem Weg dorthin. Spielerisch misst sich der Kunde an diesen und verfolgt die Ziele ehrgeizig.

In der Regel gibt es bei Spielen bestimmte Parameter, innerhalb derer dieses Ziel zu erreichen ist, um zu gewinnen. Bei einem Brettspiel wie *Mensch ärgere dich nicht* geht es darum, als Erster alle vier Figuren auf bestimmte Felder zu lenken – Würfelglück und eine gute Strategie vorausgesetzt. Bei Jump-and-Run-Computerspielen geht es meistens darum, eine bestimmte Strecke und Herausforderung innerhalb einer gewissen Zeit zu meistern. Ziel ist immer das gute Gefühl, eine bestimmte Leistung besser als die Zeit, besser als der Wettbewerb oder besser als beim letzten Mal zu erreichen.

Genau zu diesem Zweck trackt das Peloton die Leistungen seiner Kunden sehr genau in einer App und macht sie dem Kunden gegenüber transparent – auf Wunsch übrigens auch für Trainer und die anderen Mitglieder einer Trainingsgruppe. Die Kunden sehen also einerseits ihre eigenen Fortschritte und können diese auch anderen präsentieren; sie sehen aber damit auch, wie sie ihre Ziele Schritt für Schritt erreichen. Das motiviert die Kunden fortlaufend, weil kleine Meilensteine eher in Reichweite scheinen als das große Ganze – zumal die eigenen Fitnessziele selbstgesteckt und flexibel, also auch veränderbar sind.

»10 Kilometer Radfahren auf dem Peloton in unter 20 Minuten« oder »der Beste der Trainingsgruppe« zu werden: Ist das Ziel zu weit weg, verliert es seinen Glanz, weil die Aufgabe zu herausfordernd erscheint. Kleine Ziele sind da eher erreichbar und halten den Kunden motiviert.

Damit kann Peloton seinen Kunden kleinteilig beweisen, dass das Abonnement für jeden Monat gut investiert war – schließlich war er eine oder zwei Minuten schneller oder hatte einen besseren Fitnesswert.

Peloton motiviert seine Kunden mit Gamification sehr intelligent, die höchste Form der Sichtbarkeit gerne weiter mitzugehen, und schafft damit einen weiteren Baustein infusionärer Sichtbarkeit.

Sichtbarkeitsstufen benötigen unterschiedliche Kundeneinwilligungen

Den sechs Stufen des Seth-Godin-Modells folgend wird also der Wert der Sichtbarkeit aus Unternehmenssicht von Stufe zu Stufe größer. Das für sich genommen ist schon ein großer Mehrwert für das Streben nach smarter Sichtbarkeit – im Unterschied zu in der Masse austauschbaren Botschaften und wertloser Sichtbarkeit.

Um die Bedeutung der 6 Stufen zu verstehen und um die dahinterstehende Struktur auch für die eigene Landkarte der Methoden zur Erreichung der smarten Sichtbarkeit optimal nutzen zu können, ist es sehr hilfreich, den Fokus auf eine einzelne Frage zu lenken, die wie ein Rückgrat alle Stufen des Marketings verbindet und an der sich alle Stufen messen lassen müssen.

Das ist die Frage nach der Einwilligung der Kunden, das Marketing zu empfangen und den Unternehmen Sichtbarkeit zuzugestehen.

So lassen sich die 6 Stufen einordnen:

1. Spam hat keine Einwilligung der Kunden.
2. Zufallsmarketing ist ungefragt, wird aber vom Kunden gerade noch akzeptiert.
3. Marken sind interessant, weil sie einen Markennutzen haben und aus der Autorität wirken. Sie dürfen deshalb dem Kunden gegenüber mit Marketing in die Sichtbarkeit treten.

4. Vertrauensmarketing kann sich auf die Annahme des Kunden berufen, dass diese Angebote sein Vertrauen rechtfertigen, und ist fast immer willkommen; der Kunde sucht auch Quellen dieser vertrauensvollen Produktempfehlung.
5. Bindungsmarketing geht über die reine Erlaubnis der Sichtbarkeit hinaus; stattdessen sucht der Kunde diese nun eigeninitiativ.
6. Beim Infusionsmarketing erteilt der Kunde einmalig seine Erlaubnis und ermöglicht danach dem Unternehmen weitgehende Freiheiten beim Produktverkauf.

Die Achse, an der sich die Erlaubnis zur Sichtbarkeit entwickelt, geht also von »kein Einverständnis« bis hin zur »absoluten Selbstverständlichkeit«, dass der Hersteller dem Kunden gegenüber regelmäßig sichtbar werden und ihm dazu Produkte verkaufen darf.

Das sind große Argumente dafür, die eigene Sichtbarkeit anhand dieser Stufen zu entwickeln und zu verbessern. Denn mit dem steigenden Einverständnis zur Sichtbarkeit und dem Wunsch nach einem Geschäft mit diesem Unternehmen oder diesem Anbieter durch den Kunden sinkt automatisch der Kostenaufwand für die Kundengewinnung.

Es ist langfristig für ein Unternehmen lukrativer, einmal den Aufwand zu betreiben und höhere Stufen der Sichtbarkeit gegenüber seiner Zielgruppe zu erreichen und diese zu dauerhaften Fans zu machen. Damit ist es auf der anderen Seite aber auch unternehmerische Vernunft, von seinen Kunden die Erlaubnis einzuholen, ihnen Sichtbarkeit zu bieten.

Es ist auf Dauer aufwendig, teuer und wenig erfolgversprechend, selbst mit hohen Budgets im Streumarketing, mit austauschbaren Produkten und Anteilen von Spam oder Zufallsmarketing die Aufmerksamkeitsschwelle potenzieller Kunden überhaupt zu überwinden. Und es ist gleichzeitig ein Traumzustand für jedes Unternehmen, wenn die eigenen Flyer und Visitenkarten endlich verbrannt werden können, weil treue Lieblingskunden das Unternehmen empfehlen oder die Kunden eigeninitiativ fragen, ob das Unternehmen neue Produkte bietet, oder sogar ein Abonnement abschließen.

Gelenkte Sichtbarkeit macht Umsatz

Kunden kaufen das Produkt, das ihr Problem löst. Dazu müssen sie das Produkt verstehen und es für den besten Deal halten. Idealerweise muss das Produkt dafür smarte Sichtbarkeit erreichen, für eine klare Lösung stehen und besser sein als andere Produkte oder andere Optionen – auch ein Nicht-Kauf zählt dazu. Erst der Abschluss des Geschäfts, der »Deal«, überführt smarte Sichtbarkeit in Umsatz.

Der Deal als Geschäftsgrundlage

Wenn das Unternehmen mit seinem Produkt genügend Schnittmengen zu den Kundenbedürfnissen erreicht, entsteht ein Deal und erst an dieser Stelle Umsatz.

Doch wie funktioniert ein solcher Deal genau? Im Grunde wie eine Balkenwaage, wie sie die fiktive Figur der Justitia nutzt, um Gerechtigkeit herzustellen.

Kunden wissen intuitiv, dass sie für einen Deal etwas in die Waagschale werfen müssen. Wenn sie von Unternehmen durch Sichtbarkeit angesprochen werden, dann sollen sie Aufmerksamkeit einbringen. Weil sie dafür aber eine Gegenleistung erwarten, setzen Unternehmen heute beispielsweise erfolgreich auf Content-Marketing, bei dem wertvolle Informationen hinzugegeben werden, damit der Deal für die Kunden als ausgewogen empfunden wird.

Wenn die Kunden ein Produkt dann sogar kaufen sollen, dann müssen sie Geld in die Waagschale werfen – und dafür wollen sie einen möglichst guten Deal sehen. Für beide knappen Güter – Aufmerksamkeit und Geld – erwarten die Kunden also eine Gegenleistung. Die Waage muss zu ihren Gunsten ausschlagen; übrigens stammt das Wort Relevanz von »relevare« – »in die Waage bringen«.

Die Unternehmen bringen also Produktnutzen und -vorteile ein, damit das Angebot für die Kunden relevant wird. Und dieser Nutzen sollte so groß sein, dass die Kunden ihn für vorteilhaft erachten und sich bestenfalls im Vorteil sehen. Wenn es zu ihren Gunsten ausschlägt, nehmen die Kunden das mit der Gerechtigkeit häufig nicht mehr allzu wichtig.

Landläufig nennt man das ein gutes Preis-Leistungs-Verhältnis oder ein »Schnäppchen«.

Außerdem können die Unternehmen dabei auch noch sogenannte »Incentives« hinzugeben, also Kaufanreize wie Geschenke, Vergünstigungen oder weiche Faktoren. Das kann eine persönliche Beziehung zum Unternehmen oder dem Anbieter sein, ein bestimmter Status, den das Produkt auf seinen Nutzer abstrahlt, oder der Gedanke, Gutes zu tun. Der Deal muss eben gut sein, die Waagschale kundenseitig reichlich gefüllt.

Meist ist es für Unternehmen schwer, all diese Elemente eines guten Deals einem Kunden gegenüber innerhalb von nur einem Kontakt in die Waagschale zu werfen. Aus diesem Grund benötigen Kunden häufig mehrere Kontakte, um den Deal zu überblicken und sich dazu entschließen, den angebotenen Deal anzunehmen.

Die Sieben-Kontakt-Regel

Der Kunde muss ein Angebot daher mehr als nur ein einziges Mal sehen; im Schnitt benötigt ein Unternehmen sieben Kontakte, um aus guter Sichtbarkeit Umsatz erzeugen zu können. Dabei braucht es nicht unbedingt sieben Kontakte; die Zahl der Kontakte hängt von verschiedenen Einflussfaktoren ab. Die drei Säulen der smarten Sichtbarkeit nehmen Einfluss auf die Zahl dieser Faktoren: die Relevanz, die Autorität und die Geschichten, die das Unternehmen erzählt. Sie verkürzen den Weg von der Sichtbarkeit zum Deal.

Wenn, wie bei der Infusionssichtbarkeit, ein Problem besonders große Relevanz hat, dann werden wahrscheinlich weniger Kontakte erforderlich. Auch wenn die Firma durch hohe Bekanntheit und Seriosität dem Kunden gegenüber viel Autorität aufbauen kann, dann braucht es weniger Kontaktpunkte. Und wenn im Sichtbarkeitsprozess eine einnehmende Geschichte den Kunden fesseln kann und ihn zu einer tiefen Begeisterung für das Produkt verleitet, dann ist auch das eine Abkürzung.

Niedrigpreis-Produkte und solche, die im Impuls gekauft werden, benötigen ebenfalls weniger Kontakte. Produkte, die hingegen sehr teuer sind oder einen großen Einfluss auf das Leben der Kunden nehmen könnten, die aber nicht zeitsensibel sind, bei denen sie sich viele Informationen beschaffen wollen, vergleichen wollen und einen hohen Anspruch an die Objektivität des Deals haben, können sehr viele Kontakte benötigen. So zum Beispiel ein Investitionsgut wie eine Maschine, das deutlich höheren Beratungsaufwand einfordert.

> Unternehmen müssen ihre Sichtbarkeit gut steuern und möglichst Prozesseigner dieser Kontaktkette werden. Will ein Unternehmen die Sichtbarkeit gegenüber seinen Kunden in Umsatz ummünzen, dann muss es sie so gut es eben geht vom Feld des Zufalls herunterführen. Und das geht wesentlich durch gelenkte Sichtbarkeit.

Unternehmen müssen ihren Kunden also mehrfach sichtbar werden. Es gilt daher, dass die eigene Sichtbarkeit auf verschiedenen Kanälen stattfinden sollte. Dabei muss diese Sichtbarkeit in sich schlüssig und gesteuert sein, weil der Kunde sich im Zweifel zwischen den einzelnen Kontakten wenig über die Unternehmen merken wird.

Die Sichtbarkeit verdichtet sich aber dem Kunden gegenüber von Kontakt zu Kontakt zu bestimmten Strukturen, Mustern und im Zweifel auch Stereotypen, denn der Kunde beginnt, dem Unternehmen bestimmte Eigenschaften und den Produkten gewisse Attribute und Problemlösungskompetenzen zuzuschreiben.

Wenn der Kunde also bei einem Kontakt ein Unternehmen findet, das sich auf Reinigungsmittel konzentriert hat und beim nächsten Mal Hustenbonbons anbietet, dann wird er das kaum zu einer Botschaft verdichten können. Weswegen sollte er sich doch gleich an diese Firma richten? Deshalb hat die Firma Procter & Gamble die Marken »Meister

Proper« und »Wick« parallel in ihrem Portfolio und stellt nicht etwa den Firmennamen Procter & Gamble in die Sichtbarkeit, sondern die Marken Wick und Meister Proper.

Auch gilt es, toxische Sichtbarkeit möglichst zu vermeiden, denn auch diese kann sich verdichten und wird aus der wachen Skepsis der Kunden heraus sogar häufig stärker gewichtet als viele gute Argumente. Kundenkritik, die auf bestimmten Kanälen geäußert wird, können Unternehmen jedoch aktiv aufnehmen und zur Produktver

Jameda umfasst 275 000 Ärzte in der eigenen Datenbank, verfügt über zwei Millionen Patientenbewertungen und hat daher einen Google-Sonderstatus. Bei der Arztsuche werden Jameda-Ergebnisse oft ganz zu Beginn angezeigt (oberste Zeile im Bild). Besonders gut gewertete Praxen werden inklusive Sternebewertung direkt in der Google-Suche angezeigt und verweisen auf die Website und die Routenplanung. Diese Sichtbarkeit entsteht in jedem Fall – egal, ob der Arzt sie lenkt oder nicht.

Quelle: Google Suche

besserung nutzen. Negative Kommentare in Social-Media-Kanälen etwa müssen genau dort aufgenommen und möglichst positiv gewendet werden.

Gefährlich ist auch die Annahme, dass Kanäle, in denen ein Unternehmen nicht aktiv präsent ist, allein dadurch für das Unternehmen keine Rolle spielen würden. Ein prominentes Beispiel eines solchen Zusammenhangs ist die Bewertungsplattform »Jameda«, auf der Ärzte von Patienten bewertet werden. Manche Ärzte misstrauen dieser Möglichkeit und halten das Urteil für unzutreffend oder scheuen schlicht den Aufwand, sich dort darum zu kümmern. Die Konsequenz, bei Jameda kein eigenes Profil anzulegen und auf Patientenkritik nicht zu reagieren, bedeutet aber nicht, dass der Arzt dort nicht vertreten ist.

Vielmehr legt Jameda jeden Arzt in Deutschland an und die Patienten beurteilen diese dort auch – unabhängig davon, ob der Arzt selbst ein Profil angelegt hat. Die Chance, falscher Kritik aktiv zu begegnen oder zufriedene Patienten aktiv zu motivieren, dort viele gute Kritiken zu hinterlassen, wird dadurch vergeben. Die Annahme »Auf diesem Kanal sind wir nicht vertreten« ist also falsch – im Zweifel entsteht ungelenkte und damit toxische Sichtbarkeit.

Besonders gefährlich ist dieses Beispiel, weil Jameda eine sehr hohe Googleaffinität hat. Google bevorzugt Bewertungen von echten Menschen gegenüber Algorithmen, vor allem weil sie zumindest heute noch jede Form der künstlichen Intelligenz in der Bewertung der Relevanz von Inhalten schlagen können.

Also zeigt Google bevorzugt die Bewertungen von Jameda, wenn Patienten beispielsweise nach einem Arzt suchen. Der erste Eintrag der Suchergebnisliste ist dann nicht die Webseite des Arztes, sondern Jameda, inklusive der guten und schlechten Bewertungen, die dieser eigentlich durch Ignorieren unsichtbar halten wollte.

Ungelenkte Sichtbarkeit kann auf der gleichen Basis zum Beispiel bei Hotelportalen dazu führen, Kundenrückmeldungen mit Nichtbeachten abzustrafen. Auch hier kann sich eine Eigendynamik entwickeln, die später kaum mehr durch das Unternehmen eingefangen werden kann.

Kanalübergreifende Kontakte

Das Beispiel von Jameda ist auch deshalb passend, weil viele Ärzte durchaus Aufwand betreiben, um bei Google Sichtbarkeit zu erlangen. So haben fast alle Arztpraxen eine Webseite. Auftraggeber für Webseiten stellen häufig eine Frage an die Web-Agentur: »Wie wird denn meine Sichtbarkeit bei Google gewährleistet«?

Nicht nur Ärzte denken bei der Erstellung ihrer Webseite an folgendes Szenario: Ein möglicher neuer Kunde sucht ein passendes Angebot und nutzt dafür Google. Dann möchte der Anbieter, dass er im Ringen um Kunden vor den anderen Anbietern gezeigt wird. Damit das gewährleistet ist, wird im Lastenheft für die Marketingagentur, welche die Webseite erstellen soll, SEO (Suchmaschinenoptimierung) als elementarer Faktor des erfolgreichen Marketings festgezurrt.

Sinnvoller wäre es dagegen, auf die Suchmaschinenoptimierung zu verzichten und stattdessen aktiv diese Aufgabe auf Bewertungsportale auszulagern und dort dann die eigene Website zu verknüpfen.

Sie können diese Sichtbarkeit auch sehr leicht selbst steuern: Bitten Sie Ihre Kunden bzw. Patienten nach einer erfolgreichen Behandlung einfach offen darum: »Könnten Sie mich und meine Arbeit bitte im Internet bewerten? Das würde mir sehr helfen.« Ein zufriedener Kunde wird Ihnen diesen Gefallen sicher gern tun. Dies ist ein einfach zu denkender Anstoß für die kostenlose, niedrigschwellige und dennoch hochwertige Lenkung der eigenen Sichtbarkeit. Dadurch, dass Sie ausschließlich zufriedene Patienten um eine Bewertung bitten, fallen die positiven Urteile in der Gesamtbewertung umso mehr ins Gewicht.

Auch die eigene Webseite ist ein guter und zentraler Anlaufpunkt für digital generierte Kundenaufmerksamkeit. Es wird viel Zeit und Aufwand in die Ermittlung der notwendigen Keywords investiert, die auf der Webseite in der notwendigen Häufigkeit auftauchen und viele andere Kriterien erfüllen müssen. Es werden aufwendig produzierte Videos in die Webseite integriert, weil die Webseitenentwickler wissen, dass diese Inhalte bei Google und dessen Videoportal YouTube bevorzugt berücksichtigt werden. Es werden teure Fotos gemacht und Testimonials von Kunden oder Patienten eingeholt.

Und dennoch zeigt Google in der Regel viel prominenter Jameda als erste Website, weil dieses Portal jede Webseite eines Arztes in Bezug auf zahlreiche Parameter schlägt, die eine Rolle für wertvolle Sichtbarkeit und für das Google-Ranking spielen: Jameda hat viel mehr Inhalte (so zum Beispiel die Daten zu 250 000 Ärzten), wird viel häufiger von Kunden angeklickt (über 4 Millionen Nutzer im Monat[1]), hat Tausende von Links, die auf weitere relevante Inhalte verweisen – all das harte SEO-Faktoren, welche die Marketingagentur ansonsten mühselig auf der kleinen Arzt-Website zu optimieren versucht und damit im Vergleich mit Jameda scheitern muss.

Die Energie, ohnehin zufriedene Kunden zu einer guten Bewertung zu motivieren, ist vermutlich geringer und kostengünstiger zu haben, als eine SEO-spezialisierte Webagentur eine Webseite optimieren zu lassen – und nebenbei viel erfolgreicher, weil in mehreren Kanälen gedacht wird. Die durch die Bewertung entstehende wertvolle Sichtbarkeit führt dann auf die verlinkte Webseite des Anbieters – kostenlos. So kann Sichtbarkeit kanalübergreifend smart genutzt werden.

Für andere Berufsgruppen gibt es zahlreiche Bewertungsplattformen mit ähnlich positiver Wirkung: »Proven Expert«[2] oder »Google-Rezensionen« etwa. Auch Hotel- und Reisebuchungsportale haben eigene Plattformen, die Sichtbarkeit herstellen.

Der unteilbare Nutzen muss sichtbar werden

Wenn also Sichtbarkeit gegenüber den Kunden an verschiedenen Kontaktpunkten entsteht und diese dabei auch verschiedene Informationskanäle nutzen und Sichtbarkeit diese Kanäle sogar überspringen kann, dann sollten die Informationen auf diesen Kanälen möglichst gut gesteuert werden.

Weil die Kunden so viele Möglichkeiten haben, die Kanäle frei zu wählen, ist es für Unternehmen nicht immer einfach, den ersten Kontaktpunkt eines Kunden zu entdecken. Marketingmaßnahmen, die sich des Druck-Marketings bedienen, wie beispielsweise Postwurfsendungen oder Fernsehspots, erhöhen die Wahrscheinlichkeit, einem Kunden gegenüber sichtbar zu werden. Gleichzeitig aber haben sie den strukturellen Nachteil des Streumarketings oder gar mit dem Vorwurf des Spams zu kämpfen, das haben wir in diesem Buch mehrfach beleuchtet.

Kunden, die sich ihre Kontaktpunkte mit dem Unternehmen und seinen mit ihm verbundenen Botschaften und Inhalten selbst suchen, sind aus ihrem eigenen Antrieb heraus vorqualifiziert und betrachten solche Informationen als relevant.

Kontaktpunkte müssen schlüssig sein

Umso wichtiger ist es daher, dass die Unternehmenskommunikation auf diesen verschiedenen Kanälen in sich schlüssig ist. Es nützt dem Unternehmen wenig, wenn es beim ersten Kontakt mit der einen Problemlösung durch den Kunden verbunden wird, im nächsten Kontakt aber eine ganz andere Problemlösung transportiert werden soll. Dieser sogenannte »unteilbare Produktnutzen« muss daher im Zentrum smarter Sichtbarkeit stehen.

Ein Unternehmen muss schlicht an jedem Kontaktpunkt für einen Kunden klar erkennbar und wiedererkennbar sein.

Wenn ein Unternehmen dabei die drei Säulen der smarten Sichtbarkeit beachtet, dann ist die Wahrscheinlichkeit, dass der Kunde Relevanz, Autorität und Geschichten, die ihm Anknüpfungspunkte bieten, in diesem Kontakt entdeckt, deutlich erhöht.

Und damit wird automatisch die Aufmerksamkeit des Kunden gelenkt. Ausgehend von einer ersten Suche bei Google, von einem zufällig wirkenden Kontakt bei Facebook oder Instagram oder weil ein Mikro-Influencer auf das Unternehmen oder das Produkt verwiesen hat – stets wird die Aufmerksamkeit des Kunden auf das Unternehmen gelenkt und er ist womöglich bereit, mehr zu erfahren. Unternehmen müssen daher Prozesseigner ihrer Sichtbarkeit bleiben.

Erfolgreiche Instrumente, um Sichtbarkeit zu lenken, sind beispielsweise das sogenannte Facebook-Remarketing oder auch ein E-Mail-Newsletter. Kunden, die einmal ein grundsätzliches Interesse für Inhalte eines Unternehmens gezeigt haben – und das kann schon ein überdurchschnittlich langes »digitales Verweilen« bei einem werbenden Inhalt sein –, können durch Facebook sehr genau identifiziert werden.

Danach können Werbetreibende eine Folgewerbung schalten, die den Inhalt des gerade Gesehenen leicht vertieft und den Kunden mit weiteren, aber immer noch gleichlautenden Informationen näher an das Produkt und die Möglichkeit eines Deals heranführt.

So wie man beim ersten Date meist nicht nach Hochzeit fragt, sind Unternehmen auch gut beraten, wenn sie den Kunden nicht sofort mit einem Kaufvertrag konfrontieren. Der Kunde will sich zunächst informieren, und wenn das Unternehmen ihm smart gesteuert mehrfach begegnet und jedes Mal ein paar Informationen hinzugibt, die sich dann beim Kunden zu einem Bild verdichten, löst das einen Kaufimpuls aus.

Leider sind sich viele Anbieter an verschiedenen Stellen dieser Sieben-Kontakte-Regel der Möglichkeiten nicht gewahr und überlassen viel dem Zufall. Das hat nicht zuletzt damit zu tun, dass Anbieter an verschiedenen Kontaktpunkten zu ihren Kunden das Gefühl haben, nichts Besseres als den Zufall ins Feld führen zu können und auf reine Frequenz zu setzen.

Ein Beispiel: Sie sind auf einem Symposium für einen Vortrag gebucht. Der Veranstalter möchte Ihnen die Möglichkeit geben, mit Ihrem besten Wissen aus Ihrer Tätigkeit, angestellt oder selbstständig, die anderen Teilnehmer zu inspirieren. Während des Vortrages gelingt es Ihnen, Ihre Expertise darzulegen und bei den Kunden den Wunsch herzustellen, mit Ihnen weiter in den Austausch zu treten.

Der typische Redner lenkt nun in der Folge die gute erzeugte Sichtbarkeit nicht mehr: Er geht davon aus, dass interessierte Neukunden aus dem Auditorium sich die Wege zu weiteren Informationen schon ebnen werden. Auf der letzten PowerPoint-Folie stehen schließlich seine Mailadresse, die Webseite und der LinkedIn-Account. Aber das genügt eben nicht mehr. Im Anschluss an Ihren Vortrag versuchen die Zuhörer, mit Ihnen ins Gespräch zu kommen. Am Abend funktioniert das leider nur kurz und es kommt lediglich dazu, dass Visitenkarten ausgetauscht werden.

Unterbewusst wissen aber alle Beteiligten, dass Visitenkarten manchmal erst Wochen später im Jackett wiedergefunden werden.

Die smarte Sichtbarkeit wurde also nicht ausreichend gelenkt; aus ursprünglich hochwertiger Sichtbarkeit wurde nach einigen Wochen wertlose Sichtbarkeit.

Das ist ein Grundproblem der Sieben-Kontakte-Regel: Wenn die Relevanz des Problems nicht überdurchschnittlich hoch ist, dann verliert sich die Dynamik und das Momentum des Interesses zwischen den Kontakten tendenziell, abnehmend mit der verstreichenden Zeit und anderen Lösungen, die sich dann den Kunden inzwischen präsentieren.

Das Thema, das an diesem Abend so spannend für den Kunden war, tritt am nächsten Tag im Büro hinter das Tagesgeschäft zurück.

Erstens muss es also darum gehen, einen privilegierten Weg zu finden, um den Kunden in Eigeninitiative auch zukünftig ansprechen zu können. Es macht einen riesigen Unterschied, ob der Kunde sich danach bei Ihnen melden kann, wenn das Thema immer noch spannend für ihn ist – und er auch gerade die Zeit dafür findet. Oder ob Sie dem Kunden auf automatisierte Art, zum Beispiel in einem Newsletter, das Thema kurze Zeit danach noch einmal ins Gedächtnis bringen. Vielleicht könnten Sie ihm im Sinne des Content-Marketings noch eine Zusammenfassung Ihres Vortrages schicken, die darauf ausgerichtet ist, die wichtigsten Vorteile Ihres Angebots noch einmal zu akzentuieren und gleich anwendbar für das eigene Team aufzubereiten. Dann bleiben Sie Eigner Ihrer Sichtbarkeit.

Um das herstellen zu können, ist der erwähnte Newsletter sinnvoll. Die Lenkung Ihrer Sichtbarkeit ist deutlich erkennbar: Mit einem Newsletter und einer Sammlung wertvoller Kontakte, die Sie an verschiedenen Punkten sammeln, werden Sie in die Lage versetzt, Ihre Kunden aktiv und mit qualifizierten Inhalten anzusprechen, während der Wettbewerb noch darauf hofft, dass der Kunde seine Webseite zufällig findet.

Um Ihren Newsletter zu füllen, gilt es, den Kunden einen klaren Call-to-Action anzubieten, eine Handlungsaufforderung also. Die Power-Point-Folie mit Ihrer Website ist keine ausreichend klare Handlungsaufforderung: Sie stellt für den Kunden keinen attraktiven Deal dar. Der Kunde wird zwar aufgefordert, seine Aufmerksamkeit ein zweites Mal auf Sie und Ihre Inhalte zu lenken. Der Kunde jedoch ist bequem, sieht hier sein Bedürfnis nach Orientierung unterrepräsentiert oder erkennt keinen Vorteil; und deswegen funktionieren solche allgemeinen, flachen Appelle zur Kontaktaufnahme eher selten.

Kunden sind nicht gerne eigeninitiativ, Kunden rufen nicht gerne irgendwo an, Kunden verschieben diese wichtige Information auf morgen und Kunden sind meistens mit dem kritikwürdigen Status quo immer noch zufrieden genug, sodass sie nicht Energie aufwenden, etwas daran zu ändern. Viel besser funktioniert beispielsweise, wenn Sie dem Kunden eine klare, nutzenorientierte Handlungsaufforderung mit einem klaren Ziel und einem klaren Angebot formulieren:

Am Ende der Präsentation könnten Sie den potenziellen Neukunden ein Angebot machen, sich die Inhalte des Vortrages doch noch einmal bequem als PDF nach Hause schicken zu lassen. Nur eine kleine E-Mail an eine von Ihnen genannte Adresse oder eine WhatsApp an eine Telefonnummer genügt, schon werden die vorbereiteten Inhalte zugestellt. Mit den verfügbaren digitalen E-Mail- und Kontaktverwaltungssystemen können Sie diesen Kontakt einsammeln und beispielsweise Ihrem Newsletter-Adresspool zuführen. Dadurch entsteht gelenkte Sichtbarkeit,

Beide Seiten gewinnen dabei: Der Kunde bekommt hochwertige Informationen zu einem für ihn relevanten Thema und wird wieder von Ihnen angesprochen. Da das Thema für ihn relevant ist, freut er sich sogar auf Ihre Kontaktaufnahme.

In der Summe entsteht ein sogenannter Funnel, ein Kundentrichter. Aus der Sichtbarkeit, die sich leicht und mit niedrigen Budgets realisieren lässt, wird durch verschiedene Instrumente gelenkte Sichtbarkeit.

Diese Sichtbarkeit, die eine klare und eindeutige Botschaft tragen sollte, verdichtet sich dann zunehmend zu einem Kaufinteresse des Kunden. Dieses Interesse, wie übrigens auch stets das Interesse des Kunden an mehr Informationen, wird über Weichenfunktionen immer weiter zugespitzt. Jeder Kontakt ist eine solche Weiche, an der sich entscheidet, ob die Reise des Kunden mit Ihnen weitergeht – oder nicht.

Innerhalb des Trichters sind die ersten Kontaktpunkte tendenziell durch hochwertige Informationen geprägt. Mit den späteren Kontakten tritt immer mehr ein Verkaufsmomentum hinzu. Erst hier soll Ihr Kunde Kontakt zu Ihnen aufnehmen oder Ihr Produkt kaufen. Und dann geht es wesentlich darum, ihm die für seine Entscheidung notwendigen Informationen an die Hand zu geben und ihm die Anknüpfungspunkte zu bieten, an die er seine Kaufentscheidung binden kann und möchte.

> Erst ein konsequent aufgebauter Funnel macht aus Sichtbarkeit gelenkte Sichtbarkeit und überführt einen Interessenten in einen Kunden.

Sichtbarkeit in Social-Media-Kanälen kostet doppelt

»Gehören« Ihnen eigentlich Ihre Follower? Diese Frage stellen sich die meisten Unternehmen gar nicht; dabei können Facebook, Instagram, YouTube, LinkedIn und alle anderen Plattformen Ihren Account jederzeit schließen und Sie regelrecht verbannen.

Das macht zum Beispiel Facebook tatsächlich und auch regelmäßig. Das Unternehmen Facebook gibt kaum Zahlen heraus, wie viele Unternehmensaccounts und Werbekonten es sperrt. Themen zur Entsperrung von Seiten und Werbeaccounts, anwaltliche Hilfe und auch redaktionelle Inhalte von Computer-Fachzeitschriften im Internet sind jedenfalls zahlreich.

Postet ein Unternehmen oder ein Nutzer Inhalte oder erstellt Werbung, so wird Facebook das prüfen. Reiner anorganischer Content wird dabei etwas nachlässiger behandelt als bezahlter Content. Letzteren prüft Facebook intensiv und gibt die Werbeanzeige erst explizit frei, nachdem geprüft wurde, ob der Inhalt gegen die von Facebook aufgestellten und angewendeten Standards verstößt.

Organischer Content wird insgesamt liberaler behandelt, weil kein explizites wirtschaftliches Interesse unterstellt wird, das die Nutzer dann als irreführend wiederum Facebook gegenüber anmahnen würden.

In der Konsequenz unterscheiden sich organische und anorganische Contents. Organischer, aber nicht den Gemeinschaftsstandards entsprechender Content führt in der Regel zu einer befristeten Sperrung. Werbung, die nicht den Standards von Facebook entspricht, wird oft deutlich härter abgestraft. Viele Einzelunternehmer und auch größere

Firmen können davon berichten, dass ihnen die Werbemöglichkeiten auf Facebook und der Zugang zu ihren mühsam aufgebaut Followern schlicht gekappt wurde.

Doch auch wenn all das in Ordnung ist, behält sich Facebook vor, zu entscheiden, welche Nutzer welchen organischen Content eines Unternehmens zu sehen bekommen.

Der Konzern argumentiert dabei damit, dass nicht alle Follower allen Content immer zu Gesicht bekommen können – das wäre schlicht eine so große Menge an Inhalt, dass die Nutzer Gefahr laufen würden, davon erschlagen zu werden. Das würde Facebook und den werbenden Unternehmen schaden. Außerdem gibt es thematische Grenzen – bei der Ausspielung werden manche Themen bevorzugt behandelt, andere nicht. Schlimmer noch: Große Accounts erreichen organisch weniger ihrer Follower als Accounts mit nur wenigen Followern.

Abseits der Quantität von Inhalten legt Facebook aber auch das Relevanzkriterium als Maßstab an: Nutzer sollen nur möglichst relevanten Content zu sehen bekommen. Insbesondere bei organischen Inhalten, für welche die Unternehmen nicht zahlen, filtert Facebook massiv und lässt nur einen Anteil des Contents im einstelligen Prozentbereich überhaupt an den jeweiligen User durch. Weil aber einzig Facebook hier sein digitales Hausrecht für Inhalte ausübt, erscheint dieser Mechanismus nicht immer fair und transparent.

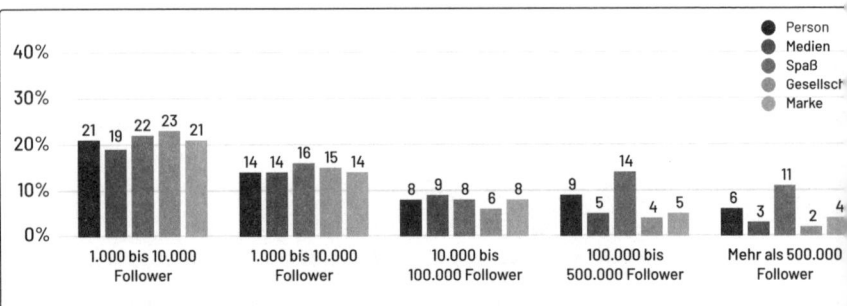

Bei Weitem nicht alle Ihre Follower sehen Ihre Posts. Die Grafik zeigt die durchschnittliche Instagram-Reichweite pro Follower, aufgeschlüsselt nach Branchen. Das Beispiel zeigt, dass nur ein Bruchteil Ihrer Follower Ihre Postings überhaupt sieht. Schlimmer noch: Je mehr Follower Sie haben, desto geringer wird die Reichweite.

Quelle: Eigene Darstellung nach einer Idee und Daten von Fanpage Karma[3]

Abseits der inhaltlichen Deutungsmacht und der Frage, ob Facebook überhaupt entscheiden kann, was für die Follower eines Unternehmens wirklich relevant ist, ist das ein Mechanismus, der sich statistisch gegen die Unternehmen richtet, die dort ihre Follower organisch ansprechen wollen: Wenn Marketingbudget investiert wird, um 1000 oder 10 000 Follower zu gewinnen, dann ist es eine ernst zu nehmende Herausforderung, wenn von diesen 1000 Followern später nur 7 oder 8 Prozent ein organisches Posting zu sehen bekommen. Und dann ist auch die Logik, Marketingbudget hier möglichst gut verzinst zu bekommen, reichlich hinfällig.

Die grundsätzliche Unternehmenslogik könnte doch immer noch sein: Wir gewinnen Follower und können dann auf diese sichere Bank der Erreichbarkeit unserer möglichen Kunden bauen. Das jedoch funktioniert kaum noch.

Facebook bietet allerdings eine Lösung: Es kann Werbung bezahlt und geschaltet werden, die dann der eigenen Zielgruppe gezeigt wird. Die eigenen Follower also zu bespielen kostet Sie doppelt: Das erste Mal, damit er überhaupt Ihr Follower wird; das zweite Mal, damit er Ihre Beiträge auch sieht.

Auch die Lösung, gleich ein anorganisches und bezahltes Posting zu schalten, hat Nachteile. So zeigen jene Nutzer von Facebook, die sich bereit erklären, einer Unternehmensseite zu folgen, durchaus eine Bereitschaft, weiter von dieser mit Inhalten versorgt zu werden. Das ist eine wertvolle Form der Vorqualifikation. Unternehmen haben aus gutem Grund ein Interesse daran, diese sehr gut ausgewählten Follower hochwertig anzusprechen. Jemand, der der Marke Kitchen Aid bei Facebook oder Instagram folgt, gibt sich beispielsweise als Interessent für hochwertige Küchengerät zu erkennen.

Klicks sind wichtiger als Follower

Schlussendlich geht es den Unternehmen darum, die Aufmerksamkeit ihrer Follower, die rein unternehmerisch betrachtet ein exponierter Zugang zu einem interessanten Marktpotenzial sind, zu gewinnen und zu leiten. Es soll Aufmerksamkeit für Produkte oder andere Angebote hergestellt werden, die letztlich gekauft werden sollen.

Besonders wichtig ist der Klick auf Ihre Anzeige, und zwar um ganz spezifische Klicks, nämlich solche auf Schaltflächen wie »Mehr erfahren«, »In den Warenkorb« oder »Jetzt kaufen«. Klickt ein Nutzer darauf (beziehungsweise tippt mit dem Finger darauf), wissen Sie, dass der Kunde ausdrücklich Interesse an Ihren Inhalten hat. Der erste sehr wesentliche Schritt ist also getan!

Vor dem Hintergrund Sieben-Kontakt-Regel erkennt man, dass es sich bei Social-Media-Postings oder Werbeanzeigen häufig um eher frühe Kontakte in einem Verkaufsprozess mit sieben, mehr oder weniger Schritten handelt (Facebook und Instagram haben zwar auch Shops, die sind aber selten der Hauptvertriebsweg eines Unternehmens).

Facebook, Instagram und Co. sind stark darin, ein erstes Interesse zu erzeugen oder ein grundsätzliches Interesse an einem Unternehmen und seinen Produkten initiativ in die Richtung weiterer Verkaufs anzustoßen. Deswegen geht es bei den Klicks häufig zuerst um genau diese Prozesse. Es soll Interesse erzeugt oder weitergeführt werden. Dahinter steht dann ein Funnel, ein »Kundentrichter«, der die Kunden über verschiedene Stufen hin zur Kaufentscheidung führen kann, oft auf eine Webseite.

Wenn Unternehmen genau das mitdenken, dann sollten sie sich die Frage stellen, wie hoch denn die Kosten eines solchen Klicks sind. Das ist einer der wichtigsten KPIs, der sogenannten Key Performance Indicators (Schlüsselkennzahlen), für Unternehmen in Bezug auf die Sichtbarkeit.

KPI erster Ordnung: CPC

Die folgende Grafik zeigt diese Kosten pro Klick anhand typischer Formen von Social-Media-Werbung. Es zeigt sich, dass sich der Wert solcher Kosten pro Klick (Cost per Click oder kurz CPC) weder für die Plattform noch für die werbenden Unternehmen oder das Thema verallgemeinern lässt.

Zwischen 3 und 4 US-Dollar müssen realistisch für einen teuren Klick bezahlt werden; 1,72 Dollar im Schnitt der hier betrachteten Branchen, wenn Unternehmen einigermaßen gut funktionierende Kampa-

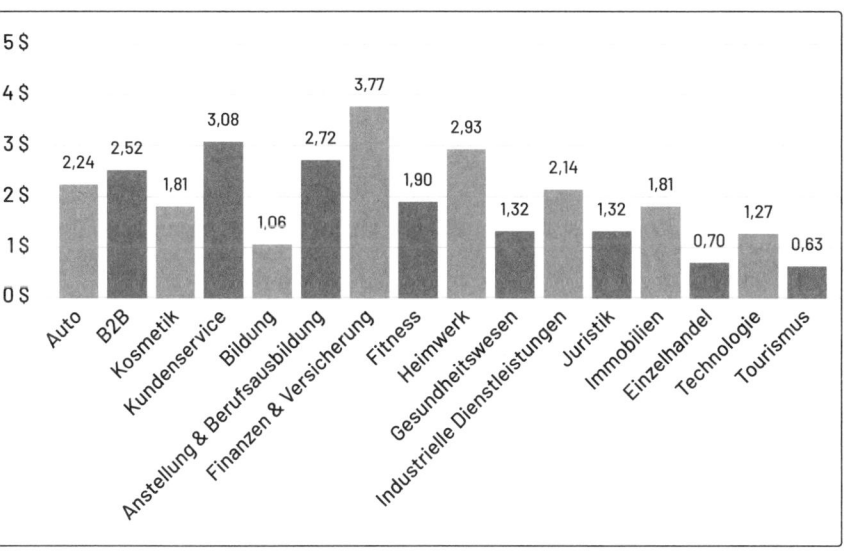

Durchschnittliche CPC-Preise von Facebook-Anzeigen in US-Dollar. Die Preise variieren stark in Abhängigkeit vom Thema.

Quelle: Eigene Darstellung nach Daten von WordStream[4]

gne mit diesem Ziel aufsetzen. Kunden sollen vorqualifiziert und aufmerksam gemacht werden, dass sie mehr erfahren wollen und dann in einer Facebook-Werbeanzeige auf den betreffenden Button klicken.

Die Gründe für die unterschiedliche Verteilung des CPC nach unterschiedlichen Branchen sind dabei nicht einfach zu klären. Vermutungen lassen sich aber formulieren: Wenn die Reisebranche beispielsweise durch niedrigen CPC gekennzeichnet ist, liegt das vermutlich vor allem daran, dass Kunden sich gerne in dieses Thema »treiben lassen«. Reisethemen kennzeichnen eine schöne Nebenbeschäftigung. Das ist attraktiv für die Kunden und sie klicken häufig, aber ohne direkte Kaufabsicht.

Das Thema Finanzen hat dagegen einen vergleichsweise hohen CPC; es ist direkt wirtschaftlich für den Werbetreibenden attraktiv, denn Finanzthemen sind lukrativ.

Schließlich sollen die Kunden dort Geld investieren und damit ist viel Geld in diesen Geschäftsmodellen unterwegs. Die Unternehmen wissen das und auch um mögliche Margen; entsprechend investieren sie in einen höheren CPC, weil dieser bei erfolgreicher Fortführung des Prozesses bis hin zu einem Kauf auch einen hohen Return on Investment in Aussicht stellt.

Zudem ist dort, wo ein Markt bekanntermaßen lukrativ ist, meist auch der Wettbewerb stark. Also muss es dann auch darum gehen, den Wettbewerb mit höheren Marketingbudgets auszustechen; das treibt die CPC-Preise.

Das sind nur zwei Kriterien, die zur Einordnung der unterschiedlichen CPCs denkbar sind. Mit diesen lassen sich alle anderen Geschäftsmodelle einordnen. Fitnessthemen beispielsweise sind sehr umkämpft, haben aber oft geringe Margen, weshalb der CPC hier eher niedrig ist.

Die recht kleine Säule des CPC für Immobiliengeschäfte wirft noch eine andere interessante Frage auf. Hier ist der CPC eher gering, obwohl von einem durchaus lebendigen Wettbewerb und hohen Margen im späteren Business ausgegangen werden kann. Offensichtlich spielt hier noch ein anderer Faktor hinein, der sich nicht aus der Logik der Studie ergibt. Mutmaßlich ist der Sprung zwischen Aufmerksamkeit bei Facebook und einem späteren Hauskauf – für viele ein hohes Ziel und ein einmaliges Event im Leben – sehr groß. Deshalb wird Facebook selten von Immobilienmaklern als Vehikel der ersten Sichtbarkeit für diesen Prozess gesehen.

Wichtig ist vor allem, ihn zu messen und sich zu überlegen, ob er in dieser Form für das Marketing des Unternehmens realistisch ist und gute Ergebnisse zeigt. Ist der CPC sehr hoch, dann ist der Marketingkanal unpassend, die Inhalte für die möglichen Kunden nicht relevant oder die ganze Kampagne nicht ganz optimiert.

Aber warum ist der CPC überhaupt so wichtig? Es ist das Relevanzkriterium und damit die wichtigste Dimension smarter Sichtbarkeit, die mit einem Klick erfüll ist:

Wenn der Kunde auf eine Werbeanzeige bei Facebook aufmerksam wird, dann nur, weil sie relevant ist. Relevanz macht damit aus einer breiten Masse potenzieller Adressaten interessierte Kunden. Der CPC ist der wichtigste Indikator dieser besonders hochwertigen Sichtbarkeit, denn niemand klickt auf Inhalte, die ihn nicht interessieren, also irrelevant für ihn sind

Der CPS steht also für Relevanz und ist für Unternehmen messbar. Wenn viele potenzielle Kunden aufgrund der Sichtbarkeit der Werbung oder der Inhalte auf einen Button einer Werbeanzeige klicken, dann bekunden sie damit zählbar die Relevanz dieses Themas für ihr ganz persönliches Kundenbedürfnis. Damit ist der CPC einer der wichtigsten KPIs für Unternehmen, nicht nur im Bereich von Social Media.

Wenn der Kunde auf eine Werbeanzeige klickt, dann ist das wie das kleine Glöckchen an der Ladentür. Die Tür geht auf und ein Interessent tritt hinein. Das ist insofern eine lehrreiche Metapher, weil viele Dinge danach auch so funktionieren wie im Geschäft. Es ist klar, dass dieser Kunde ein gewisses Interesse an den Produkten hat, sonst würde er das Geschäft nicht betreten.

Und dann geht es darum, ihn zu lenken.

So wie es den Kunden in einem Supermarkt schwer gemacht wird, zur Kasse zu gelangen, ohne Gemüse, Milch sowie viele andere Produkte in vielen Regalreihen passiert zu haben, so können Sie Ihren Kunden von diesem Klick an lenken.

Oder Sie können ihn im Rahmen digital ansprechen, ob er weitere Informationen benötigt, die seine spätere Entscheidung stützen mögen. Gute Unternehmen kennen vielleicht die häufig vorgebrachten Einwände der Kunden, mit denen sie sich teilweise nur selbst den Entscheidungsprozess schwer machen. Dann richten sie ihr Marketing auf solche Fragen aus und beantworten sie dem Kunden, bevor dieser sie sich selbst oder dem Unternehmen gestellt hat. Das nennt man den »vorweggenommenen Einwand«.

All das und etliche weitere Prozesse, welche die Kaufentscheidung des Kunden weiter forcieren, ist nach dem Klick auf eine hervorragende Basis gestellt, weil das Relevanzversprechen dem Kunden gegenüber eingelöst wurde und er sich nur durch den Klick zum Interessenten mit passenden Bedürfnissen qualifiziert hat. Die Werbeanzeige hat aus der wertlosen Sichtbarkeit eine Form wertvoller Sichtbarkeit gemacht.

Das Wissen um die Verhältnismäßigkeit des CPC kann das ganze Marketing eines Unternehmens inspirieren. Zum einen wird klar, dass genau bestimmt werden muss, wann dieser Klick geschieht, denn dieser ist ein deutlicher Indikator für die Einlösung des Relevanzversprechens.

> Der Klickparameter zeigt: Hier funktioniert die Kommunikation mit den möglichen Kunden! Damit kann der CPC als wichtiges, messbares Marketingziel formuliert werden.

Mit dieser Art zu denken wird Reichweitenmarketing zu Performance-Marketing. Jedwede Art der Performance ist immer zielgerichtet, weil es einen klaren KPI gibt, einen Indikator, auf den zugesteuert wird.

Marketing, das in metrischen Einheiten gemessen wird, kann überprüft und danach optimiert werden. Das verbessert nicht nur die Kommunikation mit den Kunden, sondern auch die interne Kommunikation und Zielerreichung. »Unser CPC ist gestiegen« lässt sich intern viel besser überprüfen und auch vermitteln, wenn etwas nicht stimmig ist: »Irgendwie verkaufen wir nichts. Irgendetwas stimmt mit unserem Marketing nicht!«

KPI zweiter Ordnung: CPL

Unternehmen müssen den Klick und seine Kosten sehr genau kennen, weil es ein wichtiger Indikator ist. Aber Unternehmen betreiben kein Marketing für Klicks. Der Klick ist nur der erste gelenkte Schritt in den Verkaufsprozess.

Der nächste klassische KPI ist der CPL. Dieser beschreibt die »Costs per Lead«.

Im Ladengeschäft gilt: Möchte der Kunde gleich etwas kaufen oder möchte er zunächst nur stöbern und sich umschauen? Der CPL beschreibt diesen Wunsch des Kunden nach weiteren Informationen und Kontakt; ein Lead ist die digitale Entsprechung. Beispielsweise könnte der Kunde seine Telefonnummer hinterlassen oder seine postalische Adresse, damit das Geschäft ihm weitere Infos zuschicken kann.

Insbesondere Geschäfte mit hochpreisigen Artikeln, beispielsweise Juweliere oder Autohäuser, nutzen diese Möglichkeit, ihren Kunden später einen hochwertigen Prospekt zuzusenden. Der Lead ist ein Zwischenschritt zwischen dem ersten Interesse des Kunden, dem Schritt in den Laden und dem späteren Kauf.

Am ehesten sieht man Leads in der Offline-Welt noch in Autohäusern, die samstags aus einem eher ungelenkten Interesse an Autos oder der Marke und dem neuen Modell besucht werden, nur um ein wenig zu schauen. Die klassische Antwort an den Verkäufer, der das Interesse des Kunden gerne lenken möchte, lautet:»Ich schaue nur!«

Auch hier geht es um eine Aufrechterhaltung des Kontakts. Und wenn der Verkäufer geschickt ist, kann er den Kunden dazu animieren, seine Visitenkarte zu hinterlassen. Auch das ist ein Lead.

Weil der Kunde diese nicht allzu leichtfertig herausgibt (schließlich will er ja nur schauen und hat nur eine vage Kaufabsicht), muss der Verkäufer etwas nachhelfen: Er könnte dem möglichen Interessenten eine Probefahrt anbieten, zu deren Verabredung er dessen Kontaktdaten benötigt.

Allerdings ist dieses Verhalten bei einem Kunden aus der Laufkundschaft, bei dem eben zufällige, kurze Aufmerksamkeit in gerichtetes Interesse verwandelt werden kann, im Digitalen typischer. Im Einzelhandel oder im Blumengeschäft werden nun mal keine Probefahrten vereinbart und nur selten Kundendaten gesammelt.

Das liegt auch am Produkt und dem Geschäftsmodell; Prozesse, die einen längeren Beratungsprozess erfordern, haben eine größere Nähe zur Notwendigkeit von Leads.

Bei online geführten Prozessen des Verkaufs oder der Interessentengewinnung sind viele Kunden deutlich skeptischer, weil unter anderem manche Ebenen der Kommunikation fehlen. Mit einem Verkäufer im Laden kann der Kunde kommunizieren und Vertrauen aufbauen, was eine Webseite schwerer leisten kann und vielfach substituieren muss. Das ist zwar auch im Geschäft so, allerdings wird dort selten ein Kontakt des Kunden hinterlassen, damit sich der Ladeninhaber später noch einmal melden kann.

Im Digitalen ist das verbreitet und üblich: Dort wird beispielsweise der Kunde aufgefordert, seine E-Mail-Adresse für einen Newsletter-Versand zu hinterlassen. Mitunter wird das durch ein besonderes Angebot an weitergehenden Informationen, einen Gutschein oder gar ein kostenloses Infoprodukt incentiviert.

Online geführte Prozesse benötigen häufig mehr Kontakte als solche im Ladengeschäft. Während Kunden in einen Laden gehen und sich mit hoher Wahrscheinlichkeit vor Ort für oder gegen ein Produkt entscheiden, können sie online mit wenigen Klicks weitere Informationsquellen aufsuchen, Testberichte lesen und Produktvergleiche anstellen. Sie können dem Produkt erst einmal auf dessen Social-Media-Account folgen oder sich für einen Newsletter eintragen und weitere Informationen sammeln.

Aus unternehmerischer Sicht ist ein Aspekt besonders wichtig, der sich auch auf die Offline-Welt übertragen lässt:

Ein Lead, also eine Möglichkeit, den Kunden aus eigener Initiative heraus mit Informationen und Werbung zu adressieren, ist für Unternehmen stets wertvoll. Unternehmenssanierer, die sich auf das Krisenmanagement in Schwierigkeiten geratener Firmen spezialisiert haben, stellen bei ihren Audits häufig die Frage, wie gut das Unternehmen seine wichtigsten Netzwerkpartner ansprechen kann. Dieser KPI der unternehmerischen Sicherheit wird von den beratenen Unternehmen häufig vernachlässigt. Der Umkehrschluss also: Aktive Kontaktmöglichkeiten geben unternehmerische Sicherheit.

Darunter fallen neben Lieferanten und Zulieferern auch die Kunden. Es macht für den Erfolg vieler Unternehmen einen großen Unterschied, wenn sie einen sicheren kommunikativen Zugang zu ihren Kunden haben. Für digitale Prozesse der Kommunikation ist klar, dass der Lead ein weiterer Kontaktpunkt zum Kunden ist und vor allem dafür genutzt werden sollte, weitere Kontaktpunkte sicherzustellen. Weil ein Kunde viele Produkte nicht beim ersten Kontakt kauft, liegt es in der unternehmerischen Verantwortung, bestmöglich dafür zu sorgen, dass weitere Kommunikation stattfindet.

Offline denken Geschäfte nicht so weit und verlassen sich häufig auf die Logik der Laufkundschaft. Sie sehen Kundeninteresse als einen Prozess, auf den sie passiv reagieren. Aber die beste Beratung nützt im Zweifel nichts, wenn nicht genügend Kunden sie in Anspruch nehmen oder überhaupt von ihr erfahren.

Deswegen sollten Unternehmen in digitalen wie auch in offline aufgestellten Kommunikationsprozessen überlegen, wie sie über Leads ihre eigenen Möglichkeiten verbessern können, Kunden anzusprechen.

Sie sollten ihnen Informationen im Rahmen des Content-Marketings zukommen lassen und sich damit als Problemlöser profilieren. Solche Leads sind als Chance zu denken, den Kunden stets werthaltig sichtbar zu sein.

Unternehmen können damit einen »Zaun« um ihre wertvollsten Kunden ziehen, sie also beisammenhalten. Das funktioniert nur begrenzt, wenn man Follower bei Facebook oder anderen Kanälen aufbaut, denn dort speichert man seine Kontakte »auf gemietetem Grund«: Wenn Facebook den Unternehmensaccount blockiert oder schließt, geht auch der Zugang zu den teuer aufgebauten Leads verloren.

Kontaktdaten, wie eine E-Mail-Liste oder Telefonnummern, von seinen besten Interessenten oder Kunden hingegen sind unternehmerisches Asset. Und diese können dann viel leichter zu noch höheren Stufen des Verkaufsprozesses veredelt werden.

KPI dritter Ordnung: CPS

Als dritter, sicherlich nicht zu vernachlässigender KPI folgt der CPS (Cost per Sale). Er beschreibt die Kosten, die ein Unternehmen insgesamt durchschnittlich zu tragen hat, um einen Verkauf zu realisieren.

Der CPS ist daher das über allem stehende Leitkriterium. Es liegt auf der Hand, dass Unternehmen ihre unternehmerischen Prozesse stets daran messen müssen, ob der Return on Invest später stimmt.

Weil hier jedoch Sichtbarkeit und Marketing im Fokus der Betrachtung stehen, lässt sich diese Logik gedanklich umkehren: Es ist nicht selbstverständlich, dass überprüft wird, ob der Return on Invest auf jeder einzelnen Sichtbarkeitsstufe erreicht wurde. Jeder einzelne Schritt (CPC, CPL und CPS) muss sich ebenso messen lassen.

CPC und CPL sind unverzichtbar für den späteren CPS. Wenn Sichtbarkeit, die wie ein Rohstoff eingekauft werden kann, nicht dazu führt, dass Kunden ein erstes Interesse erkennen lassen, wenn kein erster Klick entsteht oder die Kunden den Weg in das Geschäft nicht finden, dann ist das ein Flaschenhals im Marketing. Wenn sie dann den Verkaufsraum betreten, aber kein weiteres Interesse entsteht, sie beispielsweise ihre Kontaktdaten nicht hinterlassen oder wiederkommen wollen, dann ist das der nächste Flaschenhals. Und wenn all diese Bemühungen schlussendlich nicht zu einem Verkauf führen, dann ist dort die Engstelle zu suchen.

Zur Verdeutlichung der einzelnen Stufen: Ein Unternehmen stellt Werkzeuge aus Stahl her. Um ein Werkzeug im Wert von 1000 Euro herzustellen, wird Stahl im Wert von 100 Euro eingekauft. Das ist wirtschaftlich vernünftig. Nun kommt ein Mitarbeiter auf die Idee, den Rohstahl für die Werkzeuge selbst aus Roheisen zu produzieren. Weil das Unternehmen hier jedoch unerfahren ist und nur geringe Mengen an Rohstahl produzieren muss, sind die Prozesse teuer. Die Produktion mitsamt der benötigten Menge an Roheisen kostet das Unternehmen deutlich über 1000 Euro.

Wenn das Unternehmen nun aber nur den Marktwert des selbst produzierten Stahls rechnet, der immer noch bei 100 Euro liegt, erscheint die Produktion noch immer wirtschaftlich. Der Fehler: Das Unternehmen legt die falschen KPIs an und übersieht die Teilprozesse.

In ähnlicher Form müssen sich Unternehmen die Vorstufen der Erzeugung eines Verkaufs anschauen und sie anhand der KPIs CPC, CLP und CPS betrachten – und zwar jeden Teilschritt für sich.

Kriterienkatalog werthaltiger Sichtbarkeit

Sichtbarkeit ist wertlos, wenn sie die drei Dimensionen der Sichtbarkeit (Relevanz, Autorität, Storytelling) nicht berücksichtigt. Das bedeutet aber nicht, dass Sichtbarkeit gratis wäre: Sichtbarkeit kostet Geld, Zeit und Energie.

Unternehmen wissen, dass sie für ihre Produkte und ihre Leistungen Sichtbarkeit erzeugen müssen; wenn sie nicht wissen, wie sie diese Sichtbarkeit sinnvoll in Mehrumsatz wandeln können, stellen sie vorsichtshalber lieber *mehr* Sichtbarkeit her als zu wenig; daraus entsteht dann eine Lernkurve.

Google, YouTube, Facebook, die Zeitung, das Kino oder Podcast-Plattformen sind Kanäle der Sichtbarkeit und diesen Plattformen ist es kurzfristig egal, ob Unternehmen über Werbung oder weniger werbende Inhalte dort neue Kunden gewinnen. Die Sichtbarkeit auf diesen

Kanälen der Kundenaufmerksamkeit kostet die werbenden Unternehmen immer Geld. Das hat Google und Facebook zu den wertvollsten Unternehmen der Welt gemacht.

Langfristig dagegen ist es für die Plattformen höchst interessant, dass die Unternehmen viele Kunden darüber gewinnen und dass sie weiter motiviert bleiben, Geld für diesen Kanal der Werbung zu investieren. Und im Zweifel genügt es auch, wenn die Unternehmen nicht einfach nachvollziehen können, ob ihre Kunden genau über diesen Kanal zu ihnen gefunden haben. Womöglich hat der Kunde von den Produkten auch in der Zeitung gelesen und das könnte ihn zum Kauf motiviert haben? Schon wird dort erneut in Werbung investiert. Das ist nicht nur Schönfärberei, sondern unternehmerischer Blindflug.

Es ist dennoch durchaus verlockend, auf möglichst vielen Kanälen Sichtbarkeit herzustellen. Schließlich erhöht das die Wahrscheinlichkeit, den richtigen Kunden mit dem richtigen Produkt zur richtigen Zeit anzusprechen – also einen weiteren Kunden zu gewinnen.

Im Grunde ist das aber nur so etwas wie die kanalübergreifende Eskalation von Streumarketing. Wenn man beispielsweise im Fernsehen eine Million Katzenbesitzer mit einer Hundefutter-Werbung anspricht, dann wird man eben wenig Hundefutter verkaufen. Dieses Problem wird kaum substanziell verändert, wenn man die Skalen vergrößert und auch noch im Radio, in Zeitungen, Podcasts und auf Instagram reichlich Katzenbesitzer und ein paar Hundehalter erreicht.

Schlechte oder wenig erfolgreiche Sichtbarkeit, die auf mehrere Kanäle skaliert wird, ergibt vor allem *viel* schlechte Sichtbarkeit.

Es kann sein, dass ein Wechsel des Kanals durchaus auch beim Streumarketing Veränderungen bringen kann: Vielleicht sind die gleichen Kunden auf einem anderen Kanal kauffreudiger. Tatsächlich ist es so, dass gleiche Informationen, auf einem anderen Kanal präsentiert, die Kunden anders ansprechen und zum Kauf motivieren können.

Besser wäre es dennoch, wenn man – wie beim Losverkäufer – gleich die Gewinne ziehen würde und die Nieten im Korb lassen könnte. Weil Sichtbarkeit und Reichweite immer Geld kosten, egal welche Renditeaussicht dahintersteht, müssen Sie die KPIs CPC, CPL, CPS installieren, anhand deren die Sichtbarkeit auf ihren unternehmerischen Nutzen eingeschätzt werden kann.

Die Kanäle unterscheiden sich in Bezug auf die Kosten, den Ertrag, die Passgenauigkeit für das eigene Unternehmen, seine Produkte, Problemlösungen und unternehmerischen Ziele. Was für das eine Unternehmen ein Euro-Grab sein kann, kann für das andere Unternehmen der Schlüssel zur smarten Sichtbarkeit sein. Es gilt, Entscheidungen zu treffen und Prioritäten zu setzen.

Daraus ergibt sich ein Katalog an Kriterien, nach denen Sichtbarkeit erzeugt werden sollte. In Sichtbarkeit sollte so investiert werden, dass

- insbesondere die Kanäle genutzt werden, auf denen sich die potenziellen Kunden bewegen und zunächst die vielversprechendsten Kanäle in den Fokus rücken;
- die drei Säulen der smarten Sichtbarkeit gestützt werden können;
- die Sichtbarkeit zum Produkt passt; erklärungsbedürftige oder teure Produkte etwa benötigen mehr Sichtbarkeit und Tiefe;
- Reichweite sich entsprechend verzinst, also eher langfristige Wirksamkeit entfaltet und sich aus sich selbst heraus fortsetzt beziehungsweise steigert;
- Sichtbarkeit eine gute Kosten-Nutzen-Berechnung erlaubt;
- ein klares Ziel verfolgt wird, auch wenn dieses nicht immer dem »Ursache-Wirkung«-Prinzip folgend direkt abzuleiten ist;
- die KPIs CPC, CPL und CPS erhoben und gemessen werden können.

Unternehmen neigen dazu, alle Kanäle in Betracht zu ziehen. Sie wissen jedoch, dass nicht alle Kanäle gleich geeignet für sie sind. Sie ahnen oder wissen, dass ein Bespielen aller Kanäle viel zu zeitaufwendig ist und wichtige unternehmerische Ressourcen besetzen würde. Sie wissen auch, dass die Kosten für so viel Inhalt, insbesondere beim Content-Marketing, ausufern würden. Letztlich wissen sie aber oft nicht, welche Strategie für jeden einzelnen Kanal und kanalübergreifend dann die richtige ist. Das sorgt eher für Verunsicherung als für Aufbruchstimmung bei Unternehmen bezüglich der eigenen Sichtbarkeit oder es wird Marketing auf Basis von Hoffnung betrieben.

Hoffnungsmarketing, also viele Kanäle meist ungesteuert zu bespielen und dabei zu hoffen, dass einzelne Marketingmaßnahmen sich zu vielen unternehmerischen Erfolgen verdichten, dass die Strategie insgesamt aufgeht, ist eine gängige Praxis. Doch Hoffnung ist kein Marketingplan! So gut es geht, sollten Unternehmen immer fragen: Kann der eigene Marketingerfolg spezifisch gemessen und einem Sichtbarkeitskanal zugeordnet werden?

Kurzfristige und langfristige Sichtbarkeit

Um die Ansprüche der obigen Kriterienliste einzulösen, sollte man prüfen, ob die Sichtbarkeit langfristig oder kurzfristig ausgelegt ist.

Kurzfristige Sichtbarkeit etwa entsteht bei Instagram. Dort tritt Content oder bezahlte Werbung stets in Konkurrenz zu anderen Inhalten. Die Aufmerksamkeitsfenster der Nutzer sind daher relativ klein. Das Ende der Kundenbeziehung ist für den Nutzer und den Sender dieser Informationen auf diesem Kanal nur einen Fingerwisch des Kunden entfernt.

Meist genügt es, sich selbst oder eine andere Person bei der Nutzung der Instagram-App, häufig als Nebenbei-Beschäftigung beispielsweise in der Bahn, zu beobachten. Dann bekommt man als Unternehmer einen guten Eindruck davon, auf welche Formen der flüchtigen Sichtbarkeit man sich hier einlässt.

Ein Gegenbeispiel dazu – langfristige Sichtbarkeit also – wäre ein Podcast (der eine gute Stunde dauern kann) oder ein Buch. Hier widmen sich die Nutzer länger den angebotenen Inhalten, die gleichzeitig mit mehr Tiefe präsentiert werden können, und folgen stringent der Logik, in der der Erzähler oder Verfasser die Inhalte weitergeben möchte.

Allerdings ist hier die Zugangsschwelle zur Aufmerksamkeit der Kunden, also einer höheren Form der Sichtbarkeit, deutlich größer. Wer hat schon immer Zeit für eine ganze Folge eines Podcasts? Und wer liest schon ganze Bücher zu einem Thema?

Statistisch haben 57 Prozent aller Bundesbürger weniger als 50 Bücher im Regal stehen.[5] Auch diese Form der Sichtbarkeit nützt Unternehmen also offenbar wenig, wenn sie kaum zu erreichen ist. Außerdem können längst nicht alle Unternehmen aus einem solchen Medium, wie Büchern oder Podcasts, hinreichend stringente Pfade zu ihren Produkten einrichten. Welches Produkt zum Beispiel verkauft Hape Kerkeling mit seinem Buch *Pfoten vom Tisch! Meine Katzen und ich*?[6] Katzenfutter eher nicht. Es gibt also keinen Vertriebspfad, der sich aus dem Buch ergibt.

Dieser stringente Weg zum Verkauf ist beim Buch mühsam, zumindest wenn man es klassisch denkt.

Hier ist Instagram sinnvoll, wo 1 Milliarde weltweite Nutzer täglich 3,5 Milliarden Likes vergeben, also pro Nutzer 3,5-mal am Tag Aufmerksamkeit für eine bestimmte Information oder ein Produkt zählbar wird.

Außerdem kann bei Instagram leicht eine Werbung geschaltet werden, die einen Button »Jetzt kaufen« promotet. Das ist ein klarer, gelenkter Pfad zwischen Sichtbarkeit, Aufmerksamkeit, Interesse und Kauf, der zudem ohne einen sogenannten »Medienbruch« erfolgt. Der Kunde bleibt also einfach vor dem Handy oder dem Computer sitzen. Bei einem Buch geht das nicht so einfach; beim Podcast vielleicht auch nicht.

Die schnelle Sichtbarkeit beispielsweise von Instagram verfliegt aber so schnell wieder, wie sie entsteht. Wenn Sie einen Profi vor einen einigermaßen eingerichteten Werbe-Account von Facebook oder Instagram setzen, dann baut er Ihnen in 10 Minuten eine Anzeige, die binnen eines Tages Zehntausende von Menschen erreicht.

Diese Anzeige wird wie ein durchschnittlicher Post etwa bei Facebook, das in Aufbau und Nutzung Instagram durchaus vergleichbar ist, nur 1,7 Sekunden lang betrachtet.[7]

Ein Buch hingegen fordert sowohl den Autor als auch den Leser. Für beide bedeutet es einen deutlichen Zeitaufwand, sich mit den Inhalten zu beschäftigen. Das ist mit Instagram in der Regel nicht zu vergleichen. Gleichzeitig können die Inhalte eines Buches ganz anders wirken, sich anders entfalten und mehr Tiefe bringen. Ein Buch kann mehrere vertrauensbildende Kontakte zwischen Kunde und Anbieter ersetzen. Der Kunde kann sich über ein Buch versichern, dass der Autor weiß, wovon er spricht, und dass er vielleicht, wenn er auch Produkte und Dienstleistung anbietet, der Richtige für die Problemlösung des Kunden ist.

Nur haben Bücher viel schlechtere Chancen, eine große Anzahl von Menschen zu erreichen, als Instagram. Und sie sind aufwendig und risikoreich zu produzieren – findet sich überhaupt ein Verlag für das fertige, mühsam erstellte Manuskript?

Ist also Instagram oder das Buch der smartere Sichtbarkeitskanal? Beide exemplarisch dargelegten Formen der Sichtbarkeit haben strategische und ganz praktische Vorteile und Nachteile. Was ist also im Einzelfall sinnvoller: kurzfristige, zielorientierte und energiereiche Sichtbarkeit wie bei Instagram, die dafür jedoch belastet ist mit Flüchtigkeit, Inhaltsarmut und Austauschbarkeit?

Oder langfristige Sichtbarkeit des Buchs, die dafür sehr aufwendig zu den Rezipienten gelangt?

Die beste Lösung liegt darin, die Stärken des einen Modells zu nutzen, um die Schwächen des anderen zu überspielen.

Beide Formen zusammen schließen den Kreis

Kurzfristige Sichtbarkeit ist wie ein Schokoriegel: energiegeladen, schnell zu konsumieren und hoch attraktiv. Die im Zucker enthaltene Energie ist für den menschlichen Körper leicht aufzuschließen, dafür aber auch schnell wieder verbraucht. Das ist vergleichbar mit einer Instagram-Werbung, die für Sekunden betrachtet, sofort verstanden und dann vergessen wird, wenn sie keine unmittelbare Relevanz erzeugen kann.

Ein Buch oder ein Podcast beispielsweise sind wie langkettige Kohlenhydrate zu betrachten. Der Körper braucht Zeit, um sie aufzuschließen, und kann dann länger von der enthaltenen Energie profitieren, die auf niedrigerem Level, aber dafür langfristiger zur Verfügung steht.

Facebook ist durchaus in der Lage, über eine einzelne bezahlte Werbeanzeige schnell und zielsicher den Kunden klare Informationen und Werbung zu liefern. Der mögliche Interessent scrollt dann durch seinen Feed von Facebook und stößt auf die Anzeige. Schnell verschafft er sich einen Überblick und entscheidet, ob die Sache für ihn von Interesse ist. Wenn es gelingt, auf diese Weise Relevanz herzustellen, werden die

Kunden etwas länger aufmerksam. Und sie werden, dieser Aufmerksamkeit folgend, mehr Informationen suchen, einen Like vergeben – oder im besten Falle sogar schon eine zu erwerbende Lösung für das beschriebene Produkt anstreben. Und sie werden dazu einen Blick auf den Social-Media-Kanal des Anbieters oder auf die verlinkte Webseite werfen.

Das ist aus Marketingsicht gut, geht schnell und hat viel Energie.

Für die reine Facebook-Werbeanzeige ist es hierbei völlig egal, ob das Unternehmensprofil bei Facebook oder die Webseite, die dann angesteuert wird, mit hochwertigen Informationen hinterlegt ist. Bei Werbeanzeigen lässt sich Facebook dafür bezahlen, dass der Kunde auf die Anzeige aufmerksam wird und eventuell klickt. Damit endet Facebooks Geschäftsmodell.

Dem Facebook-Nutzer jedoch, der gerade seine frisch erweckte Aufmerksamkeit in einen Kauf verwandeln möchte, ist das aber keineswegs egal. Denn mit dieser ersten Energie in Form von Aufmerksamkeit ist es wie mit dem Schokoriegel: Wenn dem ersten Impuls nichts folgt, dann tritt danach eine »Unterzuckerung« an Informationen, Orientierung und Sicherheit ein. Das Interesse des Kunden an der Dienstleistung des Unternehmens blitzt auf, findet aber nur einen stumpfen Hinweis zum Kauf. Konkurrierende Angebote und Informationen und die enttäuschte Suche nach weiterer Orientierung sind der Insulinpeak, der den Energiepegel wieder senkt.

Also müssen gute, hochwertige Informationen hinzutreten, die wie Kohlenhydrate länger satt machen und so den Kunden durch den Prozess begleiten, sich Sicherheit und Orientierung für das Produkt zu verschaffen.

Ein Verweis auf der Webseite, auf dem Social-Media-Profil oder in der Kanalbeschreibung, dass ein Buch von einem renommierten Verlag herausgegeben wurde oder der Autor in branchenbekannten Podcasts aufgetreten ist, können dem Kunden diese Sicherheit geben. Vielleicht mag der Kunde noch nichts kaufen und erst einmal das Buch lesen oder sich einen umfassenden Podcast-Beitrag anschauen? Das kann ihm die Sicherheit geben, das Produkt zu kaufen.

Der Kunde ist heute gut informiert und denkt die Anbieterseite durchaus mit:

Nicht zuletzt aus seiner grundlegenden Skepsis gegenüber rein werbenden Inhalten weiß Ihr Kunde intuitiv, dass es wenig Aufwand kostet, in einer Facebook-Werbeanzeige viel zu behaupten.

Er weiß aber auch, dass es mehr Aufwand bedeutet, ein Buch bei einem Verlag zum gleichen Thema zu platzieren und veröffentlichen zu lassen. Oder wie arbeitsintensiv es ist, eine aufwendig gestaltete Webseite zu erstellen, die das gleiche Thema fundiert und schlüssig darstellt. Referenzen, Testimonials und überprüfbare Fakten, eine nachvollziehbare Struktur und Kohärenz der reichlichen Inhalte stützen im einen wie im anderen Fall diesen Eindruck des Kunden und erzeugen langfristige Sichtbarkeit.

Er weiß auch, dass ein einstündiger Podcast ihn mit viel dichterer Information versorgt als eine kurz aufflackernde Facebook-Anzeige.

Es braucht also kein Buch als Gegenentwurf zum schnellen Instagram-Post. Ein Buch ist aber nicht zuletzt deswegen ein gutes Beispiel, weil der Aufwand, es zu erstellen, außergewöhnlich hoch ist. Deutlich wird, dass schnelles, bewegliches Marketing häufig einhergeht mit wenig Autorität – und dass langfristig funktionierender Autoritäts- und Vertrauensaufbau viel Zeit und einen langen Atem braucht.

Oft können kurzfristig wirkende, schnelle Informationen wie Instagram-Posts oder vergleichbare Marketinginstrumente eine ähnliche Funktion übernehmen wie ein Buch. Sie müssen nur im Hinblick auf eine langfristige Wirkung gedacht und gesteuert sein, was sehr wohl einen Unterschied macht.

Gelangt der Kunde beispielsweise von einer Facebook- oder Instagram-Werbeanzeige auf eine Internetseite und soll seine kurzfristige Aufmerksamkeit in langfristiges Interesse am Unternehmen und seinen Produkten verwandelt werden, so kann beispielsweise auch ein Newsletter dabei helfen.

Dem Kunden wird nicht nur angeboten, ein Produkt zu kaufen, sondern sich weiter mit Informationen über den E-Mail-Newsletter versorgen zu lassen. Das hat für Kunde und Anbieter Vorteile: Der Kunde bekommt weiter kostenfreie Informationen und, was vielleicht noch wichtiger ist, weitere Angebote, die sein Kaufinteresse bestärken; und der Anbieter bekommt die Möglichkeit, dem Kunden genau solche Orientierungsangebote in verträglicher Dosierung zu machen.

Oder noch direkter gedacht: Der Kunde klickt von einem einfachen werbenden Instagram-Post nicht auf die Verkaufsseite, sondern erst einmal auf das Profil des Unternehmens im jeweiligen Social-Media-Kanal oder auf die Kanalbeschreibung bei YouTube und informiert sich hierüber. Der Kunde möchte oft wissen, wer ihm hier Informationen oder Werbung anbietet. Und auch dort können Inhalte langfristig glänzen.

Der Kunde kann dem Unternehmen zunächst einmal nur folgen; das ist niedrigschwellig. Womöglich möchte der Kunde fortlaufend Informationen vom Unternehmen bekommen, das Produkt weitergehend verstehen und die Möglichkeit nutzen, langsam Vertrauen aufzubauen.

In dieser Art kann dann schnelle, energiehaltige Sichtbarkeit in langfristige, dauerhaft interessante Sichtbarkeit gegenüber dem Kunden verwandelt werden. Wenn der Kunde sich bereit erklärt, sich immer wieder mit kleinen Impulsen bedienen zu lassen, dann ist das auch eine Form von langfristiger Wirkung.

Im Übrigen berücksichtigt diese Vorstellung auch ein Phänomen, das häufig bei erfolgreichen Instagram-Kanälen zu beobachten ist. Insbesondere Influencern gelingt es, ihre Kunden auf nur einem Kanal mit genau solchen flüchtigen Postings stark an sich zu binden. Und das, obwohl die Inhalte, die dort bezahlt (»gesponsort«) und unbezahlt gepostet werden, sich genauso schnell verflüchtigen wie jede Werbeanzeige. Dennoch gibt es auch hier einen Kern der langfristigen Bindung, indem ein grundlegendes Angebot an Autorität und guten Geschichten den Kunden gegenüber aufgebaut wird, aus dem sich dann jeweils Relevanz für die Inhalte und im Zweifel auch für nachgelagerte Produktangebote entwickeln lässt. Damit sind die drei Dimensionen der smarten Sichtbarkeit erfüllt.

Die Kanäle betreiben also gutes, langfristig wirkendes Content-Marketing und sind dadurch mit ihren Inhalten für die Follower hoch relevant. Produktangebote können dann von dieser Übererfüllung an Autorität und Storytelling profitieren.

Unternehmen, die ihren Kunden gegenüber gut und werthaltig sichtbar sind und die drei Säulen Relevanz, Storytelling und Autorität gut bearbeiten, können die schnelle Sichtbarkeit intelligent für ihre Unternehmenszwecke nutzen. Dann entfaltet diese sogar besondere Kraft und Wirkung.

Denn wo die schnelle Sichtbarkeit darunter leidet, dass sie wenig mit Autorität und Relevanz unterfüttert ist und den Kunden gegenüber stets in Verdacht gerät, allzu werbend zu sein, da kann ein Unternehmen gut Kontakt zu seinen Kunden aufnehmen und ihnen mit starker Autorität ein Produktangebot unterbreiten.

Die Kunden kennen das Unternehmen und seine Vorzüge sowie die Qualitäten, die sie an die Produkte des Unternehmens knüpfen, aus der langen Sichtbarkeit. Im Zweifelsfall bleibt nur noch das Relevanzkriterium, das zum Kunden durchdringen muss.

Ein kleiner digitaler Kaufimpuls zur rechten Zeit genügt dann. Genau diese Logik ist es, die es Influencern erlaubt, ganz beiläufig ein Produkt in die Kamera zu halten und zum Kauf zu empfehlen. Was schnelles, nicht weiter in langfristige Sichtbarkeit eingebundenes Druck-Marketing niemals leisten könnte, hat hier eine hohe Chance auf Erfolg. Das ist der Grund, warum Influencer sich von Unternehmen manchmal so gut bezahlen lassen können, um Sichtbarkeit herzustellen.

In der Summe muss also gelten, kurzfristige und langfristige Sichtbarkeit klug zu mischen. Kurzfristige wie langfristige Sichtbarkeit lässt sich in der Regel gut testen. Solche Inhalte und Kanäle, auf welche die Kunden positiv reagieren, entlarven sich schnell gegenüber solchen, die den potenziellen Kunden wenig zugänglich sind.

Bindung oder Kaufimpuls?

Unternehmen müssen außerdem entscheiden, ob sie ihren Kunden Inhalte oder Werbung präsentieren: Inhalte, um die Kunden zu binden, und Werbung, um sie zum Kauf zu bewegen.

Unternehmen möchten natürlich ihren Kunden Werbung für Produkte so präsentieren und sie damit so lenken, dass die ihnen etwas abkaufen. Der Nachteil: Rein werbenden Inhalten gegenüber ist der Kunde häufig skeptisch. Deswegen ist das Content-Marketing aus der Strategie vieler Unternehmen heute nicht mehr wegzudenken: Den Kunden werden Inhalte frei Haus geboten, um sie für ein bestimmtes Thema zu sensibilisieren oder um die Kompetenz des Unternehmens in diesem Bereich zu unterstreichen. Damit wird die Funktion der Bindung und Orientierung gewährleistet. Auf dem Fundament der entstehenden Autorität und der guten Geschichten können die Kunden zum Kauf geleitet werden.

Zwischen diesen einander gegenüberstehenden Polen, Bindung und Kaufimpuls, entspinnt sich dann ein komplexes Spiel von Werbung und Content, das durch die Marktsituation, die Kunden, das Produkt und viele weitere Faktoren noch individuell beeinflusst wird.

Um die eigene Marke den Kunden gegenüber zu stützen, produzieren beispielsweise vor allem solche Unternehmen, die eine gute Marktdurchdringung haben, Spots, die wenig werbend sind und kaum den Kunden zur Handlung auffordern. Sie wollen und müssen ihre Marktstellung behaupten, weil sie kaum größere frische Marktanteile erobern können. Die Marke tritt sogar zurück hinter Geschichten, die gewisse Kernwerte transportieren, welche an die Marke geknüpft werden sollen und eher ein sublimes Markenverständnis beim Kunden erzeugen oder festigen.

Coca-Cola steht beispielsweise für Jugend und Dynamik, Mercedes-Benz für gediegenen Luxus. Es wird aber keine konkrete Aufforderung formuliert, die Limonade oder ein spezielles Modell des Automobilherstellers zu kaufen. Die Marke ist ohne klaren Kaufimpuls sichtbar. Der Gedanke dahinter ist, dass der Kunde sich an die Marke erinnern wird, der er ohnehin zugetan ist, wenn sie ihm nur einigermaßen regelmäßig sichtbar bleibt.

Andere Unternehmer nutzen Influencer, damit diese auf die Produkte verweisen, ohne direkt einen Kauf zu empfehlen.

In beiden Formen der Informationsgestaltung entsteht viel Content und es wird viel Bindung transportiert, Selten aber wird ein klarer Kaufimpuls durch die Unternehmen gegeben.[8]

Organische und anorganische Reichweite

Eng verwandt mit diesem komplexen Wechselverhältnis ist die Frage nach organischen oder anorganischen Inhalten, gebunden an die Verbreitung auf Social-Media-Kanälen. Hier geht es jedoch weniger um den werbenden Anteil der Information, die das Unternehmen aussendet, sondern eher um die Frage, ob das Unternehmen Facebook, Google und Co. dafür bezahlt, diese Informationen zu verbreiten – oder ob es kostenfreie Möglichkeiten der Reichweite auf den eigenen digitalen Unternehmensprofilen und Feeds dafür benutzt.

Organische Inhalte sind solche, die ein Unternehmen oder eine Einzelperson veröffentlicht, ohne für deren Verbreitung Geld auszugeben. Anorganische Reichweite hingegen ist solche, für die man den Betreiber der Plattform bezahlt, um bestimmte Sichtbarkeit zu erreichen.

Diese Unterscheidung ist in den Social-Media-Kanälen geläufig und wird dort auch so bezeichnet; aber letztlich gibt es in allen Medien organische und anorganische Inhalte. Beim Fernsehen etwa die Serie, der organische Inhalt, die von den Werbeblöcken, den anorganischen Inhalten, unterbrochen wird. Und auch hier gibt es Mischformen, beispielsweise Product-Placement in Spielfilmen und TV-Shows.

Bindung und Kaufimpuls spielen hier hinein: Bei einem Fernsehsender dienen die Inhalte wie Serien, Spielfilme, Shows und Nachrichtenformate letzten Endes der Bindung der Zuschauer. Und diese Bindung, gemessen an den Zuschauerzahlen, kann dann an Werbetreibende verkauft werden, die in ihren Spots einen Kaufimpuls auslösen.

Die werbenden Unternehmen in TV-Formaten nutzen gerne die Bindung, die durch viel Content entsteht, den die Fernsehsender aber für sie produzieren. Dafür bezahlen sie mit einem Sendepreis ihres Werbespots.

Duoversum der Sichtbarkeit

Diese Logik des anorganischen und organischen Marketings, von Bindung und Kaufimpuls, lässt sich insbesondere für das Duoversum aus »Alphabet«, dem Mutterkonzern von Google und YouTube, und »Meta«, dem Dach von Facebook, Instagram und WhatsApp, feststellen.

Bei allen Plattformen müssen sich Unternehmen entscheiden, wie sie sich bezüglich Content-Marketing und rein werbenden Inhalten positionieren, und wissen, welche Konsequenzen das hat.

YouTube ist die größte Suchmaschine für Videos. Die Tochterfirma von Google bietet die Möglichkeit, binnen weniger Minuten einen eigenen Kanal einzurichten und dort eigene Videos einzustellen. Diese Videos werden als organischer Inhalt hochgeladen, also für alle Seiten – Ersteller und Nutzer – kostenfrei.

Wenn in diesen Videos interessante Informationen mit mehr oder minder subtilen Vermerken auf die Möglichkeit, Produkte des Videoerstellers zu kaufen, enthalten sind, dann ist das Content-Marketing. Auch das ist kostenlos.

Damit hat ein solches Video aber noch niemand gesehen, denn noch niemand weiß von dem neuen Kanal. Mit bestimmten Suchbegriffen, die direkt oder in den Beschreibungstexten hinterlegt werden, macht man ein solches Video dann für Nutzer auffindbar. Das funktioniert ähnlich wie die bekannte Keyword-Nutzung bei der Google-Suchmaschine. Die Sichtbarkeit gegenüber potenziellen Interessenten unterliegt also zu einem guten Stück dem Zufall.

Dem nötigen Glück kann durch bezahlte anorganische Inhalte auf die Sprünge geholfen werden. Hierzu werden Videos am Beginn, in der Mitte oder am Ende anderer Videos als Werbeanzeigen präsentiert. Auch hier findet also eine enge Verbindung zwischen Content und Marketing statt. Allerdings knüpft man seine werbenden Videos hier an den Content anderer Person, das ist mehr oder weniger günstig.

Auch die Google-Suchmaschine funktioniert sehr ähnlich. Grundlegende Quelle für relevante Inhalte sind vor allem Webseiten, daneben aber auch YouTube-Videos sowie Inhalte anderer Anbieter wie Bewertungsplattformen, Blogs, letztlich sogar Facebook und Instagram und weitere Plattformen.

Wer seine Inhalte im Internet präsentiert, tut dies häufig auf einer Webseite. Google durchsucht solche Webseiten, analysiert sie auf relevante Inhalte und präsentiert den Nutzern der Plattform entsprechende Suchergebnisse. Auf der Suchergebnisseite werden dann kleine Inhaltsschnipsel der möglicherweise anzusteuernden weiteren Inhalte für den Sucher einsehbar.

Inhalte auf der Webseite sind also organische Inhalte. Sollen diese bei Google bevorzugt für möglicherweise Millionen andere Suchergebnisse gezeigt werden, dann kann dies über bezahlte Werbeanzeigen erfolgen: Die ersten zwei oder drei solcher Ergebnisse zu vielen Begriffen sind gesponserte Links.

Facebook kann hier stellvertretend auch für die Funktionsweise von Instagram stehen. Hier generieren Nutzer viele organische Inhalte wie Videos, Texte oder Fotos, die sie dann ihren Freunden und Followern sichtbar machen. Gleiches können Unternehmen tun und Inhalte den Personen zeigen, die ihnen folgen. Darüber hinaus können auch hier anorganische Inhalte erstellt werden, sogenannte Werbeanzeigen. Bei diesen kann dann auch über die Gruppe der eigenen Freunde und Follower hinaus Sichtbarkeit generiert werden.

Anorganische Reichweite erreicht neue Zielgruppen, kostet aber Geld

Organische Reichweite hat also einen großen Vorteil: Es werden keine Werbebudgets bei den Anbietern benötigt, um auf diesem Wege Sichtbarkeit gegenüber seinen möglichen Kunden zu erreichen. Das ist für viele Anbieter attraktiv, schließlich kann mit organischen Inhalten und gutem Content-Marketing eine neue Zielgruppe erreicht werden. Aber das hat Grenzen, die dann durch anorganische Inhalte kompensiert werden können – gegen Werbebudgets.

Eine der Grenzen ist, dass bei Google beispielsweise die Wahrscheinlichkeit nicht besonders hoch ist, mit seiner Webseite auf der ersten Suchergebnisseite zu landen. Alle Suchergebnisse, die hinter Seite 1 der Ergebnisse auftauchen, sind stark benachteiligt und kaum mehr sichtbar.

Auch bei Facebook gibt es gegen Budget die Möglichkeit, Sichtbarkeit einzukaufen und neue Follower zu gewinnen.

Die Unternehmen versprechen sich davon, dass sie diesen Followern später Inhalte jederzeit ausspielen können. Schließlich liegt es tief in der Logik von Facebook, dass Follower in ihrem Feed zu sehen bekommen, was ihre Freunde, aber auch die Unternehmen, denen sie folgen, dort posten. Was liegt also näher, als den Aufbau von Followern als privilegierten Schlüssel zum organischen, kostenfreien und sicheren Marketing zu nutzen. Dem steht leider der Algorithmus entgegen.

Denn weil so viele Nutzer, Unternehmen, Freunde, Institutionen und Werbetreibende ständig Inhalt produzieren, der um Aufmerksamkeit mit anderen Produzenten von Inhalten und Werbung konkurriert, kann Facebook längst nicht allen Nutzern alle in dieser Art produzierten Inhalte zeigen.

Also ordnet der Algorithmus die Inhalte nach Relevanz. Ein Facebook-Nutzer, der mit einem Unternehmen häufiger interagiert, Inhalt teilt und kommentiert, wird von diesem Unternehmen mit etwas höherer Wahrscheinlichkeit etwas mehr Inhalte sehen.

Nach ähnlichen Kriterien kann sich diese Wahrscheinlichkeit aber auch ins Negative verkehren.

Sichtbarkeit-ROI lässt sich selten errechnen

Der Return on Investment (ROI) der Sichtbarkeit hat ein betriebswirtschaftliches Problem. Er lässt sich nicht immer berechnen, da zwischen Investment und Ertrag oft ein langer Weg liegt. Oft kann ein Sichtbarkeitsbudget kaum nachvollziehbar einem bestimmten Umsatz zugeordnet werden.

Ein Vertreter im Außendienst, am besten noch mit Gebietsbindung, kann bezüglich der Wirksamkeit seiner Marketingmaßnahmen dagegen sicher zugeordnet werden. Da dieser für ein bestimmtes Gebiet (beispielsweise Bayern) zuständig ist, können sein Gehalt und seine weiteren Kosten, die durch ihn für das Unternehmen entstehen, verrechnet werden mit den Umsätzen aus Verträgen, die in diesem Gebiet geschlossen werden.

Doch das gilt ohnehin nur, wenn der Vertreter auch die Verträge bei den Kunden unterzeichnen lässt. Schon wenn Kunden (das kann auch durch den Vertreter motiviert sein) auf die Webseite des Unternehmens gehen und sich dann allgemein beim Unternehmen melden, wird der Rechenweg komplexer.

Und was ist mit Unternehmen, die keine Vertreter haben oder benötigen, sondern digitale Kanäle und analoge Werbematerialien nutzen? Welchen ROI haben eine Webseite und die anderen Marketingmaßnahmen?

Bei manchen Marketinginstrumenten kann man auch das noch recht gut berechnen. Bei Facebook-Werbeanzeigen beispielsweise kann

durch Nachverfolgung der Kunden auf ihrer digitalen Reise (der sogenannten »Customer Journey«) bis zum Warenkorb des Unternehmens
sehr gut nachvollzogen werden, welcher finanzielle Marketingaufwand
bei Facebook bis zu diesem Abschluss durch das Unternehmen eingesetzt wurde. Bei anderen Marketingmaßnahmen, wie TV-Spots oder
Postwurfsendungen, wird die Berechnung des ROI durch die Ein-
schränkungen des Streumarketings erschwert. Manche Unternehmen
wollen das manuell nachvollziehen, indem sie ihren Kunden bei Ver-
tragsabschluss fragen: Wie sind sie auf uns aufmerksam geworden?

Doch manchmal ist es schlicht der Sieben-Kontakte-Regel geschuldet, dass sich nicht immer festhalten lässt, welcher Kontakt mit dem
Kunden dann einen zählbaren ROI gebracht hat und welcher nicht. Ein
weiterer Fehler dieses Systems: Es lässt sich auch nicht abschätzen, ob
der Kontakt mit ROI ohne den Kontakt funktioniert hätte, bei dem es
im konkreten Fall keinen Umsatz gab. War es nur die bezahlte Facebook-Werbeanzeige oder kannte der Kunde das Unternehmen schon
seit Langem durch unbezahlten Content auf Facebook? Was hat die redaktionelle Erstellung dieser Inhalte gekostet?

ROIs lassen sich also nicht immer messen. Allerdings muss vor der
Ableitung gewarnt werden, Kanäle ohne zählbaren ROI oder ohne einen sicher zuzuordnenden Umsatz deswegen zu vernachlässigen. In
vielen Fällen ist es insbesondere vor dem Hintergrund der Sieben-Kontakte-Regel unabdingbar, gerade diese Kanäle zu berücksichtigen.

Sichtbarkeit auf Instagram kann häufig ebenso wenig einem ROI zugeordnet werden wie Fachartikel in Zeitschriften, Messepräsenzen oder
ein Kundenevent.

Der erste Ansatz sollte daher sein, von dieser Herausforderung im
eigenen Marketing zu wissen und nicht leichtfertig einzelne Kanäle ab-
zuwerten. Meist hat der Kunde nicht dort zum ersten Mal vom Unternehmen oder dem Produkt gehört, wo er dann kauft. Ein direkt ver-
kürzter ROI (der Sichtbarkeit folgt sofort ein Kauf) verstellt den Blick
auf die Chancen der smarten Sichtbarkeit.

Der zweite Ansatz besteht darin, zwischen den einzelnen Kanälen
möglichst klar eine kohärente Botschaft dem Kunden zu präsentieren:
Für welche Problemlösung stehen das Unternehmen und das Produkt?
Wenn das klar ist, ist nicht so wichtig, wo der erste Kontakt entsteht,

aber er verstärkt von Kontakt zu Kontakt den Kaufimpuls und verkürzt damit den Weg zum Umsatz.

Der dritte Ansatz liegt darin, sich von der schwierigen oder teilweise unmöglichen Zuordnung von Umsätzen zu bestimmten Kanälen der Sichtbarkeit nicht verunsichern zu lassen, weil die Bespielung aller Kanäle zwar nötig, gleich wichtig ist – aber viel zu aufwendig sein könnte. Gerade kleinere Unternehmen denken, dass sie keine Zeit und keine genügenden Budgets haben, um eine Fülle an Sichtbarkeitskanälen gleichzeitig adäquat zu bespielen.

Zum einen kann man die Kanäle durchaus im Hinblick auf bestimmte Parameter in einem Portfolio auswählen. Manche Kanäle passen besser zu einem Unternehmen, andere eher nicht. Richtet sich Ihr Angebot eher auf B2C-Kundenverhältnisse (»Business to Customer«, Endkunden) aus, dann kann Instagram eher ein Kanal für Sie sein. Sind Sie eher an B2B-Kundenverhältnissen (»Business to Business«, Firmenkunden) interessiert, dann ist vielleicht LinkedIn der erste Ansatzpunkt für die eigene Sichtbarkeit.

Denken Sie Ihre Inhalte in Baukästen

Die von Ihnen für Ihre Sichtbarkeitskampagnen erstellten Inhalte (beispielsweise Videos, Grafiken, Audiointerviews, Texte usw.) sind teuer in der Produktion. Hilfreich ist es, sämtliche von Ihnen erstellten Inhalte intensiv auszubeuten und mehrfach und über alle Kanäle zu verwenden. Die einmal produzierten Inhalte werden damit zu einem Baukasten, aus dem Sie sich jederzeit bedienen können.

Um Inhalte zu erstellen, werden Interviews mit spannenden Protagonisten geführt. Diese Interviews können gefilmt und später an verschiedenen Stellen mehrfach verwendet werden. So kann beispielsweise das Video, ursprünglich für YouTube produziert, auf Facebook und auf Instagram zweitverwertet werden. Oder das Video wird in einem Contentbereich der Webseite solchen Kunden zur Verfügung gestellt, die sich tiefergehend mit dem Unternehmen und dem Produkt auseinandersetzen wollen. Dann wird auch dort hochwertiger Inhalt für kritische und neugierige Kunden angeboten, was die Reputation als kundenfreundliches, ehrliches und transparentes Unternehmen stützen kann.

Besonders klare und starke Statements aus den fertigen längeren Videos können als einzelne »Snippets« herausgeschnitten werden und tendenziell für frühe Kundenkontakte genutzt werden, beispielsweise als 5-Sekunden-Facebook-Werbeclip. Kunden, die zu diesen klaren Statements dann – messbar durch Facebook – ein klares Interesse bekunden, kann man in einem zweiten Kontakt auch mehr Content »zumuten« und den langen Clip zeigen, verbunden mit einem Hinweis auf die eigene Webseite.

Das wäre je nach Aufgabe eine sinnvolle Nutzung der Logik der Sieben-Kontakte-Regel. Der kurze Schnipsel des Videos testet die Relevanz beim Kunden, und wenn dieser Test positiv ausfällt, kann man ihm mehr interessante Anknüpfungspunkte bieten.

Dieses Spiel kann man sehr weit denken. Auch die Audiospur eines Videos kann eventuell eine Zweitverwendung finden, insbesondere wenn dieser Zweck bereits bei der Produktion mitgedacht wurde. Als Podcast-Folge über andere Kanäle für andere Kunden wird daraus ein anderer Kontaktpunkt. Der Aufwand, eine Audiospur als MP3 aus einem Video zu extrahieren, ist sogar für Laien sehr leicht zu leisten.

Dieses Denken in Baukastensystemen, das hier nur schlaglichtartig beleuchtet wird, kann einen großen Unterschied für das Marketing machen. Insbesondere bei der Frage, wie denn die Sichtbarkeit auf so vielen unterschiedlichen Kanälen heutzutage hergestellt werden kann, ist Baukastendenken ein Multiplikator der smarten Sichtbarkeit. Wenn dann Kanäle und Inhalte gewählt werden, die besonders gut zum Kunden des Unternehmens passen und die zudem ein gutes Verhältnis von Aufwand und Sichtbarkeitsrendite haben, können selbst kleine Unternehmen hier Wettbewerbsvorteile gegenüber dem stärksten Wettbewerb entwickeln.

Zwei Tools, die aus einmal produziertem Inhalt eine Bibliothek erstellen und diese dann automatisch in den verschiedenen Kanälen ausspielen, sind:

Canva: Mit diesem Online-Grafik-Tool können selbst Laien sehr professionelle Grafiken für die verschiedensten Anwendungszwecke erstellen. Ganz gleich ob Facebook, Instagram, Flyer, Plakate, Websitesslider oder hochwertige Grafiken für Videos und Präsentationen – mit Canva lassen sich aus vorgefertigten Templates aufwendige und grafisch ausgewogene Designs erstellen. Die Vorlagen sind bereits mit Bildern und grafischen Elementen sowie Platzhalter-Schriften bestückt und müssen nur ersetzt beziehungsweise passend gefüllt werden.

Buffer: Buffer ist eines von mehreren Produkten, die es erlauben, Social-Media-Posts in Baukastenbestandteilen zu produzieren. Ein Vormittag, den man sich zur Produktion von Inhalten freimachen kann, genügt, um Content für mehrere Wochen oder gar Monate in den sozialen Medien vorzubereiten. Buffer spielt diese dann voll automatisiert nach Zeitplan aus. In den Profivarianten kann danach sogar geschaut werden, wie die einzelnen Postings performt haben – das muss man sonst direkt mit einem Blick in das Medium etwas komplexer nachhalten. Die erfolgreichsten Inhalte können dann neu ausgespielt werden. Kunden merken sich selten die konkreten Inhalte, sondern eher die Aussage des Contents. Das können Unternehmen für sich nutzen, indem sie durchaus ähnliche Inhalte wiederholt ausspielen. Hier ist Redundanz hilfreich, weil Unternehmen das kohärente Markenbild und die klar formulierten Inhalte in ähnlicher Form immer wieder ausspielen dürfen. Schließlich haben diese Inhalte Relevanz für den Kunden und er wird sie deshalb schätzen.

Sichtbarkeit ist als Rohstoff planbar und zugleich ein Investment

Es ist eine rein ökonomisch geleitete Betrachtung, das allgemeine Gut der Sichtbarkeit als Rohstoff zu betrachten. Das wirft auch ein Schlaglicht auf ein Problem: Rohstoffe, die leicht und im Übermaß zur Verfügung stehen, haben in der Regel einen niedrigen Marktwert. Ich habe darauf schon an anderer Stelle hingewiesen. Im Internet, auf Hunderten von Fernsehkanälen und in Tausenden von Zeitschriften, auf den Social-Media-Kanälen von Millionen von Nutzern werden ständig große Mengen an Inhalten produziert, die mehr oder weniger auf breite Sichtbarkeit ausgelegt sind.

Sichtbarkeit ist also inflationär. Aus diesem Grunde muss der reichlich verfügbare Rohstoff Sichtbarkeit veredelt werden, unter anderem durch Relevanz, Autorität und Storytelling, damit er Abnehmer findet – Interessenten und dann Kunden. Sichtbarkeit kann, so veredelt, ein Investment sein.

Daher muss ein Investment in den Rohstoff Sichtbarkeit eine Rendite abwerfen; es ist also hilfreich, Sichtbarkeit auf ihre mögliche Rendite hin zu überprüfen.

Wer sich einmal mit Aktieninvestments beschäftigt hat, wird wissen, dass es einen Unterschied macht, ob man bei Aktien auf die Rendite oder auf die Dividende achtet. Ein Unternehmen, das Aktien ausgibt, verkauft damit Anteile an der Firma an Investoren. Dieser Anteil hat Vorteile, die sich unter anderem in einem Stimmrecht bei bestimmten unternehmerischen Entscheidungen zeigen, aber auch in einer Beteiligung an den Unternehmensgewinnen.

Hat ein Unternehmen in einem Jahr gut gewirtschaftet und Gewinne erzielt, dann schüttet es häufig eine Dividende aus. Diese berechnet sich, wenn auch nicht direkt, aus dem Unternehmensgewinn im Verhältnis zum Anteil des Aktionärs.

Insbesondere Startups steuern ihren Unternehmenserfolg in der Regel zunächst nach dieser Logik. Man nennt das dort »Performance-orientiert«. Alle Handlungen des Unternehmens zielen darauf, schnell Erfolge zu liefern. Es geht darum, Projekte zu akquirieren, sie abzuschließen und schlussendlich Rechnungen dafür zu stellen. Schließlich leben Startup-Gründer in der Regel gerade am Anfang vom laufenden Geschäft, dem »Cashflow«. Dieser operative Gewinn fließt den Unternehmern oder dem Unternehmer zu.

Ein eigenes Unternehmen zu gründen ist herausfordernd und gleichzeitig ist es gerade am Anfang häufig ein unternehmerisches Leben von der Hand in den Mund: Alle Investitionen zielen darauf, einen möglichst schnellen Cashflow zu erreichen.

Alle unternehmerischen Erfolge werden direkt abgeschöpft oder für notwendige Investitionen, die weitere Erträge ermöglichen sollen, verwendet. Aus den ersten Gewinnen wird zum Beispiel ein Büro gemietet, ein Firmenwagen geleast und die notwendige Webseite beauftragt.

Gerade Gründer können es sich kaum erlauben, in die eigene Marke zu investieren und auf eine spätere Renditeaussicht oder auf zukünftige Erfolge zu setzen. Bei Aktien dagegen gilt: Eine Aktie wird gekauft und nur eventuell schüttet diese eine Dividende aus. Selbst Anleger, die wenig über Aktien wissen, sind darüber informiert, dass Aktienwerte Zuwächse erfahren oder Wertverluste erleben. Das hat wesentlich damit zu tun, wie das Unternehmen wirtschaftet, wie es in seinen Märkten performt und welche unternehmerischen Erfolge sich abbilden lassen.

Aktien sind dabei immer auch eine Wette auf das Unternehmen. Ihr Wert steigt häufig, wenn das Unternehmen gut wirtschaftet und günstige Zukunftsprognosen für das Geschäftsfeld angeführt werden können. Vor allem aber hilft es, wenn das Unternehmen zukunftsfähige Werte integrieren kann, die ein Wirtschaften in der Zukunft begünstigen.

Können beispielsweise Patente in das Unternehmen integriert oder aussichtsreiche Startups zugekauft werden, lässt das vielleicht den Kurs steigen.

Und nach diesem Gedankenmuster können Sie in Bezug auf die smarte Sichtbarkeit denken. Denn die Investitionen in die zukünftige Performance des Unternehmens lassen nicht immer direkt eine Dividende entstehen, also einen messbaren Gewinn. Aber sie ergeben eine Chance auf eine langfristige Rendite – ebenso wie Sichtbarkeit.

Investitionen in die eigene Sichtbarkeit kosten genauso Geld wie ein Firmenzukauf oder eine neue Entwicklungsabteilung; sie mindern den Cashflow. Aber sie versprechen ebenso mittelfristig Rendite, und zwar in Form von Branding, einer Markenbildung also. Zumindest wenn sie gut gesteuert sind, können Ausgaben zur Steigerung smarter Sichtbarkeit auch den Wert des Unternehmens steigern.

Die Marke wird bekannter und den Kunden gegenüber mehr und stärker für bestimmte klare Kernwerte und Problemlösungen präsent. Das ist vor allem deswegen interessant, weil Unternehmen keine Aktien verkaufen müssen, um diese Sichtbarkeitsrendite abzuschöpfen.

Wir hatten bereits beschrieben, dass eine Marke stets bestimmte Werte für die Kunden aufsummiert und für Probleme adressierbar macht: »Mit meinem Problem wende ich mich am besten an die Marke X …« Das ist eine Umkehrung von Druck-Marketing (»Wussten Sie schon, dass wir Folgendes anbieten …?«) hin zum Sog-Marketing (»Bekomme ich bei Ihnen das Produkt X?«). Dieser Sog entsteht durch ein starkes Vertrauen in die Marke.

Wenn die Kunden wissen, dass sie ein Problem kompetent bei einem Unternehmen gelöst bekommen, dann braucht es etliche der ersten sanften Kontakte, die ansonsten bei einem Erstkunden nötig werden, nicht mehr. Das senkt die Marketingkosten und reduziert den unternehmerischen Aufwand, schafft Vorteile in Wettbewerb und Markt und erlaubt tendenziell schnelleres Wachstum; es steigert damit die Rendite.

Startups können sich diesen Luxus und dieses Investment oft nicht leisten; sie denken auch häufig nicht daran. Sie streben vielmehr nach Kontakten zu ihren Kunden, die möglichst schon bei einem Erstkontakt zu Umsatz führen.

Für das Branding, als Gegenpol zur performance-orientierten Sichtbarkeit, bleibt dann wenig Raum; es wird höchstens als angenehmer Mitnahmeeffekt wahrgenommen, weil sonst dem Unternehmen ohne schnelle Cashflow-Erfolge die Liquidität verloren geht.

Das Motto: »Wir haben zwar keinen Abschluss erzielt, aber immerhin ein paar Visitenkarten verteilt« ist für Startups besonders gefährlich. Wichtig ist dagegen, auch später, wenn der erste Unternehmenserfolg gefestigt wurde und es nun darum gehen muss, smarte Sichtbarkeit mit Blick auf das Branding zu festigen, Visitenkarten nicht als oberstes Ziel zu begreifen. Vielmehr muss es Ziel sein, die Marke möglichst so aufzuladen, dass sie für das Unternehmen Aufgaben der Sichtbarkeit übernimmt, die sonst teuer immer wieder an Neukontakte zu knüpfen wären.

Brandformance verbindet ROI mit Sichtbarkeit

»Brandformance« kombiniert das Streben von Unternehmen nach einem direkt messbaren ROI mit dem Wunsch, eine gute, strahlende Marke aufzubauen. Der Begriff denkt die Begriffe »Branding« und »Performance« zusammen und vereint damit beide Welten.

Marketingagenturen denken dieses Konzept technisch und konzeptionell. Beispielsweise werden Marken, die vielleicht schon in anderen Märkten etabliert sind, entsprechende finanzielle Mittel zur Verfügung haben und nun in einem neuen Markt starten wollen, verschiedene Kampagnen kombinieren.

Dort werden beispielsweise Fernsehspots geschaltet, die einen Produktnutzen erklären. Diese werden zu Beginn auf kleineren Fernsehsendern ausgespielt, denn dort ist es nicht allzu teuer, Werbung zu senden, und das Publikum gilt je nach Sender als kauffreudig. Kunden von Sparten-Bezahl-Sendern oder im Teleshopping etwa haben allein schon durch die Wahl dieses Kanals bewiesen, dass sie bereit sind, Geld auszugeben. Solches Marketing zielt damit auf Cashflow ab: Dem Spot soll ein messbarer Mehrumsatz folgen.

Mit diesen performance-orientierten Spots und Kanälen können die Unternehmen daher rasch wachsen.

Erst wenn das gelingt, werden danach Fernsehspots auf TV-Sendern mit mehr Reichweite gesendet. Diese dienen dann eher der Markenbekanntheit (der sogenannten Awareness) und dienen damit vordringlich dazu, dass immer mehr Menschen über die Spartensender hinaus die Marke überhaupt kennenlernen und etwas mit ihr verbinden können.

Letztlich machen auch große Marken wie Coca-Cola oder Mercedes-Benz das ganz ähnlich: Sie senden seltener Spots mit einer klaren Performanceabsicht, weil sie ihr Potenzial dafür meist schon ausgeschöpft haben und wenig wachsen können. Häufig steht sogar kein einzelnes Produkt im Mittelpunkt dieser Awareness-Spots. Vielmehr verteidigen die Marken über dauerhafte Sichtbarkeit und die Festigung der Aufladung mit bestimmten Werten ihre Marktposition. Im Kern des Spots steht: »Mercedes Benz. Das Beste oder nichts« und nicht etwa »Kaufen Sie die neue C-Klasse«.

So oder so ähnlich stellen sich manche Marketingagenturen Brandformance vor; das aber verkürzt den Gedanken dahinter, Sichtbarkeit als Investment in den Wert der eigenen Marke zu denken und dabei zu schauen, welche Formen von Sichtbarkeit eine Dividende ermöglichen und welche eine langfristige Rendite erwarten lassen.

Viele unternehmerische Prozesse können in dieser Form in die Marke investieren, werfen jedoch keine direkte Dividende ab. Kundenevents oder Übererfüllung gegenüber besonders guten Kunden, Investitionen in den sogenannten Social-ROI[9], etwa in Form von wohltätigen Engagements, sind nur einige Beispiele.

Ein Beispiel: Das Verfassen eines Buches, das dann bei einem renommierten Verlag veröffentlicht werden kann, oder Fachartikel in anerkannten Zeitschriften kosten Zeit und sogar Geld in Form von Opportunitätskosten: Ein Autor könnte in der Zeit, in der er lange an einem Buch schreibt oder einen Fachartikel verfasst und mit Verlagen verhandelt, andere Prozesse anstößen und steuern, die viel direkter Umsatz bringen könnten.

Ist ein solches Buch dann im Handel, dann wird es sichtbar. Und über die Buchverkäufe und das Autorenhonorar entsteht sogar eine Sichtbarkeitsdividende.

Fachartikel und Buch haben aber vor allem eine gute Sichtbarkeitsrendite, insbesondere wenn sie tatsächlich bei einem Verlag platziert werden konnten. Es führt zur Sichtbarkeit gegenüber der Zielgruppe und möglichen Neukunden. Zugleich kann ein Buch beispielsweise als Visitenkarten-Ersatz hochwertige Sichtbarkeit dauerhaft erzeugen: Visitenkarten sind Sichtbarkeitsartikel, die man wegwirft, verliert oder nach Monaten ohne inhaltlichen Zusammenhang in irgendwelchen Taschen wiederfindet.

Visitenkarten bauen vielleicht durch Titel Autorität auf, aber sie transportieren niemals in gleichem Maße wie ein Buch Geschichten und haben nicht die Chance, in gleicher Art die Expertise von dem, dessen Name sie tragen, zu stützen und zu transportieren.

Bücher werden nicht weggeworfen. Der Kunde schätzt zunächst den renommierten Verlag und das Sichtbarkeitsinstrument des Buches. Menschen sind schon von Jugendtagen an daran gewöhnt, dass in Büchern und renommierten Fachzeitschriften Wahrheit, mindestens aber sorgfältig geprüftes Wissen steht.

Bücher und Fachartikel sind also Hebel für Autorität und damit für Unternehmen in Bezug auf die smarte Sichtbarkeit interessant. Diese Form der Sichtbarkeit, wie sie beispielsweise für Buchautoren entsteht, verzinst sich also, wenn auch eher langfristig; auch das ist Brandformance.

Das Buch oder der Fachartikel sind anschauliche Beispiele, wie eine solche Sichtbarkeitsrendite gedacht werden sollte. Viele andere Formen der Sichtbarkeit können ähnliche Effekte auslösen oder unterstützen. Gleiche Effekte lassen sich für Podcasts nachhalten, wenn Sie von bekannten Podcastern zu Ihrem Spezialthema eingeladen werden.

Das Wissen um die klare Unterscheidung zwischen Performance-Marketing und Markenaufbau sollte allen Unternehmen vor allem eine Anregung sein: Ein Investment in smarte Sichtbarkeit ist Arbeiten *am* System und nicht *im* System.

Kanäle smarter Sichtbarkeit

Das vorherige Kapitel hat gezeigt: Nicht alle Kanäle können gleichzeitig bespielt werden. Es macht Sinn, die Kanäle mit den besten Relevanzmessgrößen (CPC, CPL und CPS) bevorzugt zu bedienen.

Gerade weil Unternehmen in der Regel nicht alle Kanäle der Sichtbarkeit bespielen können, ist es unternehmerisch sinnvoll, zu bestimmen, welche Kanäle für die eigenen Absichten am besten geeignet sind.

Hunderte Kanäle gibt es – aber welche machen Sinn?

Instagram, Facebook, Google, Twitter, YouTube, Pinterest oder TikTok: Es gibt Hunderte unterschiedlicher Plattformen, die Sie als Kanäle für Ihre Sichtbarkeit nutzen können.

Für viele Unternehmen ist es eine herausfordernde Aufgabe, die besten Kanäle dafür zu ermitteln. Was aber besonders unübersichtlich wirkt, ist bei näherer Betrachtung durchaus überschaubar, denn grundsätzlich können Unternehmen davon ausgehen, dass die Grundprinzipien der werthaltigen Sichtbarkeit auf allen Kanälen ähnlich funktionieren.

Denn auch wenn die eine Seite der Gleichung (die aus einer kaum zu überblickenden Zahl verfügbarer Kanäle von Sichtbarkeit besteht) variabel ist, so ist die andere Seite der Gleichung doch sehr konstant: Das sind die möglichen Kunden.

Gute Geschichten etwa funktionieren immer. Da ist es unerheblich, in welchem Medium und in welchem Format diese den Kunden präsentiert werden. Wenn eine Geschichte inhaltliche Anknüpfungspunkte und empathische Anschlussfähigkeit für die Kunden offeriert, dann kann man diese in einem Podcast, einem Video oder einer Reihe von Instagram-Postings erzählen. Und sie wird vermutlich immer ziemlich gut funktionieren. Wenn es Unternehmen gelingt, Relevanz gegenüber möglichen Interessenten herzustellen, also die Produkteigenschaften und die Kundenbedürfnisse möglichst gut übereinstimmen zu lassen, dann hat das immer Kraft – unabhängig vom Kanal.

Die Wahl der Kanäle smarter Sichtbarkeit ist damit verglichen »nur« ein Feinjustieren der gesamten Prozesse.

Beginnen Sie mit den werthaltigsten Kanälen

Die folgende Grafik zeigt zwei Orientierungsgrößen smarter Sichtbarkeit: den Aufwand, den es kostet, um Marketinginhalte oder Content-Marketing als Grundlage der eigenen Sichtbarkeit zu erstellen, sowie den potenziellen Nutzen im Hinblick auf die eigene werthaltige Sichtbarkeit.

Zudem sind in der Grafik verschiedene Korridore eingezeichnet. Im Feld geringen Aufwands bei hohem Wert finden sich Kanäle, die ein Unternehmen unbedingt in Betracht ziehen sollte. Dem gegenüber steht ein Korridor mit hohem Aufwand bei geringem Wert – ein Feld, das Unternehmen gar nicht oder erst spät in den Fokus nehmen sollten. Es verbleiben zwei Felder mit komplexerem Verhältnis zwischen Aufwand und Ertrag der Sichtbarkeit.

So wie Unternehmen in diesen nicht ganz klar einzuordnenden Feldern tatsächlich individuell schauen müssen, ob sich ein Aufwand messbar lohnt (über die KPIs CPC, CPL und CPS), so gilt grundsätzlich: Die Einschätzung, mit welchem Erfolg und mit welchem Aufwand Unternehmen Sichtbarkeit erzeugen können, ist individuell und hängt ab von der Markt- und Wettbewerbssituation, von den Produkten und Dienstleistungen und davon, wie sehr Autorität und Storytelling für das Produkt entwickelt werden können, und von vielen weiteren Faktoren.

Wichtig und hilfreich ist es, Aufwand und Ertrag ins Verhältnis zu setzen und zu erkennen, dass man nicht alle Bälle gleichzeitig in der Luft halten kann.

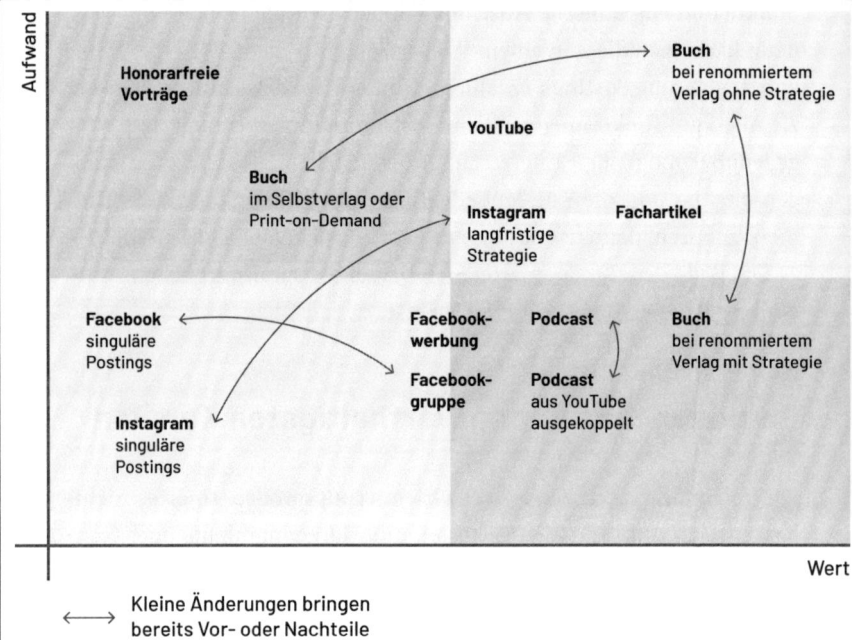

Aufwand und Wert der Sichtbarkeitskanäle stehen in unterschiedlicher Beziehung zueinander. Der Quadrant links oben sollte zuletzt bearbeitet werden; hier stehen Aufwand und Wert in keinem guten Verhältnis. Der Quadrant rechts unten ist besonders attraktiv. Die eingezeichneten Pfeile zeigen, dass mit kleineren Änderungen der Wert eines Kanals verändert werden kann. Hierauf muss bei der Umsetzung besonders geachtet werden.

Quelle: Eigene Darstellung

Zudem sind nur einige mögliche Kanäle und Instrumente der Sichtbarkeit eingezeichnet. Es soll bei der Grafik vordergründig darum gehen, wie Sie individuell für Ihr eigenes Unternehmen Sichtbarkeitskanäle einordnen und dann hierarchisieren.

Ein Beispiel für einen Kanal mit geringem Aufwand, in der Regel aber mit einem geringen Ertrag, ist ein einzelnes Instagram-Posting. Es bietet den Kunden wenig Anknüpfungspunkte und ist auch sonst eher knapp eingebunden in weiterem Content. Ein klassisches Beispiel wäre ein Gruß an die eigenen Follower auf Instagram mit dem Inhalt: »Wir wünschen allen Kunden frohe Weihnachten!«

Dieses Posting ist schnell gemacht. Ein lizenzfreies Bild eines Adventskranzes von einer der gängigen Fotoplattform und ein kleiner Spruch, zusammengestellt mit einem einfachen Grafikprogramm oder direkt in der Instagram-App.

Dieser Content hat aber gar keinen Bezug zum Unternehmen und vermutlich auch einen schwächeren Effekt auf die Kundenbindung, als das Unternehmen denkt. Instagram-Postings sind stärker, wenn sie gute Inhalte und die damit verbundene Überzeugungskraft nach und nach aufbauen, sich beim Kunden durch verschiedene Argumente und Inhalte zu einem überzeugenden Bild verdichten. Wird das von Unternehmen gesehen und eingehalten, verschiebt sich die Bewertung von Instagram als Kanal in der Grafik bereits zu mehr Aufwand, aber auch zu mehr werthaltiger Sichtbarkeit.

Etwas mehr Aufwand als ein singuläres Instagram-Posting kostet es, beispielsweise ein Facebook-Posting aufzusetzen. Das ist unerwartet, schließlich sind die Mechanismen sehr ähnlich. Facebook ist aber beispielsweise textlastiger als Instagram, bedeutet daher größeren Aufwand.

Die Follower treten über mehrere Kontaktpunkte in die Inhalte des Unternehmens ein. Einer dieser Punkte ist das Unternehmensprofil und das kann man bei Facebook sehr umfänglich mit Inhalten (Unternehmensbeschreibung und Produkte, Profilbilder und dazu weitere Inhalte) und Verweisen (Links auf die Webseite, Shop, WhatsApp-Kontakt und Link zu Instagram, LinkedIn etc.) füllen.

Ein Instagram-Account mit den wenigen notwendigen Informationen und die ersten Postings sind vergleichsweise schneller erstellt, weil Instagram viel weniger Kontaktpunkte ermöglicht.

Hinzu kommt, dass Facebook gegenüber Instagram die schlechtere Reichweite hat: Eine geringere Zahl der Follower sehen einen Beitrag eines Unternehmens. Der Return on Investment des Aufwandes ist also gleichzeitig geringer. Das macht die Betrachtung aus unternehmerischer Sicht für Facebook deutlich schlechter als bei Instagram.

Allerdings lässt sich das mit einer kleinen Änderung verschieben. Facebook-Gruppen beispielsweise sind ein sehr hochwertiger Kontaktpunkt der Sichtbarkeit für viele Unternehmen. Dort kann ein Anbieter Kunden oder Interessenten für eine Thematik einladen, sich an Diskussionen zu beteiligen, eigene Erfahrungen zu veröffentlichen und auf die Intelligenz der Gruppe zurückzugreifen. Eine solche Gruppe ist schnell erstellt, der Inhalt selbst wird bei guter Steuerung dann fast ausschließlich durch die Kunden und Interessenten produziert; ein geringer Aufwand für das Unternehmen selbst also.

Insbesondere bei Themen, die einen hohen Wissensanteil haben (so wie Coaching, Beratung, Headhunting, ingenieurs- und wissenschaftsnahe Themen), aber auch bei Themen, die eine hohe emotionale Beteiligung der Fans erfordern, sind solche Gruppen besonders gut zur Kundenbindung geeignet. Und das ohne Zutun des Unternehmens, das darüber hinaus sogar auf diesen Content zugreifen kann: Welches sind die Themen der eigenen Kunden, die sich schließlich in den Diskussionen zeigen und die damit ein klarer Verweis auf die so wichtige Relevanz bezüglich der Kundenbedürfnisse sind? Diese Frage kann eine gute Facebook-Gruppe regelmäßig beantworten.

Damit verbessert sich zum einen die Reichweite der Inhalte, weil die Gruppenmitglieder mehr mit den Inhalten interagieren und deswegen durch den Facebook-Algorithmus bevorzugt gezeigt werden. Die Inhalte werden relevanter und reichhaltiger, der Aufwand geringer.

Ein ähnlicher Zusammenhang der Verschiebung im Diagramm mit wenigen Änderungen lässt sich auch an anderen Stellen erkennen. Ein Buch, das bei einem renommierten Verlag veröffentlicht wird, bedeutet einen hohen Aufwand. Es müssen immerhin 200 oder 300 Seiten fundierter Inhalt erstellt werden. Der Verlag übernimmt dafür Aufgaben der Redaktion und Prüfung, inhaltlich wie stilistisch. Weil das auch eine hohe Hürde ist, gehen viele Autoren den einfacheren Weg und veröffentlichen ihr Buch im Self-Publishing oder als sogenanntes »Print-on-demand«. Dann sind die Autoren selbst die prüfende Instanz und können das Buch schnell selbst veröffentlichen. Dabei fehlt aber nicht nur die Marketingkraft des Verlages, der das Buch in viele Buchhandlungen und Online-Plattformen bringen kann; speziell Letzteres ist im Selbstverlag kaum möglich. Es fehlt auch die Abstrahlung der Autorität des renommierten Verlages. Die Leser erkennen, dass der Verlag das Buch und seinen Inhalt geprüft hat und dass ein Autor, der mit einem solchen Verlag zusammenarbeitet, hohe Qualität liefern kann. Das steigert die wahrgenommene Autorität des Buches, die sich für die eigene werthaltige Sichtbarkeit besser nutzen lässt, wenn es bei einem Verlag veröffentlich wurde.

Dennoch unterschätzen viele Autoren, dass sich damit eine zweifache Verschiebung innerhalb der modellhaft vorgestellten Felder abspielt. Aus einem Sichtbarkeitsinstrument mit hohem Aufwand und meist hoher Rendite wird eine, bezogen auf beide Werte, schwächere Variante. Es wird zwar einfacher, das Buch im Eigenverlag zu veröffentlichen, aber es verliert an Autorität und Orientierungskraft.

Es gibt aber Elemente, die ein besonders günstiges Verhältnis zeigen, zum Beispiel Podcasts. Sie haben einen niedrigen Aufwand in der Erstellung, zumal die Tonspur aus einem YouTube-Video ausgekoppelt werden kann. Gleichzeitig haben Sie bei der Verbreitung auf gängigen Podcast-Plattformen einen hohen Einfluss auf Ihre Hörer: Podcasts werden lange gehört, Sie können stringent komplexe Inhalte darstellen und einen Sachverhalt aus mehreren Perspektiven beleuchten.

Das Problem des Podcast ist lediglich, dass er sich auf einer Plattform wie der Podcast-App von Apple gegen die zahlreiche Konkurrenz durchsetzen muss. Möglicherweise können andere Formen von Sichtbarkeit, die schnell und leicht umzusetzen sind, wie beispielsweise ein Instagram-Posting, diese Sichtbarkeit des wertvollen Podcast schnell und leicht stützen. Schließlich bügelt der als hochwertiges Format wahrgenommene Podcast, auf den ein mögliches Instagram-Posting verweist, dessen angenommene inhaltliche Schwäche aus. Auch eine Kombination verschiedener Elemente der Sichtbarkeit kann also sehr sinnvoll sein, zumal die Vor- und Nachteile der einzelnen Elemente sich gegenseitig dann eventuell aufheben.

Letztlich können bei der Wahl der eigenen Sichtbarkeitskanäle auch persönliche Vorlieben eine Rolle spielen. Dem einen mag es leichtfallen, Videos für YouTube zu produzieren und sich vor einer Kamera zu bewegen; für andere ist das eine große Herausforderung. Das verschiebt den Aufwand, obwohl die technischen und inhaltlichen Anforderungen gleich bleiben.

Instagram als Beispiel:
Sichtbarkeit lässt sich bequem beschaffen

Die gute Nachricht vorab: Die Systeme der großen Anbieter Meta (umfasst Facebook, Instagram und WhatsApp) und Alphabet (mit den Marken Google und YouTube) sind überaus leicht bedienbar. Damit lässt sich Sichtbarkeit recht bequem herstellen; außerdem können Sie diese Kanäle gut ausprobieren und über Kennzahlen miteinander vergleichen.

Die Unternehmen stehen in direktem Wettbewerb zueinander und machen es Werbekunden einfach, Sichtbarkeit einzukaufen. Selbstverständlich können Sie auch Social-Media-Agenturen beauftragen, aber es spricht nichts dagegen, die ersten Schritte zur Sichtbarkeit selbst zu gehen.

Das folgende Beispiel zeigt, wie schnell und bequem Sichtbarkeit eingekauft werden kann. Ein deutscher Gartenversand hat eine neue Produktlinie mit Angeboten für japanische Ziergärten auf den Markt gebracht – einem zeitgeistigen Trend mit attraktivem Umsatzpotenzial.

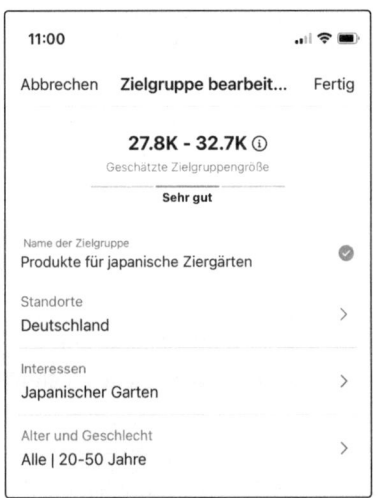

Schritt 1: Die Zielgruppe wird direkt in der App eingegeben und mit den Interessen »Japanischer Garten« eingegrenzt. Damit ist das Relevanzkriterium erfüllt und Streuverluste entstehen gar nicht erst.

Quelle: Instagram-App

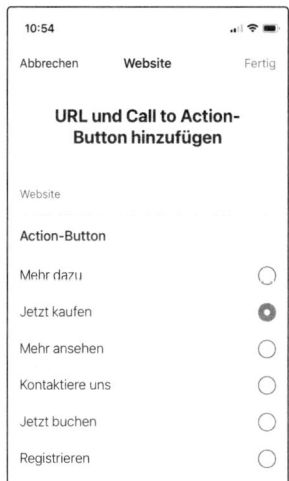

Schritt 2: Als Nächstes wird die Website eingegeben und die Handlungsstrategie festgelegt. Im Beispiel soll der Kunde ein Produkt kaufen.

Quelle: Instagram-App

Schritt 3: Das Budget wird festgelegt – schon steht die erste Kampagne.

Quelle: Instagram-App

Nach sehr ähnlichen und einfach bedienbaren Methoden arbeiten Facebook, Instagram, WhatsApp, Google und YouTube. Die Anbieter haben längst erkannt, dass sie den Unternehmen niedrigschwellige Angebote für ihr Marketingbudget machen müssen.

Dieses Beispiel zeigt, dass insbesondere in Nischen mit überaus kleinen Budgets große Wirkung erzielt wird: Es werden nur 10 Euro pro Tag ausgegeben; damit werden in sechs Tagen zwischen 5 000 und 13 000 Interessenten erreicht, die sich für japanische Ziergärten interessieren.

Die Kampagnensteuerung für große Budgets sollte jedoch von Social-Media-Agenturen und damit Profis übernommen werden – oder von Mitarbeitern innerhalb Ihrer Firma. Das Beispiel oben zeigt dennoch, dass eine eigene Sichtbarkeitskampagne recht schnell aufgebaut ist.

Das soeben beschriebene Prinzip funktioniert übrigens bei nahezu allen Social-Media-Kanälen ebenso: Hochwertige, gute Sichtbarkeit einer genau passenden Zielgruppe gegenüber lässt sich einkaufen.

Celine Nadolnys Instagram-Kanal nutzt smarte Sichtbarkeit

Der aufwendigere, aber kostenlose Weg zur hochwertigen Sichtbarkeit besteht darin, eigene Inhalte zu erstellen und diese mit den drei Dimensionen smarter Sichtbarkeit Relevanz, Autorität und Storytelling zu verknüpfen.

Unternehmen und Personenmarken, die diesen Weg gehen, binden ihre Follower besonders intensiv an sich und die eigene Sichtbarkeit. Das lässt sich insbesondere an einer hohen Interaktionsrate des Kanals erkennen: Die eigenen Follower liken und kommentieren besonders intensiv und viel. Dieses hohe Interaktionsmaß erkennen Social-Media-Dienste als besondere Qualitätskennzahl für die Relevanz eigener Inhalte an und spielen daher interaktionsstarke Inhalte besonders gern und hochfrequent aus.

Celine Nadolny ist vermutlich die einflussreichste deutschsprachige Influencerin für Wirtschafts-, Finanz-, Karriere- und Personal-Development-Bücher. Die 25-jährige Betriebswirtin vereint rund 80 000 Follower in ihren Social-Media-Kanälen. Sie richtet sich vor allem an ein eher junges Publikum.

Sie stellt in ihrem Instagram-Kanal »Book Of Finance« regelmäßig Finanzbücher vor; etwa 600 Bücher hat sie schon gelesen. Die Kurzform der Rezension veröffentlicht sie bei Instagram; eine jeweils umfassendere Version der Buchvorstellung lässt sich dann auf der »Book of Finance«-Website nachlesen. Zudem unterhält sie weitere Social-Media-Kanäle auf Plattformen wie LinkedIn, Facebook, Twitter und Pinterest.

Celine Nadolny leistet damit eine Lenkungsfunktion, denn auf dem unüberschaubaren Markt der Finanzbücher fällt es schwer, gute von schlechten Bücher zu unterscheiden. Sie fällt nach dem Lesen der Bücher Urteile, gibt Leseempfehlungen ab und hebt besondere Inhalte der empfohlenen Bücher hervor.

Ihre Follower lieben ihre Inhalte und fühlen sich der Influencerin eng verbunden: Jede ihrer Buchrezensionen versammelt eine große Zahl an Interaktionen, Likes und Kommentaren. Die Inhalte werden in der Folge von Instagram als besonders relevant erkannt und weit gestreut ausgespielt. So wächst der Buchkanal stetig.

Celine Nadolny ist ein gutes Beispiel für die drei Dimensionen smarter Sichtbarkeit, denn sie vereint sie zu einem besonders leistungsfähigen, konzentrierten Kanal:

– Relevanz: Der Kanal konzentriert sich auf eine klar erkennbare Kerngruppe: ein junges Publikum zwischen 25 und 35 mit Interesse an Wirtschaftsthemen. Ihr Publikum ist wissbegierig, interessiert und offen für Neues. Es sucht Inspiration, Orientierung und Rat und möchte an sich selbst arbeiten. Themenfremde Bücher stellt Celine Nadolny nicht vor – so verwässert sie die Inhalte des eigenen Kanals nicht und bleibt fokussiert. Instagram kann solche klaren Zielgruppen besonders gut identifizieren und stellt damit Relevanz sicher.
– Autorität: Celine Nadolny hat ihr Betriebswirtschaftsstudium (Schwerpunkt »Business Administration«) mit einem Bachelorgrad abgeschlossen, sodass sie über ausreichend Fachkompetenz verfügt, die von ihr besprochenen Bücher beurteilen zu können. Sie hat außerdem

weit vor ihrer Influencer-Karriere über 350 Bücher gelesen und weiß daher aus eigener Erfahrung, welcher Autor seine Inhalte gut und fundiert belegen kann. Sie hat in den Jahren 2020 und 2021 dafür sieben Auszeichnungen erhalten, darunter so renommierte Preise wie den »Comdirect Finanzblog Award« oder den »Medienpreis der Stiftung Finanzbildung«. Ihre Fachkompetenz ist auch außerhalb ihrer eigenen Kanäle anerkannt; so stellt sie für den Nachrichtensender *n-tv* regelmäßig das »Buch des Monats« vor. Auch außerhalb ihrer Branche genießt sie großes Ansehen und war im Jahr 2022 Miss-Germany-Finalteilnehmerin. Das alles zahlt in ihre Autorität ein.

- Storytelling: Celine Nadolny bindet ihre Follower in ihre eigene Geschichte ein und berichtet, dass sie sich schon mit 16 Jahren für Finanzbücher interessiert hat. Regelmäßig lässt sie ihre Fans an ihrem Leben teilhaben und erzählt von ihrer Motivation und auch von He-

MEINE BUCHTIPPS

Die besten Bücher in den Bereichen Finanzen, Karriere & Unternehmertum, Persönlichkeitsentwicklung, Steuern und Ernährung auf einen Blick. Klicke auf die einzelnen Kategorien, um zu filtern oder direkt auf das Buchcover, um zur ausführlichen Rezension zu gelangen.

Sachbücher sortiert nach Kategorie

Celine Nadolny sortiert die von ihr empfohlenen rund 600 Sachbücher in unterschiedliche Kategorien, die jedoch immer erkennbaren Bezug zu Wirtschafts- und Finanzthemen behalten.

Quelle: bookoffinance.de

rausforderungen in ihrem Alltag als Selbstständige. Ihre treuen Fans wissen beispielsweise, dass ihr Weg kein einfacher war: Celine Nadolny ist nach der Realschule für ein Jahr in den USA gewesen und hat danach das Gymnasium besucht. Sie hat sich ihr Geld stets selbst verdient – zum Beispiel mit einem Nebenjob bei McDonald's, als Aushilfe beim Zahnarzt oder mit Bänkesäubern im Sonnenstudio. Sie berichtet außerdem von ihrem eigenen Durchbruch zur Vollzeit-Influencerin, seit sie ihre Festanstellung im März 2021 aufgab. Dieses Storytelling motiviert und inspiriert dazu ihre Follower.

Der eigene YouTube-Channel

YouTube ist eine Tochter von Google und so wie Google die größte Suchmaschine für allgemeine Webinhalte ist, so ist YouTube die größte Suchmaschine weltweit speziell für Videos.

YouTube hat rund zwei Milliarden Nutzer weltweit, die mindestens einmal monatlich Inhalte der Plattform nutzen, eine Milliarde davon schaut täglich Video. Dabei haben 90 Prozent aller Menschen zwischen 18 und 44 Jahren, die Zugriff auf das Internet haben, auch auf YouTube zugegriffen – das ist ein sehr relevanter Anteil der sogenannten »werberelevanten Zielgruppe« (die Altersgruppe 14 bis 49 gilt als besonders kauffreudig und daher interessant).

Damit haben YouTubes Inhalte einen guten Zugang zur Aufmerksamkeit von Internetnutzern. Es empfiehlt sich daher besonders als bespielbarer Sichtbarkeitskanal. Das liegt auch daran, dass YouTube sich auf hoch relevante Inhalte spezialisiert hat. So gilt Videoinhalt vielen Nutzern als besonders gern gewählte Quelle für Informationen. Man kann sich mit den Videos zwar auch berieseln lassen oder diese als Nebenbei-Medium nutzen, aber eben auch in kurzer Zeit viele Informationen aggregieren.

Die Möglichkeiten der audiovisuellen Darstellung haben dabei viele Vorteile. Grafiken können ebenso genutzt werden wie aufwendige Videoanimationen; es können Realbilder und Tabellen kombiniert werden, Werbung in Kinoqualität produziert oder auch sehr authentische Homevideos gedreht werden – die Möglichkeiten der visuellen Darstellung sind sehr vielfältig. Daneben kann durch auditive Inhalte, wie beispielsweise einen Erzähler oder O-Töne bis hin zu abermals sehr professioneller Filmmusik, eine zweite Ebene der Informationsvermittlung und emotionaler Verstärkung hinzugefügt werden.

Videos haben aber auch noch einen weiteren Vorteil, insbesondere mit Blick auf die Kundenansprache für Unternehmen. Es ist eine psychologische Grundfunktion, dass Menschen eher Vertrauen schöpfen, wenn sie dabei anderen Menschen in die Augen schauen. Menschen sind überzeugt, dass möglichst viele Quellen der Kommunikation wie Gestik, Mimik und weiteres Verhalten eines Gegenübers gut dazu taugen, das Gesehene auf Authentizität und Ehrlichkeit zu prüfen. Da beides wichtige Säulen authentischen Marketings sind, kann Video als Medium auch hier interessante Funktionen übernehmen.

Neue Medien beziehungsweise neue Formate und Sendeformen können häufig einen Einfluss auf Inhalte in einem ganzen Bereich nehmen. So haben Musikvideos der 80er- und 90er-Jahre mit ihrem besonderen Stil, schnellen Schnitten, bunten Farben und fantasievollen Präsentationen auf den bekannten Musiksendern (ein Leitmedium der Jugendkultur) großen Einfluss darauf gehabt, wie danach Fernsehformate und Kinofilme geschnitten wurden.

In ähnlicher Form hat die Möglichkeit, dass nahezu jeder Videos veröffentlichen kann, die Rezeption des ganzen Mediums beeinflusst. Damit ist eine gewisse Imperfektion nicht nur akzeptiert; sie wird sogar als besonderer Indikator für Authentizität wahrgenommen. Videos von Nutzern, die unverdächtig sind, von großen Konzernen bezahlt zu werden, sondern ganz unvoreingenommen ihre Meinung kundtun, tragen diesen Anspruch der Unabhängigkeit und Authentizität. Das hat nicht nur Einfluss darauf, dass die Nutzer von solchen Videos vor allem bei YouTube gerne diese Quellen in Anspruch nehmen, es hat auch einen Einfluss auf die akzeptierte Qualität der Videos. Wo früher mindestens die Qualität von Fernsehproduktionen erreicht werden musste, sind heute eine wackelige Kamera, durchschnittlicher Ton und ein paar Versprecher fast schon ein auszeichnendes Element glaubwürdiger Inhalte.

Der Golfchannel von Florian Raggl

Der PGA-Profi Florian Raggl (PGA ist die Abkürzung für Professional Golfers Association) betreibt einen deutschsprachigen aktiven You-Tube-Channel. Dort vermittelt er fundiertes Wissen zum Golfspiel.

Es sind jedoch nur einige Zehntausend Follower, die diesem Kanal folgen. Das ist kein Nachteil; vielmehr ist es so, dass häufig die kleineren Kanäle deutlich höhere Interaktionsraten ihrer Nutzer haben. Wer sich für einen solchen Kanal entscheidet, der ist in der Regel auch besonders interessiert an den Inhalten.

Die Videos selbst zeichnen sich durch eine einfache technische Machart aus. Manchmal wird eine simple Kamera auf einem Tisch positioniert und Florian Raggl vermittelt ohne besondere Vorbereitung sein Golfwissen. Dabei geschehen Dinge, die einem professionellen Filmemacher ein leichtes Schaudern über den Rücken schicken: Der Protagonist gestikuliert und tippt dabei auf den Tisch, die Kamera wackelt und ein Scheinwerfer ragt leicht ins Bild. Auch Außenaufnahmen werden in der Regel mit einer einzigen Kamera gefilmt. Aufwendiger Schnitt oder eine Ausleuchtung der Szenerie fehlen allerdings: Die You-Tube-Videos lassen sich mit einem Handy und weiterem Equipment für wenige Hundert Euro realisieren.

Dennoch, die Videos sind hoch wirksam, denn sie erfüllen die drei Kriterien smarter Sichtbarkeit: Sie sind relevant, da sie sich mit Golfthemen für Golfamateure auseinandersetzen; Raggl ist als Golfprofi außerdem mit großer Autorität ausgestattet; und durch die Einbettung in Sonderthemen wie Wettbewerbe zwischen Raggl und Amateuren auf wundervollen Golfplätzen werden Geschichten erzählt.

Wer den kostenlosen Inhalten von Florian Raggl folgt, kann sich für eine Premium-Mitgliedschaft registrieren und dort mit vertiefenden Inhalten noch weiter fortbilden oder gar ein persönliches Training beim Golfprofi in Anspruch nehmen. So wird ein einfacher Funnel erkennbar.

Die YouTube-Kommentare der Follower sind besonders wertvoll und veredeln die Videoinhalte weiter, nicht nur beim Video-Anbieter YouTube wichtiger Bestandteil der Interaktion mit den Kunden, sondern auch bei Instagram, Facebook und TikTok.

Zum einen können die Zuschauer Kontakt zum Anbieter aufnehmen, was sonst bei vielen Unternehmen wie bei den meisten Medien, die eher eine Senderlogik haben, recht mühsam ist. Die wenigsten schreiben einem Kinoregisseur zum Beispiel eine E-Mail, dass ihnen der letzte Film nicht gefallen hat. Bei YouTube und vielen anderen Social-Media-Plattformen sind die Kunden viel aktiver und geben bereitwillig Rückmeldung. Unternehmen sind gut beraten, auf beides zu reagieren. Gute Kritik nehmen sie dankend an und formulieren diesen Dank auch. Negative Kritik sollten Unternehmen zur Verbesserung ihrer Produkte nutzen, schließlich spielt eine solche Kritik für die Relevanz eine Rolle.

E3DC nutzt den eigenen Channel zur Positionierung

Die Firma E3DC betreibt neben der Produktion und Installation von Lösungen für Solarstromgewinnung an Häusern und der Energiespeicherung zur autarken Energieversorgung einen gut aufgebauten YouTube-Channel. Dort werden zahlreiche hoch relevante Inhalte für die Nutzer dargestellt.

Handlungsleitend ist eine breite, aber sehr klug auf die Bedürfnisse der Kunden ausgerichtete Vielfalt an Inhalten: So werden dort Testimonial-Videos von zufriedenen Kunden ebenso präsentiert wie verschiedene Einbaulösungen der Produkte der Firma.

Zudem wird auch mit dem sogenannten vorweggenommenen Einwand gearbeitet. Fragen, welche die Kunden sich häufig stellen und mit denen sie die Entscheidung für ein Produkt hinterfragen, werden aufgegriffen und in eigenen kleinen Videos präsentiert. Die Inhalte werden stets in einer wiedererkennbaren und redaktionellen Aufbereitung dargestellt. Neben einem Trailer und einem klaren Design bei der Vorschau wirken zwischendurch eingespielte kleine Filme häufig wie eine Reportage.

Ein Experte oder Kunden führen vor, wie sie die Anlagen der Firma nutzen oder wie sie den Aufbau (mit konkreten Umsetzungsbeispielen) begleiten. Das ist eine authentisch wirkende Form der Nutzung von Testimonials und Geschichten zufriedener Kunden.

Dabei sind aber auch durchaus kritische Töne erlaubt, was den Authentizitätscharakter noch unterstreicht.

Wie bei den Kommentaren der YouTube-Videos erlaubt auch dies eine Ebene der transparenten Kritik und löst sich damit weit von klassischer Werbung, die von den Kunden als reine Zurschaustellung von Verkaufsargumenten ohnehin an Bedeutung verliert.

Der eigene Podcast

Der eigene Podcast hat auch im Vergleich zu anderen medialen Kanälen eine hohe inhaltliche Tiefe. Hörer beschäftigen sich mit einem Podcast oft über eine halbe oder ganze Stunde lang. Für Anbieter hat das den Vorteil, dass sie dort Inhalte sehr detailliert und fundiert darstellen können. Sie können damit viele Herausforderungen, die einem Werbespot bezüglich der Aufmerksamkeit der Zuschauer begegnen, umgehen.

Podcasts können eine hohe Dichte guter Argumente intelligent verpacken, Gegenargumente prüfen und ein ehrliches Bild eines Sachverhalts abgeben.

22 Prozent der Deutschen hören regelmäßig Podcasts, der überwiegende Anteil davon wiederum mindestens einmal monatlich. Apple beispielsweise bietet seinen Nutzern dafür eine eigene App als eine besondere Anpassung an die zunehmend mobile Nutzung von Podcasts. 74 Prozent hören Podcasts auf einem Mobiltelefon. Podcasts sind häufig eine Art Begleitmedium, dem die Zuhörer sehr gut folgen können, während sie eine andere Aufgabe wie Autofahren oder Hausarbeit erledigen. Daher sind sie gerne bereit, auch längere Inhalte zu einem Thema zu konsumieren. Gleichzeitig gelten insbesondere Nutzer von Apple als besonders kauffreudig, was sich positiv auf die werblichen Erfolgsaussichten auswirkt.

Podcasts haben aber auch praktische Vorteile. So können sie parallel zu einem YouTube-Video entwickelt werden. Mit kostenloser Videoschnitt-Software ist es ein Leichtes, die Audiospur aus einem selbst produzierten Video herauszulösen und dann als Podcast hochzuladen. Mit ein wenig Planung können so hochwertige Inhalte für potenzielle Kunden auf mehreren Kanälen mit geringem Aufwand präsentiert werden.

Zudem ist ein Podcast ein sehr gut geeignetes Medium, um beispielsweise Gespräche zwischen zwei Personen darzustellen. Dabei können geprüftes Wissen und verschiedene Meinungen aufeinandertreffen. Unternehmen können beispielsweise wählen, ob sie selbst einen Experten entsenden oder einen solchen einladen.

E-Mail-Marketing hat höchste Wertschöpfung

Die E-Mail-Adressen Ihrer Kunden und Interessenten können Ihr wertvollster Besitz sein. Vor dem Hintergrund vieler anderer aktueller Social-Media-Kanäle wirkt E-Mail beinahe antiquiert. Aber auch heute noch gilt, dass der ROI einer E-Mail-Kampagne außergewöhnlich groß ist: Für je 1 Euro Investment in das E-Mail-Marketing können Unternehmen bis zu 42 Euro erlösen. Dieser Wert steigt dazu regelmäßig durch zunehmende Professionalisierung dieses Kanals auch heute noch. Seit der letzten Studie des gleichen Autors hat sich der Erlös beispielsweise um 10 Euro pro 1 Euro Investment erhöht.[1]

E-Mails haben bei der späteren Automatisierung und effizienten Ansprache vieler Kunden Vorteile. Telefonnummern beispielsweise können ebenfalls für Akquisezwecke verwendet werden; die möglichen Interessenten müssten dann jedoch einzeln angesprochen werden. Das ist viel sehr aufwendiger.

Dabei sollte berücksichtigt werden, dass ein Unternehmen, das einige Tausend potenzielle Interessenten ansprechen möchte, nur eine erste Begrüßungs-E-Mail und zwei, drei Folgemails erstellen muss. Ein Tag Aufbau eines getesteten und optimierten Prozesses für vielleicht 1 000 E-Mail-Empfänger ist gut investierte Zeit.

E-Mail-Marketing hat jedoch noch mehr strategische Vorteile, die es zu einem der besten Systeme für die werthaltige Sichtbarkeit vieler Unternehmen machen können.

Zum einen hat E-Mail-Marketing gegenüber Facebook, LinkedIn oder YouTube den großen Vorteil, dass die Kontakte zu den eigenen Interessenten oder Kunden nicht auf »gemietetem Grund« hergestellt und gesichert werden. Instagram stellt lediglich die Möglichkeit zur Verfügung, organische Postings an die Follower einer Unternehmensseite oder eines Personenprofils auszuspielen – die Plattform bleibt aber immer zwischengeschaltet. Die Nutzer interagieren zwar mit Inhalten und Werbung der Unternehmen, bleiben aber einzig und allein Kunden beziehungsweise Mitglieder von Instagram – Gleiches gilt selbstverständlich auch für alle anderen Social-Media-Plattformen.

Dabei ist die Quote der organisch durchgestellten Inhalte dann auch noch sehr gering, wie wir bereits beschrieben haben. Eine gut gepflegte E-Mail Liste bei einem renommierten Anbieter für E-Mail-Marketing-Automatisierung, der darauf achtet, Zustellraten und niedrige Spam-Raten für seine Kunden zu garantieren, funktioniert an dieser Stelle bereits deutlich besser.

Nun können die schlechten Zustellraten von Facebook-Inhalten durchaus in der Plattform kompensiert werden. Dazu wird Werbung geschaltet, die dann an die eigenen Follower ausgespielt wird und so annähernd 100 Prozent Zustellrate erreicht. Das ist bei einem E-Mail-Marketing-System nicht mit Kosten verbunden, bei Facebook durch das entstehende Werbebudget aber sehr wohl.

E-Mail-Marketing verursacht deshalb nur einmal Kosten: Es muss eine E-Mail-Liste – analog zu den Followern bei Social-Media-Kanälen – aufgebaut werden. Die initialen Kosten und der Aufwand zum Aufbau einer Empfängerliste entstehen also in beiden Fällen. Das weitere Versenden von Inhalten an diese kostet dann aber nicht mehr zusätzlich.

E-Mails haben außerdem, wenn sie den Kunden erreichen, höhere Erfolgsaussichten. Das liegt zum einen daran, dass beispielsweise der Content bei Facebook oder Instagram stets in starker Konkurrenz zu anderer Werbung und anderen Inhalten steht. Das ist sogar beim Blick auf das eigene Handy ersichtlich, wenn solche Inhalte im Feed von anderen bunten, inhaltsstarken und damit im Zweifel interessanten Inhalten begleitet werden, leider zum gegenseitigen Schaden der Inhalte, die sich die Aufmerksamkeit teilen müssen.

E-Mails hingegen haben in der Regel quantitativ weniger Konkurrenz; kaum jemand bekommt so viele E-Mails am Tage, wie ihm Inhalte in seinem Instagram-Feed präsentiert werden. Vor allem aber haben diese Inhalte auch eine andere Qualität. Insbesondere wenn es gelingt,

Kunden-Mailadressen zu bekommen, die einen beruflichen Bezug haben. Dann erscheinen E-Mails eines Versenders eben in bester Gesellschaft zu anderen wichtigen, beruflich und persönlich relevanten Inhalten. Sobald Ihr Kunde eine E-Mail öffnet, haben Sie dessen ungeteilte Aufmerksamkeit. Dazu muss es Ihnen gelingen, aus der Spam-Flut des Maileingangs Ihres Kunden herauszustechen.

Notwendig ist es daher, Relevanz für diese Kunden schon in der Betreffzeile herzustellen.

Diese Relevanz gewährleistet eine gute E-Mail-Adressliste durch die Vorqualifizierung der Kunden. Die E-Mails werden beispielsweise auf einer hochwertigen Squeeze-Page eingesammelt. Damit bezeichnet man Internetseiten, auf denen die E-Mail-Adresse des Kunden im Tausch gegen wertvolle Information erfasst wird. Unternehmen bieten den Kunden wertvolles Wissen, das gewissermaßen eine »Arbeitsprobe« des durch das Unternehmen für die konkreten Bedürfnisse möglichen Relevanzversprechens abgibt.

Die Unternehmen zeigen den Kunden, dass sie deren Herausforderungen und Bedürfnisse gut formulieren und lösen können: Das ist Relevanz. Im Idealfall kann das versandte Informationsmaterial dann die weiteren wichtigen Säulen der werthaltigen Sichtbarkeit, vor allem Autorität und Storytelling, errichten und damit den Kunden für weitere interessante Angebote vorqualifizieren.

Oft kann eine selbst kleine, aber gut gepflegte Liste von E-Mail-Empfängern einen großen Unterschied machen, auch auf harte Umsatzziele gerechnet. Die Technik für E-Mail-Marketing ist heute dank leistungsfähiger Systeme leicht zu beherrschen.

Unsere Empfehlung: KlickTipp

KlickTipp gehört zu den weltweit größten und bekanntesten Anbietern im Bereich E-Mail-Marketing. Das Unternehmen des Firmengründers Mario Wolosz hat eine ausgewiesene Expertise darin, Kundenbindung, Kundeninformation und Verkauf mit automatisierten Prozessen auf Basis von E-Mails abzubilden.

Mit KlickTipp können Sie automatisiert neue Leads gewinnen und qualifizieren. Dazu stellt KlickTipp alle notwendigen Funktionen eines modernen CRM-Systems wie beispielsweise Tagging zur Verfügung. Dadurch können Interessenten von zufriedenen Erstkäufern unterschieden werden, ebenso wie Warenkorb-Abbrecher und VIP-Kunden.

KlickTipp beherrscht außerdem die datenschutzrechtlichen Erfordernisse. Dadurch ist Ihr E-Mail-Marketing rechtssicher und störungsfrei nach DSGVO möglich. KlickTipp erkennt außerdem mehrere E-Mail-Adressen von ein und derselben Person.

Webinare qualifizieren den Lead und führen zum Verkauf

Webinare sind digital durchgeführte Seminare. Sie können live durch einen Moderator durchgeführt werden. Das jedoch hat einen Nachteil: Zum Zeitpunkt des Webinars muss der Moderator anwesend sein. Ständig nachrückende Interessenten bedeuten daher, dass ein Live-Webinar mehrmals pro Woche veranstaltet werden müsste; das verbraucht Ressourcen und Arbeitszeit.

Das kann smart umgegangen werden, indem ein Webinar ein einziges Mal aufgezeichnet wird und dann zur vorgegebenen Zeit den Interessenten ausgespielt wird. Ein verkaufsstarkes Webinar macht den Interessenten mit dem Produkt vertraut; die Inhalte sollten auch an den Säulen guter Sichtbarkeit weiterarbeiten und daher dem Kunden Relevanz näherbringen. Ein hochwertiges Webinar kann zugleich an der Autorität des Herstellers arbeiten und eine gute, aufmerksamkeitsstarke Geschichte erzählen.

Am Ende des Webinars sollte ein klarer Call-to-Action mit einem Kaufangebot folgen.

Unsere Empfehlung: Webinaris

Die im deutschen Gräfelfing angesiedelte Webinaris GmbH des Gründers Rainer von Massenbach ist einer der großen Player im Bereich automatisierter Webinare. Das Unternehmen ist darauf spezialisiert, verkaufsstarke Webinare aufzuzeichnen. Damit wird der Verkauf weitgehend automatisiert. Als deutscher Anbieter arbeitet Webinaris vollständig nach deutschen Datenschutzrichtlinien und bietet außerdem deutschsprachigen Support.

Großer Technikvorteil aus Endkundensicht: Webinaris ist auf der Basis HTML5 entwickelt, sodass der Kunde keine Software wie Java oder Flash installieren muss. Webinaris ist einer der wenigen Anbieter, die den Endkunden derart in ein Seminar-Feeling einbetten, dass er der Präsentation bis zum Ende folgt – das ist schließlich die Voraussetzung für einen Kauf.

Die eigene Website automatisiert den Verkauf

Die eigene Webseite ist das »Mutterschiff des Marketings«. Häufig denken Unternehmen in Bezug auf digitale Sichtbarkeit als Erstes an dieses Sichtbarkeitsinstrument, sicher zu Recht. Die Webseite ist der zentrale Online-Kontaktpunkt für Kunden und Interessenten. Das beginnt bei einem einfachen Blick auf die Öffnungszeiten – eine der häufigsten gesuchten Informationen – und geht bis hin zur vertieften Suche nach dem Portfolio des Unternehmens, nach Referenzen und Testimonials. Kunden suchen manchmal genau auf der Webseite sehr differenziert nach Gründen, um die erste Sichtbarkeit eines Unternehmens oder eine erste Idee eines Produktversprechens mit ihren sehr individuellen Kundenbedürfnissen abzugleichen.

Gerade die Website kann Sichtbarkeit in Umsatz verwandeln. Dabei kann sie genau diesen Prozess häufig viel besser leisten als viele andere Elemente der Sichtbarkeit. Auf Facebook oder Instagram ist der Schritt zum Kauf durch den Kunden häufig argumentativ beziehungsweise durch Kundenbindung noch nicht hinreichend vorbereitet – oder er ist dort schlicht technisch nicht möglich.

Eine Webseite muss auch in Bezug auf viele Prozesse keinen Medienbruch voraussetzen. Liest ein Interessent ein Buch oder hört einen Podcast, so kann er von dort aus kein Produkt des Unternehmens kaufen. Er muss sich diese Wege suchen und das benötigt Eigeninitiative. Das ist aus Marketingsicht stets eine Stolperfalle für Verkaufsprozesse.

Auf einer Webseite kann ein solcher Verkaufsprozess durch einen Shop oder durch die Anbindung von Online-Verkaufsplattformen wie Digistore24 wesentlich besser hergestellt werden. Zudem ist dort der Prozess zum Abgleich der Kundenbedürfnisse mit dem Produktversprechen in größerer Tiefe zu leisten als in vielen Medien, die der Sieben-Kontakte-Regel entsprechend vorgeschaltet werden.

Die Website kann je nach Produkt und bisheriger Kundenakquise eine Schnittstelle zu weiteren Prozessen des Kundenkontakts sein. Beispielsweise kann sie die Kunden einladen, sich zum Newsletter anzumelden, oder sie kann je nach Produkt und bisheriger Kundenakquise eine Schnittstelle zu weiteren Verkaufsprozessen sein.

Unsere Empfehlung: Digistore24

Weil die Website die zentrale Kontakt-Sammelstelle Ihres Unternehmens ist, muss der Kunde spätestens hier Ihr Produkt oder Ihre Dienstleistung kaufen können.

Meist macht es Sinn, den Kaufprozess an einen Zahlungsanbieter auszulagern: Er übernimmt die Zahlung Ihres Kunden über die Zahlungsmittel wie PayPal, Bankeinzug oder Kreditkarte. Ein guter Zahlungsanbieter leistet aber viel mehr. Er erstellt vollautomatisch eine Rechnung, berücksichtigt dabei auch Details wie unterschiedliche Steuersätze. Er liefert direkt nach der abgeschlossenen Zahlung digitale Produkte aus oder versorgt Ihren Versandanbieter mit den Kundendaten, wenn Sie mit physischen Produkten arbeiten.

Wir empfehlen mit Digistore24 einen der Weltmarktführer. Der Gründer, Sven Platte, stammt aus Deutschland und hat die Plattform schon 2012 gegründet. In den über zehn Jahren des Bestehens hat Digistore24 den Internet-Verkauf optimiert. Der gesamte Prozess ist so ausgelegt, dass der Kunde direkt und ohne Umwege zur Zahlung gelangt.

Die Plattform legt großen Wert auf hoch verfügbare Server und ist TÜV-Süd-zertifiziert.

Besonders praktisch ist außerdem, dass Digistore24 als einer der wenigen Anbieter eine Affiliate-Plattform anbietet: Viele Tausend Unternehmen sind hier zu finden, die gegen eine Provision ihr Produkt digital vermarkten. Damit finden sie einen direkten und hochwertigen, risikolosen Zugang zum Markt und eröffnen sich neue Marktchancen.

Übrigens ist Digistore24 viel mehr als nur eine Online-Verkaufsplattform: Der Anbieter liefert ein vollwertiges »Ökosystem« und kann auch Webseiten, Funnels und Kurse in einer zentralen Lösung erstellen.

Der eigene Verkaufstrichter aus Systembausteinen

Mit den vorgestellten Elementen lässt sich ein eigener Verkaufstrichter (Sales Funnel) aufbauen, ohne eigene Technik- oder Marketingkenntnisse einzubringen – denn das übernehmen die Systemanbieter.

Ein klassischer Funnel beginnt mit den Komponenten gelenkter, hochwertiger Sichtbarkeit, unabhängig von den gewählten Kanälen. Hier wird die Kenngröße CPC ermittelt und bewertet. Im nächsten Schritt wird aus den Besuchern der Website ein Lead, indem der Kunde seine E-Mail-Adresse einträgt und im Gegenzug beispielsweise ein digitales Info-Produkt erhält. Der daraus entstehende CPL wird ebenfalls erhoben.

Über den Newsletter wird der Kunde in ein Webinar eingeladen, das automatisiert ausgespielt werden kann.

Am Ende des Prozesses steht der Umsatz aus smarter Sichtbarkeit. Dafür wird das Produkt direkt aus dem Webinar verkauft und der Kunde, falls er nicht direkt aus dem Webinar kauft, per E-Mail nachbearbeitet. Der CPS wird an dieser Stelle als eigene Kennzahl erhoben.

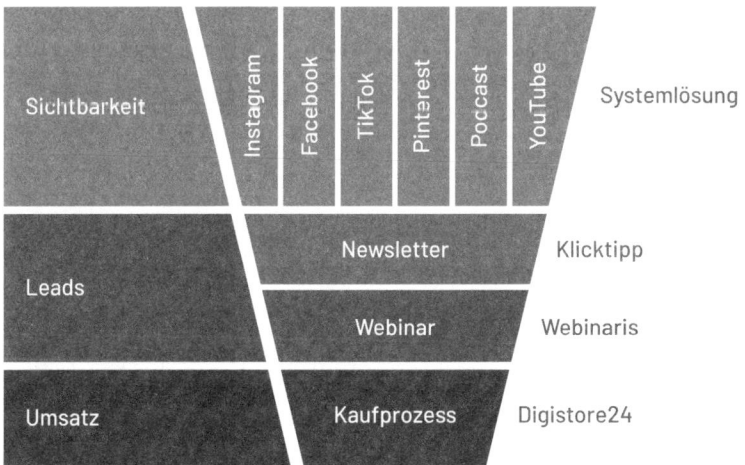

Klassischer Verkaufstrichter aus Systemkomponenten. Er überführt Sichtbarkeit in Umsatz.

Quelle: Eigene Darstellung

Toxische Sichtbarkeit

Die bisherigen Kapitel legten einen Schwerpunkt auf hochwertige Sichtbarkeit gegenüber neuen Kunden – das schließlich ist erklärtes Ziel dieses Buchs.

Mit dem Konzept der smarten Sichtbarkeit können Unternehmen neue Kunden gewinnen und einen deutlichen Unterschied gegenüber ihrem Wettbewerb machen.

Über wertlose Sichtbarkeit haben wir an mehreren Stellen dieses Buchs berichtet: zum Beispiel Sichtbarkeit für Katzenfutter, die sich an Hundebesitzer richtet. Offenkundig verletzt dieses Beispiel die grundlegende der drei Dimensionen smarter Sichtbarkeit: das Relevanzkriterium, denn Katzenbesitzer interessieren sich für Katzen- und nicht für Hundethemen.

Sichtbarkeit gegenüber unpassenden Zielgruppen ist zwar unschädlich, kostet aber Budget.

Schlechter ist es um toxische Sichtbarkeit bestellt; auch hier haben wir einige Beispiele schon angeführt. Ein Auftritt im Dschungelcamp als führender Herzspezialist führt zwar zu einer Sichtbarkeit vor Millionen von Menschen, entwertet aber das zweite Kriterium smarter Sichtbarkeit: Autorität. Hier zeigt sich eine gefährliche Form der Sichtbarkeit.

Es ist unternehmerisch ein großer Gewinn, gegenüber toxischen Zielgruppen unsichtbar zu bleiben. Unberechtigt nörgelnde Kunden kosten nicht nur Geld und andere Ressourcen im Unternehmen, sie führen auch zu toxischer Sichtbarkeit, indem sie beispielsweise negative Bewertungen über Ihre Produkte oder Ihr Unternehmen im Internet hinterlassen. Wer hier nicht früh eingreift und toxische Sichtbarkeit unterbindet, läuft Gefahr, Opfer eines »Shitstorms« zu werden.

Unternehmen, die unter dem Begriff »Sichtbarkeit« auch das Gegenteil,»Unsichtbarkeit«, mitdenken, sind die zufriedeneren Businesses. Sie erwirtschaften mehr Gewinn und haben zudem glücklichere Mitarbeiter.

Es ist aus unternehmerischer Sicht überaus wichtig, zwischen toxischen und damit schädlichen Kunden zu unterscheiden und Kunden, die mit berechtigter Kritik an Sie herantreten und damit zur Produktverbesserung beitragen. Wer hier Strategien und Systeme hat, kann nicht nur die eigene Sichtbarkeit am Markt aufwerten, sondern sich erheblich weiterentwickeln.

Toxische Kunden blockieren Ihr Unternehmen

Wenn Sie nur glückliche Kunden sehen wollen, dann sollten Sie Eisverkäufer werden – und selbst Eisverkäufer kennen Kunden, die mit dem Begriff»toxische Kunden« gut umschrieben werden können. Fast jeder Dienstleister und beinahe jeder Anbieter von Produkten, der direkten oder indirekten Kontakt zu Kunden hat, wird von Kunden berichten können, die sich schwieriger verhalten als andere.

Es gibt regelrecht anstrengende toxische Kunden.

Ein wesentlicher Vorteil für Eisverkäufer liegt allerdings darin, dass die Beziehung zum Kunden häufig nur wenige Minuten dauert. Ein Eis auf die Hand ist eben schnell verkauft. Und der zweite Vorteil ist, dass das verkaufte Produkt den Kunden zumeist Freude macht und diese auch eine relativ klare Erwartungshaltung an dieses Produkt haben. Man könnte überspitzt sagen: Eisverkäufer haben ihr Erwartungsmanagement ihren Kunden gegenüber im Griff. Die Kunden, die ein Eis kaufen, erwarten ein leckeres Eis. Wenn es der Eisverkäufer beherrscht, leckeres Eis herzustellen und dieses den Kunden zu verkaufen, dann ist das eine überschaubare Komplexität der Aufgabe.

Das ist das Idealmodell eines Geschäfts: Unternehmensfähigkeiten und Kundenanforderungen sind hier deckungsgleich.

Wenn das eigene Businessmodell jedoch längere und intensivere Beziehungen zu Kunden voraussetzt und der eigene Unternehmenserfolg davon abhängt, diese positiv und möglichst langfristig zu gestalten, dann werden auch die Erwartungen des Kunden komplexer – und damit die Herausforderungen der Kundenbeziehung. Gleiches gilt, wenn Sie High-Price-Anbieter sind oder wenn die Probleme, mit denen der Kunde zu Ihnen kommt, für ihn mehr Relevanz haben, weil Sie etwa Kardiologe oder Insolvenzberater sind.

Ein Eis im Straßenverkauf, das nicht die Erwartungen des Kunden erfüllt, wird dieser vermutlich hinnehmen. Bei einer Unternehmenssanierung, die ein Kunde zur Rettung seiner eigenen wirtschaftlichen Existenz bei Ihnen in Auftrag gibt – und dann dennoch seine Felle davonschwimmen sieht –, werden Mängel oder Versagen hingegen massiv thematisiert und schnell Forderungen gestellt.

Eine höhere Intensität, Frequenz und Länge der Kundenbeziehung ist eher die Regel denn die Ausnahme.

Letztlich ist sogar das vermeintlich schnelle Geschäft mit Eis komplexer, als wir uns das hier für unser plastisches Beispiel vorstellen. Für einen toxischen Kunden muss es dabei nicht einmal das Eis sein, das ihm nicht schmeckt.

Was, wenn ein Kunde sich die Zutatenliste des Eises aushändigen lassen will? Hundert Gäste vor ihm und hundert nach ihm wollen das nicht, aber dieser eine Kunde schon.

Das ist zwar ein gutes Recht, aber doch anstrengend im Prozessablauf des Eisverkaufs.

Auch andere toxische Kunden sind im Eisbetrieb denkbar: Was, wenn ein Kunde in einer langen Schlange warten muss – und das nur, weil die hohe Qualität des Eises sich herumgesprochen hat –, und dann das Personal des Eiscafés harsch angeht, weil dieses nicht schneller bedienen kann? Was, wenn er bereits in der Warteschlange laut seinem Unmut Ausdruck verleiht und vor diesem kleinen Eiscafé viel Aufmerksamkeit, Zeit und Energie auf sich lenken kann? Er wird immer lauter und den anderen Kunden des Eiscafés wird die ganze Sache langsam genauso unangenehm wie dem Personal und dem Inhaber. Er belästigt Umstehende in Diskussionen über seine Unzufriedenheit und man gewinnt den Eindruck, dass es ihm mehr um ein Ventil seiner Unzufriedenheit geht als um eine Lösung.

Nebenbei wird hinter diesem diskutierenden und immer unsachlicher werdenden Kunden auch noch die Warteschlange immer länger, schon weil sich das Eiscafé-Personal darum bemüht, die Wogen zu glätten, und deshalb weniger Eis verkauft.

> Der Umsatz sinkt also durch einen einzigen toxischen Kunden, der die Sichtbarkeit auf sich zieht.

Dann vergiftet dieser Kunde die gute, verkaufsfördernde Atmosphäre und schadet dem Geschäft sogar mehr, als würde er vom Kauf absehen und gehen.

Toxische Kunden gehören nicht zum Business

Ein kleiner Anteil Ihrer Kunden oder Käufer beschäftigt Sie in Ihrem Business intensiv und oft allerdings negativ. Sie sind fortwährend bemüht, diese Kunden an die Firma zu binden und (wieder) zufriedenzustellen. Gerade wenn schwierige oder toxische Kunden in Ihrem Business einen hohen Anteil ausmachen, scheint es umso widersinniger, diese Kunden loszuwerden. Besser scheint es doch, diese Projekte irgendwie über die Ziellinie zu schieben, anstatt einen Kunden aufzugeben.

Entrepreneure gehen dabei meist davon aus, dass solch toxische Kunden nun einmal zum Business gehören. Manche Kunden sind eben schwieriger, stellen höhere Ansprüche und fordern mehr Aufmerksamkeit. Das stimmt, und ohne Kunden ein erfolgreiches Unternehmen zu führen ist kaum denkbar. Aber sind das dann schon toxische Kunden oder eher Kunden mit berechtigter Kritik, mit denen es sich zu arrangieren gilt?

Das kommt darauf an, welche Norm man bereit ist zu akzeptieren.

Ganz gleich, ob Sie bereits ein Business haben und mit Kunden zusammenarbeiten, oder ob Sie den Start in das eigene Business erst noch planen – die Kenntnis über toxische Kunden, ihre typischen Verhaltensweisen und die Frage, wie man diesen begegnet, kann ein Gamechanger für jedes Business sein. Denn es gilt, nicht allzu viele toxische

Kunden zu haben, mit toxischen Kunden adäquat umzugehen und aktiv dafür zu sorgen, dass ihre Sichtbarkeit begrenzt bleibt, sodass Sie Ihren Unternehmenserfolg entfalten können.

Auch wenn es solche Kunden in Ihrem Unternehmen gibt, bedeutet das noch lange nicht, dass es Ihre Kunden bleiben müssen.

So erkennen Sie toxische Kunden

Um also mit toxischen Kunden passend umzugehen, muss man sie zunächst möglichst schnell und sicher erkennen. Ein erstes Erkennungsmerkmal toxischer Kunden wurde bereits beschrieben: Sie binden viel Zeit und Ressourcen. Die mit den Kunden verbrachte Zeit bringt für Sie als Anbieter dabei eine geringe Zufriedenheit: Es ist viel unangenehme Zeit für Sie, aber auch für Ihre Mitarbeiter.

Sie freuen sich nicht auf den nächsten Termin mit diesen Kunden; Ihre Mitarbeiter rollen vielleicht mit den Augen, wenn ein Treffen mit dem Kunden ansteht. Und wenn der wöchentliche Jour-fixe im Kalender vom Kunden kurzfristig abgesagt und auf die nächste Woche verschoben wird, dann spüren Sie ein Gefühl der fahlen Erleichterung. Das Verschieben des Termins ist jedoch ein Pyrrhussieg: Im ersten Moment fühlen Sie sich erleichtert, doch auf lange Frist ist diese kurzfristige Erleichterung zu teuer erkauft.

Die Verschiebung gefährdet den Fortschritt des Projektes und damit indirekt den Erfolg Ihres Unternehmens. Mit dem verzögerten Projektfortschritt verschiebt sich die Abschlusszahlung, Sie können nicht so schnell andere, neue Kunden bedienen und verwenden Ressourcen auf Prozesse, die Ihnen kein Geld einbringen, sondern Sie Ressourcen kosten.

Toxische Kunden gehen häufig mit Ihrer Zeit und Ihren Ressourcen als Anbieter viel weniger umsichtig um als mit den eigenen: Sie sagen Termine und Deadlines häufiger spontan und kurzfristig ab, erfüllen abgesprochene Aufgaben selbst eher unzuverlässig, und wenn Sie sie darauf ansprechen, suchen sie nach Versäumnissen bei Ihnen. Toxische Kunden sprechen nicht auf Augenhöhe mit Ihnen, sondern meinen, der Kunde sei alleiniger König.

Das führt schnell zu einem Zustand, in dem Sie selbst äußerst penibel und präzise arbeiten, eher Dinge übererfüllen, als dass Sie sich an dieser Stelle angreifbar machen. Schließlich wollen Sie Ihre Position dem Kunden gegenüber nicht fahrlässig aufgeben, wenn dieser selbst schlecht liefert und dann sagt: »Ja, aber Punkt 7 in *Ihrer* To-do-Liste haben *Sie* ja auch nicht erledigt …«

Bei 50/50 verliert immer der Anbieter

Wir meinen damit, dass, wenn sowohl der Kunde als auch der Anbieter beim gemeinsamen Projekt eine Aufgabe nicht erfüllt haben und der Fortschritt des Projekts damit ins Stocken geraten ist, häufig der Kunde feststellen wird: Der Anbieter hat seine Aufgaben nicht erfüllt und deswegen ging es nicht weiter. Das ist nicht zwingend toxisch gemeint, sondern eher ein grundlegendes psychologisches Phänomen:

Es ist angenehmer, die Schuld beim Gegenüber zu suchen als bei sich selbst.

Wenn beiderseitige Versäumnisse dazu führen, dass das Projekt nicht weitergeht, dann war es egal, ob der Kunde seiner Verpflichtung nachgekommen ist – der Anbieter hat es ja auch nicht getan. De facto stockt das Projekt. Dass diese Gleichung natürlich anders herum genauso gilt, das können Sie diskutieren. Aber Sie werden für Zielerreichung und Fortschritt bezahlt und nicht für besonders intelligente Verteidigungslinien.

Ein weiteres Merkmal: Toxische Kunden verweisen gerne auf Details. Sie lenken die Aufmerksamkeit des Dienstleisters auf vermeintliche oder tatsächliche Kleinigkeiten und Abweichungen. Ein toxischer Kunde wird auf den im Angebot beschriebenen zwölften von zwölf Terminen zur Schulung in der Nutzung der eigenen Webseite bestehen, selbst wenn er aus mangelndem Interesse auch in den elf Terminen zuvor nicht wirklich Lernfortschritte zeigte, wenn er manchmal Mitarbeiter zur Vertretung schickte und dann beim nächsten Termin sich alles noch einmal erklären ließ. Oder wenn er zwischen den Terminen alles vergessen hat und Sie schon mehrfach auf die Notwendigkeit einer anderen Herangehensweise verwiesen haben.

> Toxische Kunden beschäftigen den Dienstleister, aber sie arbeiten nicht mit ihm am Ziel.

Die Termine sind anstrengend, weil Sie wissen, dass der geringe Lernfortschritt und die mangelnde Aufmerksamkeit des Kunden für diese Schulungen dafür sorgen werden, dass er die von Ihnen gelieferte Technik später nicht nutzen wird und das Projekt für Sie keine gute Referenz wird.

Das vergiftet Ihnen den Spaß am Projekt. Der Kunde wird sein eigenes Versagen, die Technik zu erlernen, dann womöglich gar am Dienstleister festmachen. Und am dramatischsten: Die Ziele des Kunden werden in diesem Beispiel nicht erreicht – ein gefährlich vereinfachter Ansatz für Kundenkritik! Auf diesen Umstand kann Ihr Kunde leicht verweisen, seine eigene Beteiligung an der Nichterreichung mag aber gleichermaßen schwer zu belegen sein.

Ihre Reputation ist dann schnell ebenso in Gefahr wie die Abschlusszahlung für dieses Projekt. Von der Motivation ganz zu schweigen.

> Mit einem zufriedenen Lieblingskunden planen Sie dagegen bei den letzten von zwölf Schulungsterminen zum Kundenprojekt bereits neue Projekte, die Sie für ihn umsetzen dürfen. In einer Atmosphäre des Austausches auf Augenhöhe und in der Wertschätzung Ihrer Expertise entwickeln Sie gemeinsam neue Ideen und inspirieren einander. Sie schauen am Ende des Termins nicht auf die Uhr, wenn eine Stunde vereinbart war. Und der Kunde schätzt 10 Minuten maximalen Outputs mehr als die Einhaltung der vereinbarten 60 Minuten.

Ein weiteres recht häufig zu beobachtendes Phänomen sind toxische Kunden, die nicht unternehmerisch denken. Sie führen Projekte oder ein Unternehmen nicht so, dass vor allem das Ziel im Vordergrund steht, sondern der Weg dahin. Unternehmerisches Denken heißt aber, weniger Fokus auf Details auf dem Weg zum Ziel zu legen, die womöglich mit der eigentlichen Zielerreichung gar nicht viel zu tun haben oder ihr sogar im Wege stehen. Der unternehmerische Ansatz stellt Zielerreichung vor Perfektionsstreben. Manchmal ist es eben nicht allzu wichtig, wenn das Haus brennt, die beste Farbe für den Löscheimer zu diskutieren.

Manche Kunden wollen aber das Ziel gar nicht erreichen.

> Wenn Ihr Kunde immer wieder unwichtige Details diskutiert und Sie nicht das Gefühl haben, dass beide versuchen, ein gemeinsames Ziel zu erreichen oder gemeinsame Probleme zu lösen – dann fragen Sie sich kritisch, ob Sie wirklich Zugriff auf die wahren Ziele des Kunden haben.
>
> Möchte der Kunde das Problem mit Ihnen vielleicht gar nicht mehr lösen, traut er sich nicht, das Problem zu lösen, oder steht er nicht hinter diesem gemeinsamen Ziel? Oder hat er gar ganz andere Ziele mittlerweile, weil sich seine Bedingungen seit Auftragserteilung verändert haben? Das ist alles legitim, je nach Situation aber auch nur mehr oder weniger nutzbringend.

Toxische Kunden verbrauchen Ressourcen und schaffen toxische Sichtbarkeit

Toxische Kunden nehmen in negativer Art direkten Zugriff auf mehrere Ihrer zentralen Unternehmensressourcen, sehr häufig auf die Arbeitszeit Ihrer Mitarbeiter. Dabei führt allerdings mehr Investment nicht oder kaum zu mehr Projektfortschritt. Das können Sie sich vorstellen wie die Fraktale von Mandelbrot.

Benoît Mandelbrot hat im Jahre 1967 einen Artikel in der Fachzeitschrift *Science* veröffentlicht mit dem Titel: »How long is the Coast of

Britain?«[1] Es sollte also die Frage geklärt werden, wie lang die Küste Großbritanniens ist. Berühmt geworden ist seine Beantwortung dieser Frage mit der grundsätzlichen Aussage:

> »Es kommt darauf an, wie genau man misst.«

Je genauer man von Punkt zu Punkt der englischen Küste misst, desto länger wird sie. Steckt man beispielsweise alle 200 Kilometer der Küstenlinie Großbritanniens einen Messpunkt ab und misst dann die Abstände zwischen diesen einzelnen Punkten, so kommt man auf eine Länge der Küstenlinie von 2 350 Kilometern. Verringert man den Abstand zwischen den einzelnen Messpunkten auf 50 Kilometer, so ist die Küstenlinie bereits 3 425 Kilometer lang.

Und das beschreibt einen der zentralen Zugriffspunkte toxischer Kunden auf Ihren Unternehmenserfolg. Je genauer und kleinteiliger diese Kunden ihre Projekte mit Ihnen diskutieren, je genauer sie jedes Detail thematisieren und problematisieren, desto länger wird der Weg für Sie als Dienstleister, jeden einzelnen Schritt zu vollführen und jedes einzelne Problem zu lösen.

Stellen Sie sich einen Gast in einem Hotel vor. Dieser Gast hat mit ein paar Dingen in diesem Hotel Probleme. Beim Frühstücksbuffet findet er nur eine Sorte Aufschnitt vor, die Kinder der anderen Gäste sind manchmal ein wenig laut im Pool und seine Handtücher wurden womöglich nicht jeden Tag gewechselt. Der Gast hatte ein Zimmer mit Meerblick gebucht und kann auch auf das Meer blicken – jedoch steht noch eine große Palme genau in der Sichtlinie zum Wasser.

Dieser Gast bindet toxische Sichtbarkeit: Andere Gäste sehen ihn nörgeln und sich beschweren. Seine Anliegen sind deutlicher sichtbar als die der zufriedenen Gäste. Das Hotelmanagement kümmert sich daher sofort um die Zufriedenheit dieses Gastes. Das Frühstücksbuffet wird reichhaltiger ausgestattet, am Pool wird ein Mitarbeiter abgestellt, um dort auf ein wenig mehr Ruhe zu achten, und der Zimmerservice wird zur besonderen Gründlichkeit bei diesem Gast angewiesen.

Zu guter Letzt wird diesem Gast noch ein anderes Zimmer angeboten und im besonderen Ringen um seine Zufriedenheit wird ihm sogar eine Suite als Upgrade angeboten anstatt des normal gebuchten Zimmers. Vielleicht lässt sich der Gast mit dieser Übererfüllung seiner Ansprüche ja zu einem zufriedenen Kunden verwandeln?

Mit den Verbesserungen, die der Gast alle annimmt, händigt er aber bereits eine weitere Mängelliste aus. Er erklärt, dass er seine bisherigen Kritikpunkte bereits in einer öffentlich einsehbaren Bewertung auf einer der einschlägigen Buchungsplattformen dargelegt hat; im schlimmsten Fall zettelt er sogar einen »Shitstorm« an, der kaum mehr einzuhegen ist.

> Hier wird breite, relevante Sichtbarkeit hergestellt, die hoch toxisch ist und zu Mindereinnahmen führt – eine solch schlechte Bewertung schadet bei Buchungen erheblich. Schließlich gefährdet der Gast damit die Reputation des Hauses und letztlich das Geschäftsmodell – und das für ihn mit einem erstaunlich günstigen Hebeleffekt, denn er bekommt Upgrades, Aufmerksamkeit und Vergünstigungen, nur um ihn zufriedenzustellen.

Die Arbeit des Hotelmanagements bezüglich des Troubleshootings mit diesem Gast wird fraktal: Jedes Element des Kundenverhältnisses wird immer kleinteiliger betrachtet und es wiederholen sich die immer gleichen Muster. Der Gast schaut noch genauer hin, sucht förmlich Probleme – wer suchet, der findet – und die Aufgabenliste des Troubleshootings wird immer länger.

Zum einen müssen neue Kritikpunkte des Gastes abgearbeitet werden, zum anderen nimmt das Management die negative Bewertung auf der Buchungsplattform zum Anlass, eine ausführliche Stellungnahme zu verfassen. All das bindet Ressourcen.

Insbesondere die Ressource Zeit steht in einem mehr oder minder direkten Verhältnis zum Unternehmensgewinn. Entweder zahlen Sie Ihren Mitarbeitern einen Stundenlohn oder Sie müssen berechnen, wie viele Projekte Sie pro Zeiteinheit zum Abschluss bringen können.

Schon aus unternehmerischer Sicht muss daher gelten, dass Sie gerade bei toxischen Kunden den Zugriff auf Ihre Unternehmensressource Zeit behalten und die Kontrolle zurückgewinnen.

Die Fraktale von Mandelbrot können eine gute Gedankenstütze und zugleich ein Indikator toxischer Kunden sein. Immer wenn das Gefühl entsteht, dass ein Kunde ein Projekt zunehmend fraktalisiert, muss das als Warnzeichen ernst genommen werden. Und es muss gelten, einen passenden Umgang damit zu finden.

Die Lösung: Der Anbieter muss die Position des Projekt-Drivers übernehmen. Er muss klarmachen, welche Meilensteine und Zwischenschritte für das Projekt relevant sind und welche nicht. Mit dieser proaktiven Herangehensweise an den Projektfortschritt stellt er gleichzeitig dem Kunden Aufgaben, und das ist fast noch wichtiger als das Erreichen einzelner Meilensteine.

Toxische Kunden suchen Probleme statt Lösungen

Es gibt weitere Erkennungsmerkmale: Toxisch wirken auch Kunden, bei denen abseits der reinen Sachebene Probleme auf der Beziehungsebene auftreten. Diese Kunden konzentrieren sich sehr häufig auf Probleme und weniger auf Lösungen. Sie sind oft von tiefer Skepsis geprägt und diese ist häufig eng gebunden an ein mangelndes Vertrauen Ihnen als Dienstleister gegenüber, ganz gleich wodurch dieses Misstrauen gespeist wird. Sei es aus schlechten Erfahrungen mit Ihnen oder anderen Dienstleistern oder einer Skepsis aus der Persönlichkeit des Kunden heraus. Oder weil es tatsächlich echten Grund zur Kritik gab.

Womöglich konnten Sie dieses Vertrauen auch bisher noch nicht rechtfertigen, weil Sie mit diesem Kunden erst neu zusammenarbeiten oder unerfahren sind. Vielleicht sind Sie dem Kunden gegenüber unerwartet transparent und haben ihn darauf hingewiesen, dass die Erfolgsaussichten seines Projektes nicht in Stein gemeißelt sind. Der Umstand, dass hier auch die Beziehungsebene zwischen Ihnen und dem Kunden eine Rolle spielt, ist wichtig, weil hier selbst die beste Problemlösung unter Umständen nicht weiterführt.

> Dort, wo eine hohe Deckungsgleichheit der Projektziele auf ein Vertrauen des Kunden trifft, diese mit Ihnen erreichen zu können, sind toxische Bestandteile der Kundenbeziehung selten unüberwindlich.

Ein Merkmal toxischer Kunden kann auch sein, dass diese häufig nicht nur detailversessen wirken oder mit dem Blick auf die Versäumnisse des Anbieters von den eigenen Lücken ablenken, sondern dass sie auch explizit nach Fehlern suchen. Dieses Verhalten kann verschiedene Gründe haben. Der Kunde kann besonders penibel sein, es kann ein aus der eigenen Firmenkultur bekanntes Muster bestehen, Dienstleister von oben herab zu behandeln. Es kann aber auch die Angst davor sein, dieses Produkt oder dieses Projekt nicht perfekt zu Ende bringen zu können.

Häufig suchen gerade Kunden mit solcher Finalisierungsangst oder vorangegangenen traumatisierenden Erfahrungen dann Probleme mit Ihnen als Anbieter, anstatt nach Wegen zu suchen, wie das Projekt maximal erfolgreich vorangetrieben werden kann.

Schlimmer noch wird das Misstrauen, wenn diese Kunden ein Worst-Case-Denken zeigen und sich stets gegen alle Eventualitäten absichern wollen. Diese Kunden legen besonderen Fokus auf Details, wollen Verträge seitenlang formulieren und diskutieren, fordern ständig Reports ein; sie verlangen Zusatzparagraphen oder wollen weitere Vereinbarungen mit Ihnen treffen. Bereits vor dem Start eines Projektes binden sie weitreichend Ressourcen in Ihrem Unternehmen. Fast egal, welchen Aufwand Sie betreiben, welche Angebote, Zertifikate Sie beibringen und auf welchem Senior Level in Ihrem Unternehmen dieser Kunde noch bedient wird – der Aufwand genügt nicht.

> Kunden können zu verschiedenen Zeitpunkten im Projekt »toxisch« werden, auch bereits im Moment der Sichtbarkeit beim ersten Kontakt zu Ihrem Unternehmen.
> Die Neukundenakquise ist für viele Unternehmen eine der größten Herausforderungen. Umso schlimmer, wenn sie dann an toxi-

sche Kunden geraten, die viel Zeit von ihnen fordern mit Pre-Sales-Beratung, Angeboten und Gesprächsterminen, um schlussendlich doch nicht Kunde zu werden, weil sie es ihnen schlicht nicht rechtmachen können.

Besonders unangenehm ist auch, wenn der Kunde aus Angst vor der Fertigstellung am Ende des Projekts plötzlich anfängt, das Projektende hinauszuzögern. Scheut er den Markteintritt oder die Abschlusszahlung? Kundenseitige Gründe hierfür gibt es durchaus.

Angriff auf Ihre Unternehmenskultur

Toxische Kunden nehmen aber noch auf eine andere abstrakte Unternehmensressource direkten Zugriff, nämlich auf Ihre Unternehmenskultur.

Vereinfacht könnte man sagen, dass diese Kunden als »Kulturstörer« auftreten, die Moral des Unternehmens untergraben oder Energien fehlleiten.

Ein Beispiel: Kunden, die bei Ihren Mitarbeitern ständig nach einem Vorgesetzten fragen, untergraben deren Motivation, weil sie sie geringschätzig behandeln und ihnen kein Vertrauen schenken. Kunden, die Ihren Mitarbeitern Zeit stehlen, weil sie sich zu sehr in Details verlieren oder mit Ihren Mitarbeitern Prozesse besprechen, die nicht zielführend sind, kosten Energie, weil die Mitarbeiter das Gefühl haben, gegen Windmühlen zu kämpfen.

Aus diesem Angriff auf die Kultur Ihres Unternehmens, eng verwandt mit der Unternehmensresilienz, lässt sich ein wichtiger Appell ableiten: Achten Sie im Umgang mit toxischen Kunden insbesondere auf Übergriffe in Ihre Unternehmenskultur. Lassen Sie sich von toxischen Kunden diese nicht vergiften.

Eine gute Unternehmenskultur ist ein starkes Asset im Hinblick auf die eigenen Erfolgschancen und auf die Mitarbeitergewinnung. Eine gute Unternehmenskultur macht Prozesse leicht, die manchmal die beste Strategie nicht wachsen lassen könnte. Gute Unternehmenskulturen zeigen sich darin, dass ihre Mitarbeiter eigenmotiviert smarte

Sichtbarkeit einbringen: Sie berichten positiv in ihrem Umfeld oder schreiben gute Arbeitnehmerrezensionen auf Portalen wie Kununu.

Die tiefe Einwirkung toxischer Kunden auf die Unternehmen bedroht diese Kultur jedoch durch die massiv gebundenen Ressourcen und das häufige Gefühl, die Zügel der Projekte und des Fortschritts aus der Hand zu legen und sich den Kunden gegenüber ausgeliefert zu fühlen.

Toxische Kunden wirken negativ auf Ihre Unternehmenskultur ein und injizieren Gift. Toxische Kunden können Ihr Unternehmen, Ihre Mitarbeiter und Ihre eigene Motivation schleichend vergiften.

Ruinöse Vollkostenrechnung

Was toxische Kunden eint, ist die Tatsache, dass die Vollkostenrechnung für diese Kunden schlechter ist als bei Ihren Lieblingskunden und, wenn man sich nicht von ihnen trennen kann, auch immer schlechter wird. Anbieter und Dienstleister liefern im Umgang mit toxischen Kunden bei eigentlich gut kalkulierten Angeboten reichlich Energie, Zeit und Nerven, die sie nie eingepreist hatten.

Natürlich kalkulieren Sie den Aufwand der Zielerreichung und nicht den Aufwand des Troubleshootings für jeden neuen Kunden – der Kunde zahlt ja auch nichts anderes. Vielleicht planen Sie sorgfältig einen Aufschlag für Reklamationen und Mehraufwand ein; aber darum geht es hier nicht. Sie gefährden unbeabsichtigt die Reputation Ihres eigenen Unternehmens, die eigene Gewinnmarge und verschleppen Projekte ebenso wie die Entwicklung Ihrer Firma.

Kündigen Sie Kunden!

Welches ist also der richtige Umgang mit erheblich toxischen Kunden und wie geht man mit Fällen um, bei denen die Ziele von Kunden und Dienstleister stark divergieren? Die einfache Antwort müsste lauten: Werden Sie allzu toxische Kunden los, arbeiten Sie stattdessen mit guten Kunden zusammen.

Das ist jedoch aus Unternehmersicht nicht so leicht: Zum einen haben Sie nur einen begrenzten Einfluss auf die Zusammenstellung Ihres Kundenstammes und auf jede einzelne Persönlichkeit, der man dort begegnet. Zum anderen sind Kunden und das Geld, das diese für Ihre Produkte oder Ihre Dienstleistungen zu zahlen bereit sind, die wirtschaftliche Basis Ihres Unternehmens.

Und da ist es doch sinnvoll, möglichst viele Kunden zu haben, und auch wenn sich Probleme in den Weg stellen, zu schauen, dass diese Kunden zufrieden sind. Das ist dem einfachen Ursache-Wirkungs-Prinzip geschuldet:

> Zufriedener Kunde = Zahlung = Unternehmenserfolg

Und wenn der Kunde noch nicht glücklich ist, dann gehen Unternehmen häufig den Umweg:

> Unzufriedener Kunde = Trouble-Shooting = hoffentlich zufriedener Kunde = hoffentlich Zahlung = hoffentlich Unternehmenserfolg

In der Konsequenz finden sich viele Dienstleister und Unternehmen häufig im täglichen Kampf um die Zufriedenheit ihrer Kunden wieder.

Es ist jedoch nicht zielführend, alle Kunden über diese Schwelle tragen zu wollen. Es ist auch häufig nicht der beste Weg, jeden Neukunden als Geschenk des Himmels zu betrachten und alles zu tun, damit aus ihm ein zufriedener Kunde wird.

Hochtoxische Kunden binden nicht nur Ressourcen, sie blockieren auch einen Platz für bessere Kunden in Ihrer Firma. Wenn Sie Ihre Neukundenakquise im Griff haben, dann ist es immer besser, hochtoxische Kunden loszuwerden und stattdessen mit anderen zusammenzuarbeiten. Und wenn Sie das tun, dann wird Ihre Neukundenakquise vermutlich sogar besser. Denn toxische Kunden empfehlen Sie kaum weiter, sie steigen aus dem Deal aus und verbreiten danach eine negative Reputation über Ihre Leistung.

Sie können jedoch auch Ihre Chancen nutzen, mehr positiv auf Ihr Unternehmen einwirkende Kunden zu integrieren. Sie selbst oder Ihre Mitarbeiter profitieren massiv von der entstehenden Motivation und Inspiration, die durch weniger toxische oder gar durch Lieblingskunden fast automatisch entsteht.

Sie bearbeiten mehr Kunden in der gleichen Zeiteinheit, weil weniger toxische Kunden in der Regel weniger Zugriff auf Ihre Unternehmensressource Zeit nehmen, und können in der gleichen Zeit mehr Kunden glücklich machen – die dann auch mehr positive, smarte Sichtbarkeit für Sie bedeuten. Eine Aufwärtsspirale tritt in Kraft.

Lieblingskunden zahlen in die Kultur ein

In einem weiteren Zugriff kann man toxische Kunden aber auch durch Abgrenzung erkennen, indem man den gegenteiligen Typ beschreibt: Schließlich gibt es auch Lieblingskunden, mit denen Sie jederzeit gerne ein neues Verkaufsgespräch führen oder ein neues Projekt an den Start bringen.

Idealerweise machen Sie mit den allermeisten Kunden gutes Business und freuen sich auf jeden Kontakt. Manche Kunden stechen dabei noch heraus: Sie freuen sich, mit diesen Kunden neue Ideen umzusetzen und sich die Bälle zuzuspielen; beide Seiten inspirieren einander.

Sie wissen, dass die Kommunikation mit diesen Kunden von einem tiefen Vertrauen geprägt ist und dass beide Seiten im Zweifel auch einmal Fünfe gerade sein lassen – getragen von der großen Wertschätzung der Kooperation und dem Wissen um die gemeinsame Win-Win-Situation. Die Begeisterungsfähigkeit Ihrer Kunden ist eine wichtige Stütze Ihrer Businessambitionen. Selbst wenn Sie einen Engpass in der Auftragslage am Horizont erkennen, wissen Sie um die Möglichkeit, mit diesen Kunden ein neues Projekt zu beginnen. Das Vertrauen, das Ihr Kunde in Ihre Expertise, Ihr Wissen oder Ihr Produkt setzt, rechtfertigt dann Nachsicht seitens des Kunden Ihnen gegenüber – nicht zuletzt deshalb, weil Ihr Produkt so gut zu den Herausforderungen und Wünschen des Kunden passt.

Und auch Sie als Anbieter sehen dem Kunden manche Herausforderung nach, die er Ihnen stellen mag, weil Sie ebenfalls wissen, dass Ihre Ziele dennoch immer ausreichend deckungsgleich mit denen Ihres Lieblingskunden sind und dass diese gemeinsam gut erreicht werden können.

Solche Kunden sind Gold für Ihr Business. Und sie sind der ideale Nährboden für smarte Sichtbarkeit.

Herausfordernde Kunden

Kunden, die berechtigte Kritik an Ihrem Unternehmen äußern, dürfen keinesfalls mit toxischen Kunden verwechselt werden.

Einige Fragen sollten sich Unternehmen stellen, wenn ihnen Kritik entgegenschlägt: Wie hoch ist die Deckung zwischen den Erwartungen des Kunden an das Projekt und den Erwartungen des Anbieters? Haben beide die gleichen Ziele? Das ist der Schlüssel zur Suche nach der Ursache des kritischen Verhaltens, zur Frage, ob mögliche Fehler und Versäumnisse aufseiten des Anbieters vorliegen und der Kunde berechtigten Einwand äußert.

Darüber stellt sich die Frage, ob die Ziele von Kunde und Anbieter hinreichend deckungsgleich sind, um sie in einem akzeptablen Rahmen überhaupt zu erreichen. Und wenn nicht – was ist die richtige Konsequenz aus dieser Analyse? Bei Lieblingskunden sind die Ziele klar deckungsgleich. Bei toxischen Kunden eben fast nicht oder gar nicht.

Wenn ein toxisches Einwirken der Kunden auftritt, die Ziele der Kunden mit denen des Unternehmens (in diesem Projekt oder allgemein) aber übereinstimmen, dann muss die unternehmerische Verantwortung greifen. Es ist sogar möglich, aus kritischen Kunden Lieblingskunden zu qualifizieren.

Im Umkehrschluss gilt: Je weiter die Erwartungen des Anbieters und des Kunden auseinandergehen, desto eher sollte man sich von diesem Kunden trennen. Durch das konsequente Streben, schnell die Deckungsgleichheit der eigenen Ziele mit den eigenen Kunden zu überprüfen, wird das eigene System zunehmend sattelfest gegenüber schwierigen, aber handhabbaren Kunden. Zugleich fühlt sich der Kunde gesehen und gehört.

Wenn aber die Ziele des Kunden und des Anbieters für ein Projekt zu weit auseinanderliegen, dann gerät automatisch dieser Erwartungshorizont aus dem Gleichgewicht. Das Projekt wird langwierig, zäh und wenig motivierend und folgerichtig ergibt sich zunehmend eine Lose-Lose-Situation für Anbieter und Kunde.

Bei zu weit auseinanderliegenden Zielen können Sie als Anbieter gar nicht mehr Ihre geldwerte Orientierungsfunktion übernehmen oder Ihrem Kunden mit Ihren Produkten und Dienstleistungen eine Abkürzung bei seiner Zielerreichung bieten. Weil sie damit Ihren eigenen Zielen schaden würden!

Es ist wichtig, festzuhalten, dass der Begriff des toxischen Kunden keineswegs synonym ist mit »unzufriedener« oder etwa »verärgerter« Kunde. Von der Feststellung, dass ein Kunde seinem Unmut Ausdruck verleiht und unzufrieden ist, ist die Frage nach der eigenen Schuld als Unternehmer an dessen Verhalten nicht sehr weit.

War die eigene Leistung nicht gut genug? Diese Annahme jedoch ist ein Flankenangriff auf das eigene unternehmerische Selbstbewusstsein, ganz gleich ob zutreffend oder nicht. Deshalb muss es gelten, die zu Recht unzufriedenen Kunden ebenso sicher zu erkennen und das eigene System anhand ihrer berechtigten Kritik zu verbessern, wie es gilt, sie von toxischen Kunden, die grundlos verärgert sind, zu unterscheiden.

Manche, auch toxische, Kunden mögen ihr anstrengendes Verhalten durchaus an den Tag legen, weil sie sich durch den Dienstleister verärgert fühlen oder nicht mit der Erreichung der gemeinsamen Ziele zufrieden sind; das ist jedoch nicht notwendig der Grund für dieses Verhalten. Deshalb passiert es vielen Anbietern auch oft wie aus heiterem Himmel, an solches Kundenverhalten zu geraten. Denken Sie an den Eisverkäufer: Er verkauft hervorragendes Eis und die Leute stehen Schlange dafür. Und genau deshalb gibt es Unzufriedenheit. Der tatsächliche Grund der Unzufriedenheit und des toxischen Verhaltens des Kunden maskiert sich in diesem Beispiel, die hervorragende Leistung des Anbieters wird herabgewürdigt und der eigentliche Fehler (womöglich nicht genügend Personal zu beschäftigen) fällt gar nicht ins Gewicht, von diesem wird fatal abgelenkt.

Ursache und Symptom muss sauber voneinander unterschieden werden. Manche Kunden erscheinen unzufrieden und verleihen dem auch Ausdruck. Das aber geschieht entweder aus gutem Grund oder mitunter auch, weil es schlicht dem Naturell dieses Kunden entspricht. Das können Sie jedoch am Anfang nicht sicher unterscheiden. Sie stellen nur fest: Dieser Kunde nimmt toxischen Einfluss.

Toxisches Verhalten können Sie zunächst einmal nur symptomatisch erkennen und darauf reagieren, aber da ist der Grund ohnehin erst einmal zweitrangig. Das Erkennen dieser Muster ist zunächst vorrangig gegenüber den Gründen oder den zu ergreifenden Maßnahmen. Denn nur dann können Sie aktiv reagieren und intervenieren.

Piñata-Probleme

Kennen Sie Piñatas? Das sind zumeist mit Süßigkeiten gefüllte Figuren, die an Kindergeburtstagen in manchen Ländern aufgehängt werden und dann von einem Kind mit einem Stock zerschlagen werden sollen. Das Spiel ist nur deshalb so attraktiv, weil das Kind die Augen verbunden bekommt. Es fuchtelt wild umher und trifft kaum die Pappfigur. Blind kann es dem Problem nicht adäquat begegnen. Wenn das Kind sehen würde, wo es treffen muss, wäre das Spiel schnell vorbei.

Herausforderungen ohne genaue Analyse und ohne Ziel blind zu begegnen nennt man daher »Piñata-Probleme«. Schwierigen Kunden begegnet man schnell ziellos und wenig analytisch, weil sie alles so drängend und wichtig machen, teilweise auch weil man froh ist, wenn die Auseinandersetzung mit diesen Kunden nicht allzu lange dauert. Daher lohnt es sich, genau hinzuschauen und Lösungspunkte auszumachen.

Der Umgang mit kritischen Kunden ist unternehmerische Verantwortung

Der Umgang mit berechtigt kritischen Kunden fällt in die unternehmerische Verantwortung des Dienstleisters oder Anbieters mit allen Konsequenzen. Denn die ganze Verantwortung dem nörgelnden Kunden zuzuschieben, indem man die schwierige und herausfordernde Einflussnahme akzeptiert, sich wegduckt und resigniert feststellt, manche Kunden seien nun einmal so, ist zu kurz gesprungen.

Eine mangelnde Reflexion der eigenen Verantwortung gegenüber kritischen Kunden und ein damit verbundenes Abschieben der Ursache für die schwierige Kundenbeziehung auf den Kunden ist einer der Hauptgründe, warum sich Anbieter häufig mit kritischen Kunden arrangieren und diese eher ertragen, als ihnen aktiv zu begegnen.

Dann ist zwar der Grund für die schlechte Kundenbeziehung schnell und einfach (und leider oft ebenso falsch) zugeordnet: Der Kunde ist schwierig oder eben toxisch – der Umgang bleibt daher zäh und unangenehm. Auch wenn der toxische Kunde als Ursache der schwierigen Kundenbeziehung ausgemacht wird, bedeutet das noch lange nicht, dass nicht die Verantwortung dafür übernommen werden kann und sollte.

Der Eisverkäufer kann das noch gut aushalten. Er kann hoffen, dass der Kunde sich irgendwann entschließt zu gehen und im Idealfall auch nicht wiederkommt.

In anderen Feldern hat dieser passive, fast schicksalsergebene Umgang mit toxischen Kunden viel weniger Berechtigung, weil der Einfluss dieser Kunden auf das eigene System schon aufgrund der intensiven Begegnungen und der Komplexität der Projekte viel größer ist. Deswegen muss der erste Appell sein, kritischen Kunden aktiv zu begegnen und einen aktiven Umgang mit ihnen zu finden.

In der unternehmerischen Verantwortung gegenüber kritischen Kunden gilt es, im ersten Schritt, störend auf das Unternehmen und die Kundenbeziehung einwirkende Kunden zu erkennen. Das ist durch häufig wiederkehrende Muster im Verhalten dieser Kunden gar nicht so schwer und kann zu einem gewissen Grad dann auch »symptomatisch behandelt« werden.

Seine Kunden einzuordnen bedeutet, ihnen leichter gerecht zu werden

Es ist auf Dauer zielführender, zehn einfache Kunden in kurzer Zeit und immer wieder glücklich zu machen, als zehn herausfordernde, toxische Kunden mit Krisenintervention und Troubleshooting irgendwie zur Zahlung der Abschlussrechnung zu bewegen – und dann doch zehn neue zu akquirieren, wenn man sich irgendwie so halb im Streit oder nah an der Nulllinie der Zufriedenheit voneinander getrennt hat.

Es ist einfacher, lange mit zufriedenen Kunden zusammenzuarbeiten und immer wieder neue Projekte anzustoßen, bei denen man weiß, worauf es ankommt und wie man sich mit diesen Kunden auseinandersetzt. Diese Kunden bleiben treu, zahlen ihre Rechnungen und empfehlen das Unternehmen weiter, erzeugen also positive smarte Sichtbarkeit.

Die Projekte sind schneller vereinbart, schneller umgesetzt und Sie schlafen ruhiger. Das bedeutet für Ihr Unternehmen eine sichere wirtschaftliche Basis und bestes Marketing.

Der Weg zu dieser Freiheit, eher auf solche Kunden zu setzen, ist sicher nicht leicht, aber mit der richtigen Grundeinstellung ist dieses Ziel mittelfristig gut erreichbar. Die wachsenden Vorteile, die diesen Weg flankieren, könnten Sie immer mehr von diesem Konzept überzeugen und es immer leichter erscheinen lassen.

Diese Maßgabe zu befolgen, stärkt darüber hinaus die Resilienz Ihres Unternehmens.

Resilienz bezeichnet bei Individuen die Widerstandsfähigkeit gegenüber Stressfaktoren und im übertragenen Sinne kann man das auch auf die eigene Unternehmung und den eigenen Job anwenden. Resiliente Unternehmen sind widerstandsfähiger gegenüber wirtschaftlichen Herausforderungen, für Mitarbeiter und Kunden attraktiver und auf breiter Front erfolgreicher.

Ein Unternehmen, das wenige oder gar keine toxischen Kunden hat, kann mithilfe seiner dann ebenso resilienten Mitarbeiter und Inhaber mehr Potenzial und Energie darauf verwenden, sich zu entwickeln und die Lieblingskunden noch glücklicher zu machen, um mit ihnen neue Projekte anzustoßen. Es ist damit krisenfester, erfolgreicher und kann unternehmerisch mutiger sein. Richtiger Umgang mit toxischen Kunden setzt eine positive Kettenreaktion in Gang. Je früher diese beginnt, desto besser.

Gerade bei Startups und Einzelunternehmern ist die Sorge vor dem Verlust von Kunden häufig gewissermaßen aus der Erfahrung gespeiste »Altlast«. Zum Start eines Unternehmens kämpfen diese häufig besonders um Kunden und machen dabei reichlich Fehler. Das ist sehr menschlich, denn schließlich ist der Entrepreneur neu in diesem Aufgabenfeld oder zumindest neu in der Herausforderung einer Selbstständigkeit. Dann versucht er, den Kunden alles besonders recht zu machen. Die Jungunternehmer gehen vielleicht das eine oder andere Mal mehr auf die Kunden ein, als es überhaupt notwendig wäre.

Dennoch erleben sie Rückschläge und verlieren auch hin und wieder einen Kunden, müssen vielleicht die Rechnung reduzieren oder nachbessern. Mit der Zeit werden Jungunternehmer zwar besser in diesem Feld, erfolgreicher und selbstbewusster. Aber häufig bleibt die Sorge vor dem »Liebesentzug« des Kunden, denn dieser konnte zu Beginn des eigenen Unternehmens insbesondere über das Gelingen oder Scheitern des unternehmerischen Traumes entscheiden. Bei Angestellten wird diese Angst häufig durch die Sorge ersetzt, dem eigenen Vorgesetzten die Unzufriedenheit des Kunden erklären zu müssen, die dieser möglicherweise entsprechend dringlich machen wird.

Es ist auch ein Gebot der Fairness, toxischen Kunden konsequent zu begegnen. Wenn trotz adäquater Herangehensweise die eigenen Ziele nicht mit denen des Kunden in Deckung gebracht werden können und der fortwährend hohe Energieaufwand im Troubleshooting die Vollkostenrechnung für diesen Kunden schwierig gestaltet, dann hilft es auch dem Kunden, wenn man sich von ihm trennt.

Kritik verbessert Ihr Unternehmen

Zur Verdeutlichung der Vorteile eines aktiven Umgangs mit toxischen Kunden und zur sicheren Trennung von herausfordernden Kunden und Lieblingskunden zurück ins Eiscafé: Ein Kunde zeigt toxisches Verhalten, während er in der langen Schlange vor dem Straßenverkauf wartet. Er ist unzufrieden, nervt vielleicht sogar und meckert. Der eigentliche Grund dafür ist positiv zu bewerten: Das Eis ist hervorragend und viele Kunden wollen dieses Angebot wahrnehmen. Er muss jedoch darauf warten. Anstatt diesen Kunden zu ertragen, zu beschwichtigen oder ihn zu bitten, sich doch woanders ein Eis zu kaufen, könnte der Inhaber sich folgende Frage stellen:

> Inwiefern ist der toxische Kunde Spiegelbild eines Fehlers im System? Diese Frage ist wichtig für die Fortentwicklung eines Unternehmens.

Wie viele Kunden ertragen schweigend die lange Wartezeit, sind aber im Grunde genauso unzufrieden, nur leiser? Und am schwerwiegendsten: Wie viele potenzielle Kunden laufen vielleicht am Eiscafé vorbei und sehen die lange Warteschlange, die sie dann davon abhält, dieses gute und eigentlich verlockende Angebot wahrzunehmen? Warteschlangen sind Zeiger schlechter Sichtbarkeit aus Kundensicht.

Der Anbieter ist in diesem Fall nicht schuld daran, dass der Kunde sich beschwert. Im Gegenteil: Er hat seinen Job im Kern seines Produktes überdurchschnittlich gut gemacht. Aber er muss Verantwortung übernehmen für das, was der Kunde anmahnt. Auch wenn es nicht schön ist und sich eher paradox anfühlt, als Anbieter einer großartigen Leistung Kritik anzunehmen: Schuld und Verantwortung sind eben nicht das Gleiche.

Eine Änderung im System beispielsweise durch mehr Personal verkürzt die Wartezeit für alle Kunden. Und allein der Mehrverkauf durch die damit weniger abschreckend wirkende Warteschlange amortisiert die höheren Personalkosten. Der zuvor toxische Kunde ist gar nicht toxisch – er hatte berechtigte Kritik geäußert und kommt nun schnell und sicher an sein Eis. Zukünftiger Kritik mit ähnlicher Intention ist zudem der Wind aus den Segeln genommen. Die aktive Wahrnehmung seiner Kritik hat das System verbessert: Mehr Kunden bringen mehr Umsatz und Erfolg. Eine (Re-)Aktion bringt den Anbieter gleich mehrere Schritte voran.

Was durch das toxische Verhalten des kritischen Kunden nur maskiert wurde, ist der Umstand, dass eigentlich Anbieter und Kunde ein klares gemeinsames Ziel haben: Viel qualitativ hochwertiges Eis an viele glückliche Kunden möglichst schnell zu verkaufen! Wenn beide das so klar erkennen können und das Ziel gemeinsam erreichen, entsteht eine Win-Win-Situation und das herausfordernde Verhalten des Kunden verspricht plötzlich Wachstum – bei richtigem Umgang damit.

Übrigens ist das die Einlösung höchster Qualität: die hundertprozentige Erfüllung der Erwartung des Kunden. Und in diesem Fall kann diese beeindruckend deckungsgleich gemacht werden mit den Erwartungen des Anbieters an sein eigenes Business und seine eigenen Erfolgsparameter. Dass das ein großer Businessvorteil ist, wird schon allein klar, wenn man sich anschaut, dass bei vollständiger Einlösung der Qualitätserwartung der Kunde es doch arg schwer haben wird, seine Rechnung nicht prompt und in voller Höhe zu begleichen.

Diese Deckungsgleichheit der Ziele muss aber nicht zwingend sein. So mag es Kunden geben, die, wenn sie nicht in der Schlange warten müssen und darauf mit toxischem Verhalten reagieren, ein anderes Haar in der Suppe finden. Auch solche Kunden haben Erwartungen an das Projekt und einen speziellen Antrieb. Aber dieser ist kaum oder gar nicht deckungsgleich mit den Zielen des Anbieters im Projekt. Der Kunde beschwert sich vielleicht, weil ihn seine Kinder zu Hause genervt haben und er nun als letzten Ausweg ein Eis für sie besorgt.

Toxische Kunden müssen also als solche erkannt werden und der Grad der Deckungsgleichheit ihrer Ziele mit den eigenen Projektzielen muss bestimmt werden. Einige herausfordernde Kunden, die durchaus toxisch erscheinen mögen, haben das Potenzial, das eigene System durch die Übernahme von Verantwortung durch den Anbieter positiv herauszufordern und für weitere Begegnungen mit Kunden, die ähnliche Erwartungen haben, sattelfest zu machen.

Die 3 Kundentypen in der Übersicht

Die folgende Tabelle gibt über die vorgestellten drei Kundentypen einen Überblick.

	Lieblingskunden	Toxische Kunden	Hochtoxische Kunden
Gemeinsame Problemlösung	Kaum notwendig	Herausfordernd	Wird nicht mehr gesucht
Freude am Projekt	Motivierend	Anstrengend, Tendenz zur Übererfüllung, Flow stellt sich schwer ein	Zermürbend, Energieminus, »Nebenkriegsschauplätze«
Kongruenz der Ziele zwischen Kunde und Anbieter	Fast übereinstimmend, ansonsten gut und offen verhandelbar	Werden häufig neu verhandelt	Kunde ist auf Regress aus oder Projektabbruch
Nutzung Ihrer zentralen Kompetenzen	Gemeinsame Freude an Projektfortschritten, Wertschätzung	Anstrengend, Tendenz zur Übererfüllung, Flow stellt sich schwer ein	Troubleshooting überlagert Ihre wahren Kompetenzen
Troubleshooting	Selten oder nie notwendig, wenn, dann sehr zielorientiert	Notwendig, sollte in vertretbarem Verhältnis stehen, nur bei beiderseitigem Lösungswillen	Immer neu notwendig, Lösung wird torpediert
Wachstumspotenzial	Aus der hohen Motivation erwächst Energie und Mut zum Wachstum	Reibungspunkte als Spiegel für das eigene System nutzbar	Keins

	Lieblingskunden	Toxische Kunden	Hochtoxische Kunden
Auswirkung auf die Sichtbarkeit	Erzeugt smarte Sichtbarkeit: Verfasst positive Berichte; steht gern als Testimonial zur Verfügung; wird Evangelist und schwärmt von Ihren Produkten	Meist neutral (negative Reviews im Internet bedeuten für toxische Kunden Aufwand); aber durchaus auch negativ	Erzeugt toxische Sichtbarkeit: Schreibt schlechte Bewertungen, berichtet schlecht über Sie. Schlimmster Fall: »Shitstorm«
Umgang	Pflegen und wachsen!	Aufgaben stellen, klar und sicher im eigenen System stehen, umwandeln und entscheiden lassen: A-Kunde oder C-Kunde?!	Sofort kündigen!

Gute Kritiker sind Wachstumsmotoren für Ihr Business

Berechtigte Kritik verbessert also Ihr Business und lässt es wachsen, indem Probleme beseitigt werden. Deswegen muss es darum gehen, kritische Kunden zufriedenzustellen. Es macht einen deutlichen Unterschied, ob Sie Ihre Energie in Wachstum investieren oder in Schadensbegrenzung, in Weiterentwicklung oder in Troubleshooting.

Der Grad der Toxizität, die Frage, wie sehr diese Kunden Sie anstrengen und herausfordern, hat direkten Einfluss auf Ihre unternehmerische Energie. Die gleiche Energieleistung, die es benötigt, um aus einem einigermaßen zufriedenen Kunden einen hoch zufriedenen, motivierten Kunden zu machen, ist zumindest abstrakt die gleiche wie die Energieleistung, um aus einem deutlich unzufriedenen Kunden einen weniger unzufriedenen oder neutralen Kunden zu machen.

Investieren Sie aus der Position der Stärke in Ihre Kundenbeziehungen

Besser, als einen unzufriedenen Kunden zufriedenzustellen, ist es, Kardinalfehler schon im Vorfeld zu vermeiden.

Dazu ein Beispiel: Kunde und Dienstleister haben ein Video-Meeting verabredet. Der Dienstleister erscheint nicht pünktlich, weil er im Stau steht oder es schlicht vergessen hat. Der Kunde meldet sich enttäuscht und fragt nach, ob das Meeting noch stattfindet. Der Dienstleister macht es überstürzt möglich, das Meeting beginnt dennoch verspätet und der Kunde ist schon jetzt im Kritik-Modus.

Das macht er auch deutlich. Der Dienstleister muss seine Minderleistung anerkennen und im Sinne der Kundenbeziehung liegt es nahe, diesen Malus zu kompensieren. Allein diese Kompensation jedoch ist eine Energieleistung, für die der Kunde nicht zahlt. Der Kunde sagt etwa: »Können wir vielleicht aufgrund der heute verlorenen Zeit einen zusätzlichen Drehtag am Samstag verabreden? Das geht doch dann sicher aufs Haus!«

Da die Kritik des Kunden berechtigt ist, bringt dieser Vorschlag den Dienstleister in die Defensive. Er erbringt Leistungen unbezahlt und schadet damit seinem eigenen Unternehmenserfolg. Er investiert Zeit und Geld, jedoch ohne zusätzliche Rendite.

Dieser Gedanke führt zum Thema der Übererfüllung: Dienstleister und Anbieter haben immer die Möglichkeit, den verhandelten Deal oder einzelne Schritte zum Ziel überzuerfüllen. Und das kann ein mächtiges Instrument sein, allerdings nur, wenn es aus einer Position der Stärke und Fülle heraus geschieht, nicht aus einer Position, die im Fokus einer Kritik steht, wie im obigen Beispiel.

Autohäuser schenken dem Kunden beispielsweise gerne nach harten Verhandlungen um jedes Prozent und jeden Euro bei Übergabe des Fahrzeugs einen Blumenstrauß, einen Regenschirm oder einen Schlüsselanhänger. Der Kunde freut sich darüber, denn er bekommt etwas, für das er gar nicht verhandeln musste und was ihn positiv überrascht. Er bekommt mehr, als er verlangt hat. Seine Erwartungen werden übererfüllt – allerdings aus der Position der Stärke heraus, nicht der Kritik.

Er berichtet vielleicht sogar davon im Freundeskreis und erzeugt damit smarte Sichtbarkeit.

Der Antrieb für das Autohaus ist leicht nachvollziehbar, das zusätzliche Geschenk soll das positive Gefühl des guten Kunden – es wurde schließlich ein Abschluss erzielt und es ist Geld geflossen – stärken und ihn idealerweise zu einem dauerhaften guten Kunden machen.

Kundentypen zwischen Fülle und Mangel

Zum Schluss des Buchs: Kein Mensch gleicht in seinem Verhalten dem anderen; jeder Ihrer Kunden nimmt Sie und Ihr Unternehmen daher unterschiedlich in Anspruch.

Im Auge des Betrachters liegt bekanntlich die Realität. Da machen Kunden keine Ausnahme. Aber in aller Regel gibt es bestimmte Korridore, in denen sich Menschen mit ihrem Verhalten bewegen. Diese Korridore lassen sich vereinfachend meistens zwischen zwei Extremen festlegen; Kunden bewegen sich in der Regel irgendwo im Kontinuum zwischen den Extremen. Solche Korridore könnten sein:

- aufgabengeleitet versus menschenorientiert
- strukturiert versus unstrukturiert
- gewissenhaft versus initiativ
- kreativ versus gründlich
- qualitätsfokussiert versus erlebnisorientiert
- beharrlich versus sprunghaft
- introvertiert versus extrovertiert

Keine dieser Eigenschaften ist besser als eine andere; jede hat ihre Zeit und ihre Berechtigung. Für manche Situation und manches Projekt ist die eine Qualität förderlich, für die nächste vielleicht das Gegenteil. Kunden und Anbieter zeigen jeweils Qualitäten in diesem Spektrum.

Interessant ist die Tatsache, dass Kunden in diesem Spektrum eine mehr oder minder große Last für Ihr System und Ihre Art zu arbeiten darstellen können, je nachdem, wie sehr diese Kunden Ihrem System und Ihrem Charakter gegenüberstehen.

Wenn Sie als Anbieter eher der strukturierte Typ sind, Listen ab-arbeiten und keinen Termin verpassen, dann kann ein charakterlich oppositioneller Kunde Sie mit seiner sprunghaften Art, seinen immer neuen Ideen und seinem Elan durchaus herausfordern.

Innerhalb von Unternehmen beobachtet man aus genau diesem Grund häufig, dass sich viele ähnliche Typen in einem Projekt oder in einer Abteilung sammeln. Strukturierte und aufgabengeleitete Menschen arbeiten vielleicht eher in der Buchhaltung. Menschenorientierte Persönlichkeiten arbeiten im Außendienst oder sind Sozialarbeiter geworden. Beharrlich fordernde Persönlichkeiten findet man mit höherer Wahrscheinlichkeit in den Führungsetagen eines Unternehmens. Und die Kreativen bekommen einen Kickertisch und machen Marketing.

Verbreitet ist die Annahme, dass diese eingespielte Konzentration hilfreich ist. Insgesamt liegt dieser Umstand darin begründet, dass strukturierte Menschen lieber auch strukturierte Menschen einstellen und mit sprunghaften und kreativen Persönlichkeiten eher in Konflikte geraten und sich dann die Wege trennen.

Das hat auch Auswirkungen auf die direkten Kundenbeziehungen: Ein überaus strukturierter Kunde, der viel seiner Sicherheit aus Akku-ratesse und einem genauen Überblick über die Details zieht, der gerne weit im Voraus plant und dem Ablaufpläne wichtig sind, hat es mit ei-nem kreativen, initiativen Dienstleister eher schwer. Dann kann die ge-winnbringende initiative Energie, die Begeisterungsfähigkeit und die vermutlich hohe Problemlösungskompetenz dieses Dienstleisters un-ter Umständen hinter mangelnder Struktur zurücktreten – und das lei-der vor allem in den Augen des Kunden.

Dann wäre es aus Sicht des Dienstleisters leicht, zu sagen: Dieser Kunde versteht mich nicht. Und es wäre naheliegend, sich an diesem Kunden ab-zuarbeiten, ihn als Problemkunden zu behandeln und ihn allzu schnell als toxischen Kunden abzustempeln. Übrigens gilt das selbstverständlich auch andersherum. Auch für den Kunden werden die unterschiedlichen Persönlichkeiten schnell offensichtlich und er hat damit seine eigenen Herausforderungen in allen Berührungspunkten zu tragen.

Der smarte Ansatz jedoch liegt für den Anbieter darin, zu schauen, wo genau dieser Kunde Schwachstellen im eigenen System offenlegt. Of-fensichtlich kann jener in dieser Konstellation dem Kunden nicht die Sicherheit geben, die er braucht. Der Kunde braucht Listen, Termine und Meilensteine; der Dienstleister ist dagegen kreativ, aber unorganisiert.

Ein großer Antreiber für ihn ist eine gewisse Skepsis gegenüber allen Prozessen, die er noch nicht in eine Liste und einen Ablaufplan überführt und dann geprüft hat.

Wenn Sie viel Energie in Ihren Kunden investieren und ihn aus der toxischen Zone bewegen, dann binden Sie ihn in einer Mentalität der Abundance ein. Das ist ein großer Schritt und ebenso großes Investment in Zeit, Energie und auch Geld.

Abundance meint einen Zustand der Fülle. Es geht auf dieser Ebene darum, Ihrem Kunden viel zu geben: Zeit, Energie, Beratung und Nerven vielleicht. Bei guten Kunden investieren Sie viel Energie und Fülle in deren Wachstum – und profitieren damit langfristig selbst davon.

Das Gegenteil dieses Ansatzes nennt sich »Scarcity«, übersetzt etwa Mangel oder Knappheit. Die folgende Tabelle gibt einen Überblick dazu.

	Abundance	Scarcity
Übergeordnetes Ziel des eigenen unternehmerischen Handelns	Wachstum	Bewahren, Retten
Umgang mit Kundenzielen	Aktiv, Einbinden in das eigene System, Entwicklung, Vertrauen, inspirierende Aushandlung	Passiv, Hinterherlaufen, Abwägen mit den eigenen Zielen (bis zum Gefühl der Erpressbarkeit), »die Kröte schlucken«
Fokus auf	Chancen suchen	Fehlervermeidung
Antrieb im eigenen Business	Liebe zu dem, was man tut, »Flow«-Gefühl	Angst: vor Verlust des Kunden, wirtschaftlichem Rückgang, schlechter Reputation
Kundenverhältnis	Sehr gut	Nicht gut
Zielerreichung	Kooperation, Lernen, »gemeinsam mehr als die Summe aller Teile«	Ringen um Ziele, Kompromisse, »retten, was zu retten ist«
Reaktion auf Kritik	Das eigene System entwickeln	Das eigene System schützen, Verteidigung, Passivität

	Abundance	Scarcity
Mehr Energie für	Kreativität, gesteigerte Kundenzufriedenheit	Troubleshooting, Wiederherstellung der Kundenzufriedenheit
Zielplanung/-erreichung	Langfristig	Kurzfristig
Mindset	Plusdenken (Was kann erreicht werden?)	Minusdenken (keine Beschwerden machen einen guten Tag)
Atmosphäre im Unternehmen	Zugewandt, optimistisch, energiegeladen, zukunftsorientiert	Passiv, vorsichtig, Hier und jetzt, skeptisch, zynisch

Wenn toxische Kunden eine große Rolle in Ihrem Geschäft spielen, wenn sie Ihnen Fehler vor Augen führen oder gar Gründe suchen, den Deal nicht voranzutreiben, dann werden Sie oder Ihre Mitarbeiter fast zwangsläufig in eine passive Haltung hineingedrängt, weil Sie Troubleshooting für Fehler oder Hemmnisse betreiben.

Nehmen diese toxischen Kunden in Ihrem Business Überhand, reagieren Sie häufig nur noch und betreiben Troubleshooting, anstatt am System zu arbeiten und Ihr Businessmodell zu stärken und fortzuentwickeln.

Ein wesentlicher Antreiber für das eigene Geschäft und den Umgang mit den Kunden wird dann Angst. Sie fürchten Risiken oder unklare Herausforderungen, weil Sie noch mehr Ärger befürchten müssen, der zu Ihren ohnehin anstrengenden toxischen Kunden noch hinzutritt, anstatt Möglichkeiten zu erkennen. Das ständige Troubleshooting mit den Kunden lässt Sie in Ihren unternehmerischen Entscheidungen dünnhäutig werden, weil das Gefühl vorherrscht, dass jede Kritik der Kunden nicht etwa die Möglichkeit zur Verbesserung eröffnet, sondern ein neuerlicher Angriff auf das eigene Wirken ist. Das unternehmerische Selbstbewusstsein wird ausgehöhlt und es schwächt Sie zusätzlich, weil damit Verantwortung schwerer mit positiver Einstellung übernommen wird.

Aus einer Verteidigungshaltung heraus positiv zu agieren ist deutlich schwerer, als getragen vom Elan eines guten Vertrauens in das Gelingen der eigenen Projekte in Wachstum zu investieren.

Ressourcen zum Buch

Weiterführende Quellen und Praxistools für die Umsetzung Ihrer eigenen smarten Sichtbarkeit haben wir auf einer Website zusammengetragen:

www.founder.de/sichtbar-ressourcen

Danksagungen

Ein Buch wie dieses steht auf den Schultern vieler Menschen, die mich seit Jahren begleiten.

Besonders bedanke ich mich bei meinem Mitautor Jan Bargfrede, der meine Inhalte zu diesem Buch verdichtet hat und mit Geduld und einem hohen Maß an Professionalität viele Monate in dieses Projekt investiert hat.

Mein persönlicher Dank für die langjährige Unterstützung weit über dieses Buch hinaus gilt Stefanie Sommerfeld (Personal Assistent) und Riana Machoy (Grafikerin und Social-Media-Profi).

Mit vielen meiner Internet-Gründerkollegen verbindet mich seit Jahren eine Freundschaft. Ich danke dafür besonders Julien Backhaus, Pascal Feyh, Mike Hager, Thomas Klußmann, Sven Platte, Bodo Schäfer, Hermann Scherer, Ralf Schmitz, Mario Wolosz, Dr. Dr. Rainer Zitelmann und den 30 Entrepreneuren meines jährlichen Weissenhaus-Mastermind-Zirkels.

Joachim Bischofs (Campus) danke ich in großer Verbundenheit für die seit vielen Jahren währende Einarbeitung in den internationalen Buchmarkt, schnelles Troubleshooting im Verlag und die oft auch in privater Zeit geleistete Mitwirkung an meinen Büchern.

Bei meinem Lektor Patrik Ludwig bedanke ich mich für die überaus angenehme, sehr professionelle und überdies in den Rückmeldungen zeitnahe Begleitung dieses Buchs. Mein Dank richtet sich zudem an Georg Hodolitsch (FBV) für seine immerwährende Unterstützung.

Für die langjährige Inspiration und Freundschaft, oft seit Jahrzehnten, danke ich:

Markus Fatalin, Dr. Carsten Figge, Dr. Andreas Gekle, Andy Goldstein, Alexander Kröger, Norbert Leibold, Prof. Dr. Bernhard Lendermann, Dr. Lutz Mahlke, Prof. Dr. Friedrich Meyer, Prof. Dr. Stefan Nieland, Prof. Dr. Carsten Padberg, Dr. Andre Pott, Dr. Gerhard Sandmann, Jörg Schieb, Jan Schust, Dr. Andreas Siebe, Bernhard Westerhorstmann und Prof. Dr. Thomas Werner.

Meinen Eltern Margot und Werner sowie Daniela Lena, Anna Carina, Finn Jonas und Emily Johanna danke ich dafür, dass Ihr mein Zuhause seid.

Prof. Dr. Oliver Pott
Paderborn und Weissenhaus

Anmerkungen

Wer nicht sichtbar ist, exisitert nicht

1   https://www.e3dc.com/e3-dc-waechst-umsatz-und-produktion-erreichen-neue-rekorde/, abgerufen am 5.1.2022.
2   https://www.e3dc.com/ausgezeichnet-e3-dc-ist-eine-marke-des-jahrhunderts-2019/, abgerufen am 5.1.2022.
3   https://www.scientific-economics.com/der-primacy-recency-effekt-aus-der-wirtschaftspsychologie/, abgerufen am 5.1.2022.
4   https://de.wikipedia.org/wiki/Halo-Effekt, abgerufen am 5.2.2022.
5   https://www.handelsblatt.com/unternehmen/management/dossier-wie-sie-einen-shitstorm-managen/11389582.html?ticket=ST-7536018-obQvWLOUxbcHe6AF9ISh-cas01.example.org, abgerufen am 5.2.2022.

Wer sichtbar ist, gewinnt die besten Kunden und macht mehr Umsatz

1   https://www.insider.com/instagrammer-arii-2-million-followers-cannot-sell-36-t-shirts-2019-5, abgerufen am 5.1.2022.
2   https://www.futurebiz.de/artikel/youtube-statistiken/, abgerufen am 5.1.2022.
3   https://blog.hubspot.de/marketing/google-trends-suche.
4   https://allfacebook.de/toll/state-of-facebook, abgerufen am 27.10.2021.
5   https://www.futurebiz.de/artikel/aufmerksamkeitspanne-facebook-mobil/, abgerufen am 03.11.2021.
6   Easton, Bret Ellis: *White*, Picador 2020.
7   https://www.dwdl.de/untermstrich/40204/zahlen_bitte_quoten_aus_50_jahren_zdf/?utm_source=&utm_medium=&utm_campaign=&utm_term=, abgerufen am 20.1.2022.
8   https://blog.ppstudios.de/2018/08/09/was-kuenstler-noch-an-ihrer-musik-verdienen/, abgerufen am 20.1.2022
9   https://de.wikipedia.org/wiki/The_Long_Tail, abgerufen am 20.1.2022.
10 https://www.rolandberger.com/de/Insights/Publications/Lineares-Fernsehen-verliert-weiter-an-Bedeutung.html, abgerufen am 25.1.2022.
11 *WELT* vom 25.1.2022, S. 16.
12 https://www.oetker-verlag.de/buecher/dr-oetker-schulkochbuch/, abgerufen am 24.1.2022.

13 https://medium.com/cuepoint/jennifer-paige-what-ever-happened-to-me-858b29da95be, abgerufen am 24.1.2022.

14 https://www.tagesschau.de/wirtschaft/unternehmen/k-pop-musik industrie-101.html, abgerufen am 24.1.2022.

15 https://www.zeit.de/digital/2021-03/tiktok-social-media-plattform-pop musik-charts-musikindustrie?utm_referrer=https%3A%2F%2Fwww.google. com%2F, abgerufen am 25.1.2022.

16 https://www.mpib-berlin.mpg.de/pressemeldungen/informationsflut-senkt-aufmerksamkeitsspanne, abgerufen am 25.1.2022.

17 https://dl.motamem.org/microsoft-attention-spans-research-report.pdf, abgerufen am 24.1.2022.

18 https://www.bonedo.de/artikel/einzelansicht/darum-werden-popsongs-im mer-kuerzer-aufmerksamkeitsspanne-sinkt-um-ein-drittel.html, abgerufen am 26.1.2022.

19 Die wissenschaftliche Theorie ist hier vereinfacht und verallgemeinert. Die zi-tierte Studie geht selbstverständlich mehr ins Detail und über den zitierten Punkt hinaus: https://www.bwl.uni-mannheim.de/media/Einrichtungen/imu/ Research_Insights/2016/RI_042.pdf, abgerufen am 09.10.2021.

20 Gabler Wirtschaftslexikon, in grober Anlehnung.

21 https://de.wikipedia.org/wiki/K%C3%A4se, abgerufen vom 09.10.2021.

22 https://www.feinschmecker.com/artikel/franzoesische-kaese-handwerk-aus-dem-kloster/, abgerufen am 5.1.2022.

23 Wir verwenden hier den Qualitätsbegriff nicht im wirtschaftswissenschaftli-chen Sinn: Qualität ist die Erfüllung der Erwartungen des Kunden. Wenn es also eine zentrale Erwartung des Kunden ist, dass er für drei Kinder morgens schnell Käsebrote belegen kann, dann hat der vorgeschnittene Scheibenkäse aus industrieller Fertigung einen qualitativen Vorteil gegenüber dem handgefertig-ten Käse.

24 https://www.youtube.com/watch?v=-6IMOd5yI-I, Werbespot der Marke Opel; 1975, abgerufen am 5.1.2022.

25 vergl. https://www.marke41.de/content/seitenbacher-%E2%80%93-einfach-kult, Download vom 05.11.2021.

26 https://www.youtube.com/watch?v=dvMqG8sbTtw, Werbung der Marke »Dr. Best«, abgerufen am 5.1.2022.

27 https://www.youtube.com/watch?v=dvMqG8sbTtw, Werbung der Marke »Perl-weiss«, abgerufen am 03.11.2021.

28 https://www.researchgate.net/profile/Wolfgang-Schweiger/publication/ 273922576_Was_bringen_prominente_Testimonials_-_Werbewirkungs studien_in_der_Meta-Analyse/links/5a549e2ca6fdccf3e2e2f2df/Was-bringen-prominente-Testimonials-Werbewirkungsstudien-in-der-Meta-Analyse.pdf, abgerufen am 5.1.2022.

29 https://www.absatzwirtschaft.de/die-studien-der-woche-empfehlungsmarke ting-einzelhandel-versus-internet-und-der-smart-tv-trend-68011/, abgerufen am 5.1.2022.

30 https://www.brigitte.de/mode/trends/chiara-ferragni---co---das-sind-die-er folgreichsten-influencer-der-welt-10967484.html, abgerufen am 03.11.2021.

Die drei Dimensionen werthaltiger Sichtbarkeit

1 https://www.wirtschaftspsychologie-aktuell.de/magazin/facebook-kennt-dich-besser-als-deine-freunde/32/, abgerufen am 18.10.2021.
2 https://www.researchgate.net/figure/Fuente-Newspaper-Association-of-Ame rica_fig1_296419858, abgerufen am 25.1.2022.
3 https://www.swr3.de/aktuell/nachrichten/banksy-auktion-rekord-100.html, abgerufen am 14.12.2021.
4 In grober Anlehnung an einen Artikel der *Welt*, in der ein Kunstprofessor zitiert wird. https://www.welt.de/debatte/kommentare/article123985985/Das-Geschaeft-mit-der-abstrakten-Kunst.html, abgerufen am 13.12.2021.
5 Ein kleiner Test dazu: Versuchen Sie mal, das altbekannte Spiel »Ich packe meinen Koffer …« mit dieser Methode zu spielen. Legen Sie die einzelnen Elemente wie Zahnbürste, Schwimmring und Taucherbrille auf einer Strecke ab, die Sie in Gedanken gut nachvollziehen können, weil Sie sie vielleicht sogar täglich gehen. Je ausgefallener der Ort ist, wo sie diese platzieren und je eindrücklicher die Bilder sind – eine Schwimmbrille an der Türklinke, Schwimmflossen im Briefkasten –, desto besser funktioniert diese Gedankenreise.
6 https://www.ihk-akademie.de/kurs/2425/story-telling-marketing-nicht-nur-fuer-die-grossen/, abgerufen am 05.12.2021.
7 https://onlinebusinessakademie.net/verrueckte-geschaeftsideen/, abgerufen am 09.12.2021.
8 https://www.youtube.com/watch?v=V6-0kYhqoRo, abgerufen am 27.11.2021.
9 https://www.handelsblatt.com/arts_und_style/lifestyle/tv-film/tatort-statistik-nur-zwei-todesfaelle-blieben-ungeklaert/20792250-2.html?ticket=ST-2757623-ZfmtTmdFQ5MfPHDucRhV-cas01.example.org, abgerufen am 17.1.2022.
10 https://www.auto-motor-und-sport.de/verkehr/consumer-report-usa-2021-elektroauto-studie-tesla-audi-porsche/, abgerufen am 26.11.2021.
11 Sinek, Simon: *Finde dein Warum: Der praktische Wegweiser zu deiner wahren Bestimmung*, Redline 2018.

In 6 Stufen zur smarten Sichtbarkeit

1 Godin, Seth: *Permission Marketing: Turning Strangers Into Friends And Friends Into Customers*, Simon & Schuster 1999.
2 https://de.statista.com/statistik/daten/studie/446308/umfrage/spam-anteil-weltweit-in-unternehmen/, abgerufen am 5.1.2022.
3 https://speed-ville.de/peloton-bike-test/, abgerufen am 5.1.2022.

Gelenkte Sichtbarkeit macht Umsatz

1 https://de.statista.com/statistik/daten/studie/788266/umfrage/online-besucherzahlen-von-jameda-als-zeitreihe/, abgerufen am 5.1.2022.
2 https://www.provenexpert.com.
3 https://blog.fanpagekarma.com/de/2019/03/05/was-man-von-stories-erwarten-kann/, abgerufen am 25.1.2022.
4 https://www.wordstream.com/blog/ws/2017/02/28/facebook-advertising-benchmarks, abgerufen am 25.1.2022.

5 https://de.statista.com/statistik/daten/studie/71160/umfrage/anzahl-der-bue-
   cher-pro-haushalt-im-jahr-2008/, abgerufen am 28.12.2021, die etwas ältere
   Statistik wird hier akzeptiert, weil diese Werte eher wenig schwanken dürften.
6 Kerkeling, Hape: *Pfoten vom Tisch! Meine Katzen und ich*, Piper 2021.
7 https://www.futurebiz.de/artikel/aufmerksamkeitspanne-facebook-mobil/, abgerufen am 29.12.2021.
8 Bei Influencern wird durchaus ein »Call-to-Action« formuliert. Dieser wird
   aber nicht werbend durch die Unternehmen vorgegeben, was einen Unterschied
   macht in Bezug auf die Trennung von Content und Werbung.
9 Der SROI (Social Return on Investment) wurde als Kennzahl geschaffen, um
   auch Unternehmen in ihrem Erfolg bewerten zu können, die nicht primär auf
   Gewinn ausgelegt sind, beispielsweise Unternehmen der Sozialwirtschaft oder
   gemeinnützige Zwecke. In einer erweiterten Definition können aber auch wirtschaftlich orientierte Unternehmen den Social-ROI, beispielsweise über erhöhte
   Sichtbarkeit oder die Anknüpfung an besondere gesellschaftliche Werte, in
   monetäre Gewinne umwandeln.

Kanäle smarter Sichtbarkeit

1 https://dma.org.uk/uploads/misc/marketers-email-tracker-2019.pdf, abgerufen
   am 17.1.2022.

Toxische Sichtbarkeit

1 https://worldoceanreview.com/de/wor-5/die-dynamik-der-kuesten/die-vielen-ge
   sichter-der-kuesten/wie-lang-sind-die-kuesten-der-welt/, abgerufen am 5.1.2022.